速効! ポケットマニュアル
Sokko! Pocket Manual

Word
ワード

2016&2013&2010&2007

基本ワザ
&
仕事ワザ

マイナビ

本書の使い方

◎ 1項目ごとにみんなが必ずつまづくポイントを解説。
◎ タイトルを読めば、具体的に何が便利かしっかりわかる。
◎ 操作手順だけを読めばササッと操作できる。
◎ もっと知りたい方には補足説明とコラムで詳しく説明。

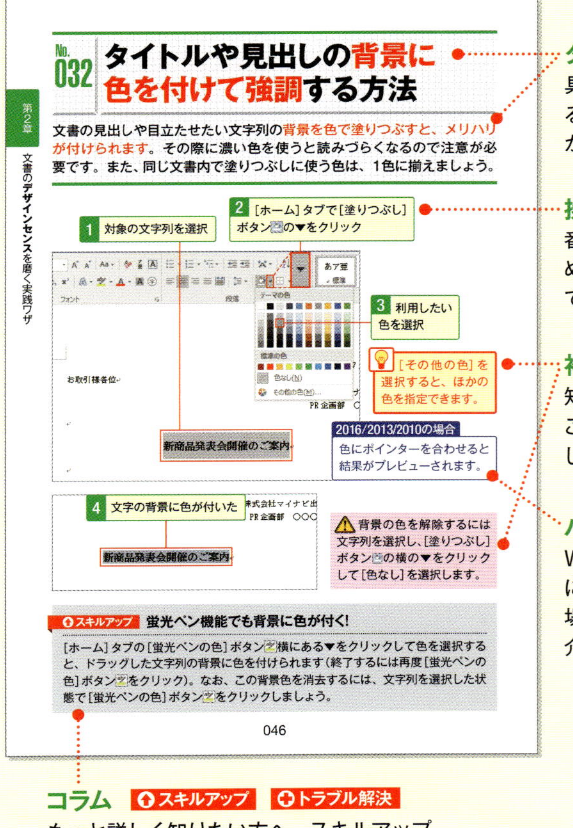

No.032 タイトルや見出しの背景に色を付けて強調する方法

第2章 文書のデザインセンスを磨く実践ワザ

文書の見出しや目立たせたい文字列の背景を色で塗りつぶすと、メリハリが付けられます。その際に濃い色を使うと読みづらくなるので注意が必要です。また、同じ文書内で塗りつぶしに使う色は、1色に揃えましょう。

1 対象の文字列を選択

2 [ホーム]タブで[塗りつぶし]ボタンの▼をクリック

3 利用したい色を選択

[その他の色]を選択すると、ほかの色を指定できます。

2016/2013/2010の場合
色にポインターを合わせると結果がプレビューされます。

4 文字の背景に色が付いた

背景の色を解除するには
文字列を選択し、[塗りつぶし]ボタンの横の▼をクリックして[色なし]を選択します。

スキルアップ 蛍光ペン機能でも背景に色が付く!

[ホーム]タブの[蛍光ペンの色]ボタン横にある▼をクリックして色を選択すると、ドラッグした文字列の背景に色を付けられます(終了するには再度[蛍光ペンの色]ボタンをクリック)。なお、この背景色を消去するには、文字列を選択した状態で[蛍光ペンの色]ボタンをクリックしましょう。

046

お取引様各位
新商品発表会開催のご案内
PR企画部
株式会社マイナビ出

タイトルと解説

具体的にどう活用するか、どう便利なのかがわかります。

操作手順

番号順にこれだけ読めば1～2分で理解できます。

補足説明

知っておくと便利なことや注意点を説明します。

バージョン解説

Wordのバージョンによって操作が違う場合、その手順を紹介します。

コラム スキルアップ トラブル解決

もっと詳しく知りたい方へ、スキルアップやトラブル解決の知識を紹介します。

サンプルデータのダウンロード

URL https://book.mynavi.jp/supportsite/detail/9784839960209.html

※以下の手順通りにブラウザーのアドレスバーに入力してください。

Windows 10の場合

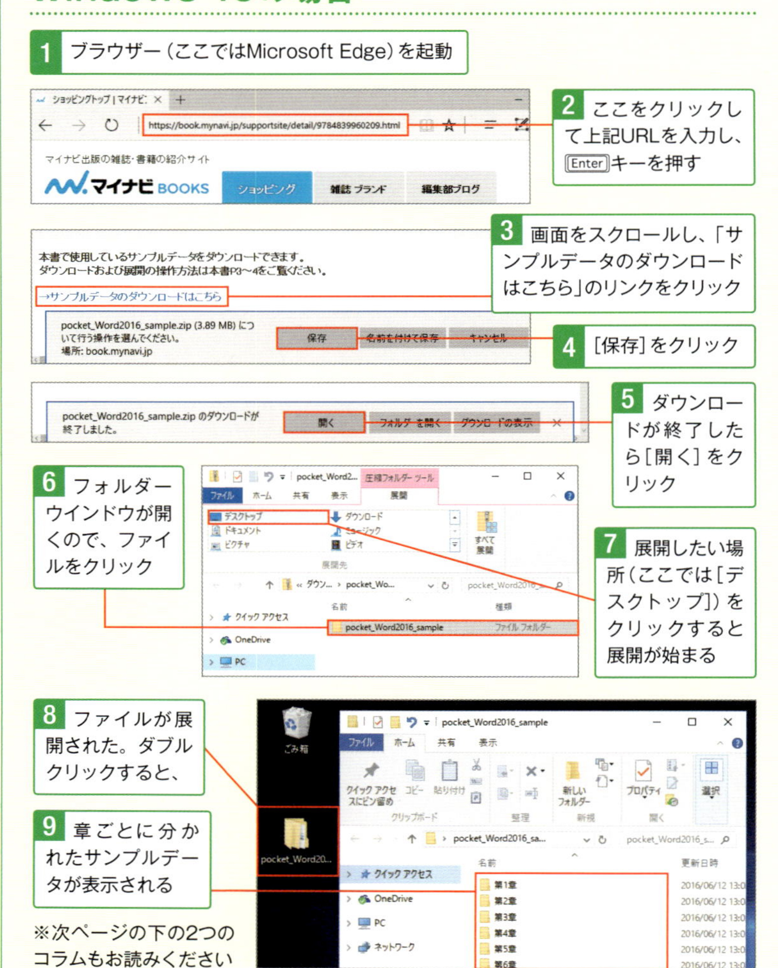

ショッピングトップ | マイナビ
https://book.mynavi.jp/supportsite/detail/9784839960209.html
マイナビ出版の雑誌・書籍の紹介サイト
マイナビ BOOKS
ショッピング
雑誌 ブランド
編集部ブログ
本書で使用しているサンプルデータをダウンロードできます。
ダウンロードおよび展開の操作方法は本書P3〜4をご覧ください。
→サンプルデータのダウンロードはこちら
pocket_Word2016_sample.zip (3.89 MB) について行う操作を選んでください。
場所: book.mynavi.jp
保存
名前を付けて保存
キャンセル
pocket_Word2016_sample.zip のダウンロードが終了しました。
開く
フォルダーを開く
ダウンロードの表示
圧縮フォルダー ツール
ファイル
ホーム
共有
表示
展開
デスクトップ
ドキュメント
ピクチャ
ダウンロード
ミュージック
ビデオ
すべて展開
展開先
名前
種類
クイック アクセス
OneDrive
PC
pocket_Word2016_sample
ファイル フォルダー
ごみ箱
pocket_Word20...
クイック アクセスにピン留め
コピー
貼り付け
クリップボード
整理
新しいフォルダー
新規
プロパティ
開く
選択
更新日時
ネットワーク
第1章
第2章
第3章
第4章
第5章
第6章
2016/06/12 13:0

1 ブラウザー（ここではMicrosoft Edge）を起動

2 ここをクリックして上記URLを入力し、Enterキーを押す

3 画面をスクロールし、「サンプルデータのダウンロードはこちら」のリンクをクリック

4 ［保存］をクリック

5 ダウンロードが終了したら［開く］をクリック

6 フォルダーウインドウが開くので、ファイルをクリック

7 展開したい場所（ここでは［デスクトップ］）をクリックすると展開が始まる

8 ファイルが展開された。ダブルクリックすると、

9 章ごとに分かれたサンプルデータが表示される

※次ページの下の2つのコラムもお読みください

Windows 8.1/8/7/Vistaの場合

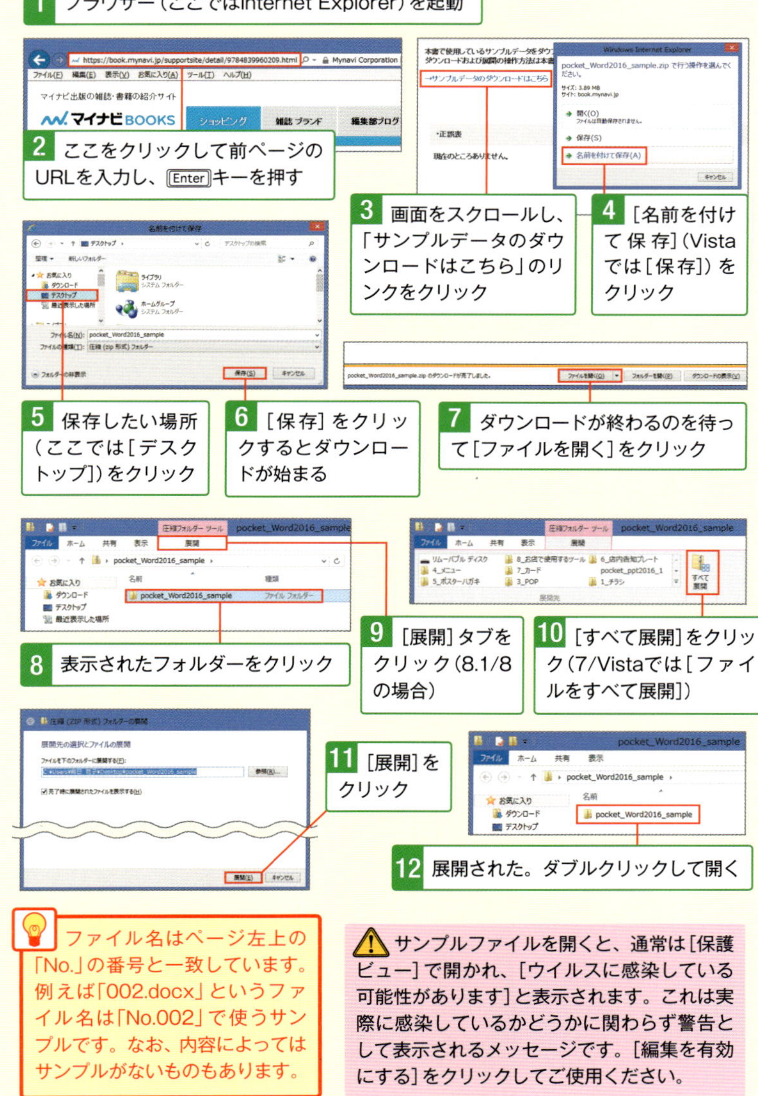

1 ブラウザー（ここではInternet Explorer）を起動
2 ここをクリックして前ページのURLを入力し、Enterキーを押す
3 画面をスクロールし、「サンプルデータのダウンロードはこちら」のリンクをクリック
4 ［名前を付けて保存］（Vistaでは［保存］）をクリック
5 保存したい場所（ここでは［デスクトップ］）をクリック
6 ［保存］をクリックするとダウンロードが始まる
7 ダウンロードが終わるのを待って［ファイルを開く］をクリック
8 表示されたフォルダーをクリック
9 ［展開］タブをクリック（8.1/8の場合）
10 ［すべて展開］をクリック（7/Vistaでは［ファイルをすべて展開］）
11 ［展開］をクリック
12 展開された。ダブルクリックして開く

ファイル名はページ左上の「No.」の番号と一致しています。例えば「002.docx」というファイル名は「No.002」で使うサンプルです。なお、内容によってはサンプルがないものもあります。

サンプルファイルを開くと、通常は［保護ビュー］で開かれ、［ウイルスに感染している可能性があります］と表示されます。これは実際に感染しているかどうかに関わらず警告として表示されるメッセージです。［編集を有効にする］をクリックしてご使用ください。

速効! ポケットマニュアル
Sokko! Pocket Manual
Word ワード
2016&2013&2010&2007
基本ワザ&仕事ワザ

CONTENTS ◎目次

No.017 名前や専門用語は間違いなく読めるようにふりがなを付ける …… 030
No.018 文書中に出てきた難解な用語は割注を使って解説しよう ………… 031
No.019 よく使う署名や住所などは素早く入力できるように登録! ………… 032
No.020 登録したクイックパーツを文書に速攻で挿入したい! ………… 033
No.021 会社名や作成者名などの情報が繰り返し登場する場合は? ……… 034
No.022 「文書のプロパティ」の文字列はまとめて変更できる! ………… 035
No.023 特殊な記号の数式を作るには? まずは分数を入力してみる ……… 036

第2章 文書のデザインセンスを磨く実践ワザ

文書のデザインセンスを磨く実践ワザ ………………………… 037
No.024 縦書きの文書を作成したら数字が横向きになってしまった ……… 038
No.025 行頭に小さい「ゃ」「っ」がこないよう見栄えにこだわる! ………… 039
No.026 文章のわかりやすさがアップ! 箇条書きを入力する方法は? …… 040
No.027 箇条書きはあとからでもOK! 入力済みの文字列に適用できる … 041
No.028 文章の内容に合わせて箇条書きの行頭文字を工夫する …………… 042
No.029 好みのフォントや文字サイズを新規文書の既定にしたい! ……… 043
No.030 文書で少しハメを外したい! 文字を影や反射で装飾するには …… 044
No.031 メールアドレスやURLが青い文字になるのを避けるには………… 045
No.032 タイトルや見出しの背景に色を付けて強調する方法 ……………… 046
No.033 文字の間隔を広げたり狭めたりするにはどうする? ……………… 047
No.034 見た目を揃えるのに便利! 任意の範囲に文字を均等配置………… 048
No.035 段落先頭の文字を大きくして読み手の目を引きたい ……………… 049
No.036 よく使う書式はスタイル登録! カンタンに繰り返し利用できる … 050
No.037 適用したスタイルを修正すると書式がまとめて変更される! …… 051
No.038 オリジナル作成のスタイルをほかの文書でも使い回したい! …… 052
No.039 改行すると書式が継承される! 設定をまとめて解除するには…… 053

No.040 段落の前後に間隔を空けて文書の区切りをわかりやすく！ ……… 054
No.041 文字列をキレイに揃えるには? タブを使いこなそう ……………… 055
No.042 タブの部分を空白にしないで線でつなぎたい ……………………… 056
No.043 文章のセオリー通りに段落の先頭を1文字下げるには …………… 057
No.044 箇条書きでも便利に使える！ 段落に通し番号を振るには………… 058
No.045 改ページの位置を自動で調節！ 文書全体を見栄えよく整えよう … 059
No.046 文書があまりにも素っ気ない！ ページ全体を罫線で囲ってみる … 060
No.047 用語一覧をすっきり見せたい！ 2段組みにして読みやすくする … 061
No.048 作成した文書を本のように左右見開きで見せる際のコツ ………… 062
No.049 文書に独立したコラムを作って内容の補足説明を行うには ……… 063
No.050 テキストボックスの枠と入力した文字列の間隔を調整！ ………… 064
No.051 テキストボックスの枠線の色をデザインに合わせて変えたい …… 065
No.052 複数のテキストボックスに1つの文章を続けて流し込む ………… 066
No.053 テキストボックスの形を変えて文書のアクセントにしたい ……… 067
No.054 配色で悩んだ場合は? 文書のイメージを一発で整える ………… 068
No.055 数ページに渡る文書はページ番号を自動で挿入したい ………… 069
No.056 挿入したページ番号を任意の番号から開始するには? …………… 070
No.057 日付や文書名といった資料情報を全ページに表示！ ……………… 071
No.058 市販の書籍のように文字列をページ番号の横に追加したい ……… 072
No.059 ヘッダーやフッターに会社のロゴ画像を挿入するには …………… 073
No.060 オリジナルのヘッダーを登録！ 他の文書でも使い回そう ………… 074

第3章
印象的なビジュアルで目を引く画像ワザ …………………………… 075

No.061 文字だけの文書では味気ない！ 資料画像を加えて目を引くには… 076
No.062 文書内容に合った画像がないときはどこで手に入れる!? ………… 077

No.063 文書中に挿入したあとで画像の色を変えたくなった！ …………… 078
No.064 画像の明るさやコントラストを写真編集ソフトを使わず調整 …… 079
No.065 挿入した画像の横に文字列を思い通りに配置したい！ …………… 080
No.066 画像の輪郭に沿うようにして文章を流し込むとセンスアップ …… 081
No.067 回り込ませた文字列と画像の間隔は見栄えよく調整しておく …… 082
No.068 画像の不要な部分を切り取って大切な箇所をしっかり見せたい … 083
No.069 矢印やフキダシなど好みの形に画像を切り抜きたい …………… 084
No.070 画像を印象的に見せる！ 影やぼかしの効果を施す方法………… 085
No.071 鉛筆のスケッチや水彩画など画像を絵画調にするには? ………… 086
No.072 画像の対象物だけを切り抜いてよけいな情報を載せない！ ……… 087
No.073 切り抜いた画像の背景に好みの色を付けたいときは? …………… 088
No.074 スタイルを選ぶだけで画像を素早く目立たせられる！ …………… 089
No.075 挿入した画像を圧縮してファイルサイズを小さくする！ ………… 090
No.076 パソコンの画面をキャプチャ！ 文書内に素早く取り込もう ……… 091
No.077 すべてのページに透かし文字や透かし画像を挿入するには ……… 092

第4章
読み手に優しい図形ワザで理解を促進！ ………………… 093

No.078 書式設定だけでは物足りない！ 文字列をイラスト化するには …… 094
No.079 作成済みのワードアートでも別のスタイルに変更できる ………… 095
No.080 ワードアートを変型したり色を変えて自分らしさを出す！ ……… 096
No.081 重なった上下を入れ替えたい！ 隠れた図形を前面に表示する…… 097
No.082 複数のパーツを組み合わせた図形は描画キャンパス上で作成…… 098
No.083 太さだけでも印象が変わる！ 図形の線を細かくカスタマイズ …… 099
No.084 好みのスタイルを選んで図形の見た目を素早く整える ………… 100
No.085 左右反対に作成してしまった図形の向きを変えるには? ………… 101

No.086 立体にしたりぼかしたり！ 図形にさまざまな効果を適用 ………… 102
No.087 印象のいい図形に仕上がる！ 縦横の位置をキレイに整列………… 103
No.088 まとめて操作できるように図形が完成したらグループ化！ ……… 104
No.089 会話風にすれば読んでくれる!? フキダシに文字列を入力する…… 105
No.090 先端の向きを変えるには? フキダシの見た目を整えよう ………… 106
No.091 通常の図形に文字列を入力して説明を加えたい！ ……………… 107
No.092 込み入った図形はどうする!? 組織図を素早く作成する方法……… 108
No.093 組織図に図形を追加して我が社の部門構成を再現！ …………… 109
No.094 インパクトある図形を作るなら写真と組み合わせてみよう ……… 110
No.095 作成した組織図を社風に合ったデザインに変えられる? ………… 112

第5章 表＆グラフの活用ワザで説得力がアップ

表＆グラフの活用ワザで説得力がアップ ………………… 113
No.096 データを入力したあとでも文字列を表に変換したい！ ………… 114
No.097 ひと手間で見栄えがよくなる！ 行の高さや列の幅を揃えよう …… 115
No.098 意外とカンタンにできる!? 行や列を思い通りに移動したい ……… 116
No.099 入力するデータが増えた……列や行を追加して対処しよう ……… 117
No.100 セルを結合・分割すれば複雑なレイアウトの表が完成！ ………… 118
No.101 セルに網かけや色を付けるとタイトル行がしっかり目立つ！ …… 119
No.102 表の体裁を整えるなら必須！ 罫線を削除するにはどうする? …… 120
No.103 表組みが不要になった場合はさっさと元の文字列に戻そう ……… 121
No.104 表の見た目はWordにおまかせ！ しっかり整えて先方にアピール… 122
No.105 表全体を移動して文書内のちょうどいい場所に配置しよう ……… 123
No.106 何ページにもまたがる表だと内容が見にくくなってしまう ……… 124
No.107 意外と悩む!? 作成した表を上下2つに分ける方法……………… 125
No.108 文書上でカンタンな計算を実行！ 売上の合計を求めるには……… 126

No.109 Excelのさまざまな機能を拝借！ Word上でワークシートを作成… 127
No.110 あのExcelの表が使いたい！ そのままWordに貼り付けよう …… 128
No.111 数字から意味を読み取るにはまずグラフを作るのがセオリー …… 129
No.112 作ったグラフのデザインを素早くレベルアップする！ …………… 130
No.113 グラフのデータに間違いが！ Excel操作でササッと修正………… 131
No.114 Excelのグラフを使うにはそのまま貼り付けてOK！ …………… 132

第6章
長文作成で威力を発揮する効率ワザ ………………………………… 133

No.115 あとあと便利！ ページ数の多い文書は見出しを設定するべし …… 134
No.116 スクロール操作は面倒なので目的の見出しに素早くジャンプ …… 135
No.117 段落ごと躊躇なく入れ替え！ 文書の構成を思い切り見直そう …… 136
No.118 アウトライン表示で長文の作成にひたすら向き合う ……………… 137
No.119 アウトラインレベルを利用して全体の組み立てを固める ………… 138
No.120 ときどき構成を振り返ろう！ 気軽に段落の階層を上げ下げ ……… 139
No.121 文章の適材適所を目指す！ 段落をまとめて移動するには………… 140
No.122 時短が進む! 見出しに章番号や節番号を自動で追加したい ……… 141
No.123 皆が参照しやすいように図や表に通し番号を付加する …………… 142
No.124 専門用語は説明が長引く……脚注で解説するのがスマート！ …… 143
No.125 マジメに作ると手間がかかる！ 目次を自動で生成する方法……… 144
No.126 索引作りから解放されたい！ まずは対象の文字列を登録………… 145
No.127 人力だと手間のかかる索引を自動で書き出せたらうれしい ……… 146
No.128 英語のスペルミスや表記のゆれを一気に解消したい ……………… 147
No.129 渾身の文書が完成したら……格調高い表紙を用意しよう ………… 148

第7章
便利な印刷ワザで文書をスムーズに配布

便利な印刷ワザで文書をスムーズに配布 …… 149

No.130 用紙サイズの指定は忘れずに! 文字量オーバーなら余白も調整 … 150

No.131 微妙なさじ加減が大事! 余白をもっと細かく調整したい …… 151

No.132 どのように印刷される? 印刷プレビューは要チェック! …… 152

No.133 違うサイズの用紙に合わせる! 拡大・縮小して印刷したい …… 153

No.134 同じ文書内でページごとに用紙のサイズや向きを変えたい …… 154

No.135 プリンタが対応していなくても用紙の両面に印刷するには? …… 155

No.136 複数のページを1枚に印刷して配付資料をコンパクトに! …… 156

No.137 同じ内容の文書を宛名だけ変えてまとめて印刷したい …… 157

No.138 はがきの宛名でも差し込み印刷を利用するには …… 162

第8章
こだわりの文書作成に役立つ支援ワザ

こだわりの文書作成に役立つ支援ワザ …… 163

No.139 ネット上に文書を保存してほかのパソコンから参照したい …… 164

No.140 いますぐ相手に届けたい! OneDrive内の文書を共有 …… 165

No.141 安全性が不確かな文書……そのまま開いても大丈夫!? …… 166

No.142 文書を保存し忘れたら自動保存されている可能性にかける! …… 167

No.143 意見や疑問などちょっとしたメモ書きを文書中に残す …… 168

No.144 しっかりとした言い訳がある! コメントに対して返信したい …… 169

No.145 文書の修正を確実に行うなら変更箇所を記録しておこう …… 170

No.146 2つの文書の違いはどこ? 変更前後の内容を細かく比較 …… 171

No.147 自分がよく使う機能をまとめた唯一無二のリボンを作るには …… 172

No.148 リボンが閲覧の妨げになるなら一時的に非表示にする手もあり … 173

No.149 特に使用頻度の高いボタンはいつも表示しておくのが効率的 …… 174

No.150 ページ間にある余白は不要!? つなげた方が集中できる …… 175

No.151 離れた箇所を同時に表示してスクロール疲れに終止符 ……………… 176
No.152 取引先が使っているWordのバージョンがかなり昔らしい！……… 177
No.153 安易に流用されないようPDFファイルとして配布したい………… 178
No.154 やむを得ずPDFファイルを修正したいときはWordで開く ……… 179
No.155 文書にパスワードを設定して許可した人にしか読ませない ……… 180
No.156 Word上からはがきの宛名面を効率よく作成できる！ …………… 181
No.157 ネット上に用意された多彩なテンプレートを利用するには? …… 182
No.158 以前作ったWord文書の内容をそのまま挿入したい ……………… 184
No.159 コメントや変更履歴は削除！ 配布する前にチェックしよう ……… 185
No.160 文書の作成中に関連情報をそのまま調べられて便利！ …………… 186
No.161 英語ではどう書けばいい!? 単語を素早く翻訳するには…………… 187

索引 ……………………………………………………………………………… 188

第1章

文字入力がサクサク進む定番ワザ

文書のベースとなるのは、やはりテキスト。文章の出来が書類のクオリティを左右するといっても過言ではありません。あやふやな英単語を正しく入力したり、難解な用語を説明したり、特殊なマークを入力したりなど、文字入力にまつわるさまざまなテクニックを紹介しましょう。

No.001 Wordを使いこなす前に画面の構成を理解しておこう

Wordはビジネスからプライベートまで、さまざまな書類作成に威力を発揮します。本ソフトを便利に活用したいなら、まずWordの基本的な画面構成を知っておきましょう（ここではWord 2016の画面を例に解説）。

Wordの基本画面をチェックしよう

［ファイル］タブ
複数あるタブの中でもファイルの保存、印刷、設定が行える特別なタブです。

クイックアクセスツールバー
よく行う操作をボタンとして登録できます。

タイトルバー
ここにブックのファイル名が表示されます。

リボン
Wordで行う操作を選択できます。

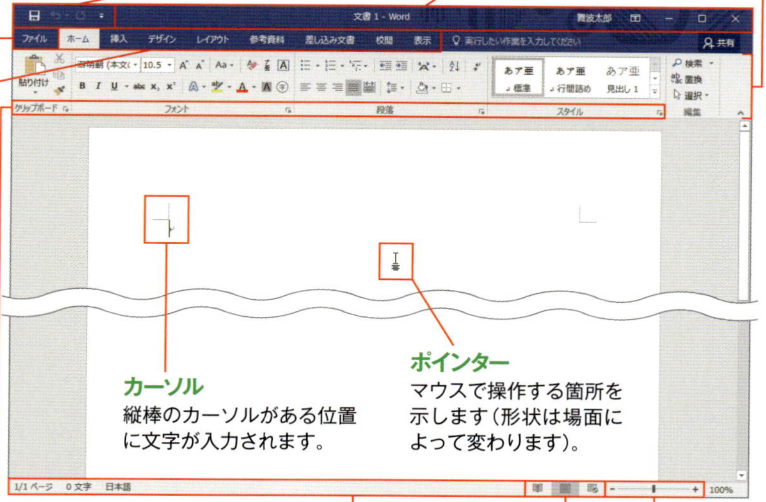

カーソル
縦棒のカーソルがある位置に文字が入力されます。

ポインター
マウスで操作する箇所を示します（形状は場面によって変わります）。

グループ
各タブで行える操作はグループ別に配置されています。

ズームスライダー
シートを拡大・縮小表示できます。

画面表示ボタン
画面の表示方法を［閲覧モード］［印刷レイアウト］［Webレイアウト］から選べます。

タブ
各タブごとに操作が目的別にまとめられています。

ステータスバー
操作の説明やシートの状態を確認できます。

No.002 ビジネスの文章は正確に! 誤った漢字を迅速に変換し直す

たとえば「抑える」「押さえる」といった同音異義語は、漢字変換を確定したあとで間違いに気付くことがよくあります。特にビジネス文書で文字の誤りは避けたいもの。間違いに気付いたら素早く変換し直しましょう。

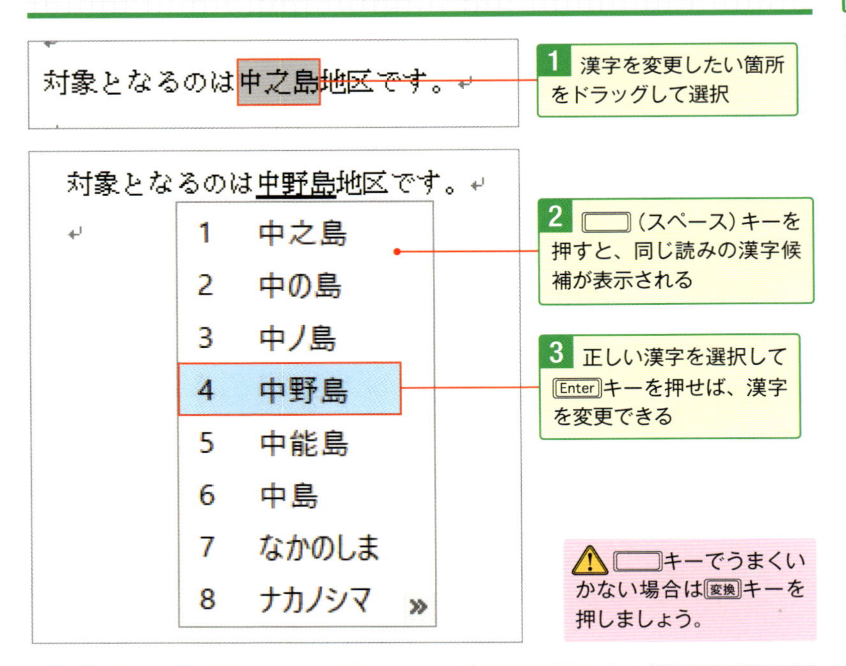
対象となるのは中之島地区です。
1 漢字を変更したい箇所をドラッグして選択
対象となるのは中野島地区です。
1 中之島
2 中の島
3 中ノ島
4 中野島
5 中能島
6 中島
7 なかのしま
8 ナカノシマ
2 [ ]（スペース）キーを押すと、同じ読みの漢字候補が表示される
3 正しい漢字を選択して[Enter]キーを押せば、漢字を変更できる

[ ]キーでうまくいかない場合は[変換]キーを押しましょう。

スキルアップ ファンクションキーで変換する

[F7]～[F10]キーには、右表の通りカタカナやローマ字への変換機能が割り当てられています。カタカナに変換するキーは押す回数によって、すべてカタカナ、最後の1文字以外をカタカナ、最後の2文字以外をカタカナというように変換対象が変わります。一方ローマ字に変換するキーは、押すたびに小文字、大文字、先頭文字のみ大文字の順で変換されます。

[F7]キー	全角カタカナ
[F8]キー	半角カタカナ
[F9]キー	全角ローマ字
[F10]キー	半角ローマ字

No. 003 英単語のスペルがあやふや……正しく入力するにはどうする?

文書を作成していると、英単語を入力する機会も出てきます。その際、スペルがあやふやで「l」なのか「r」なのか迷ったりすることはないでしょうか。そのような場合は、変換候補から選ぶという手があります。

てれふぉん
テレフォンショッキング
テレフォン
telephone
1 テレフォン
2 telephone
3 ｔｅｌｅｐｈｏｎｅ
4 ＴＥＬＥＰＨＯＮＥ
5 Ｔｅｌｅｐｈｏｎｅ
6 Telephone

1 「telephone」という英単語を入力するには「てれふぉん」とひらがなで入力

2 [ ]（スペース）キーを何度か押すと「telephone」の英字が表示されるので、選択して[Enter]キーを押す

スキルアップ 以前のバージョンのWordでは?

たとえばWord 2010の環境などでは、英語に変換しようとすると［英語に変換］という項目が表示されます❶。そのような場合は選択して[Enter]キーを押すと英字の変換候補が現れます❷。

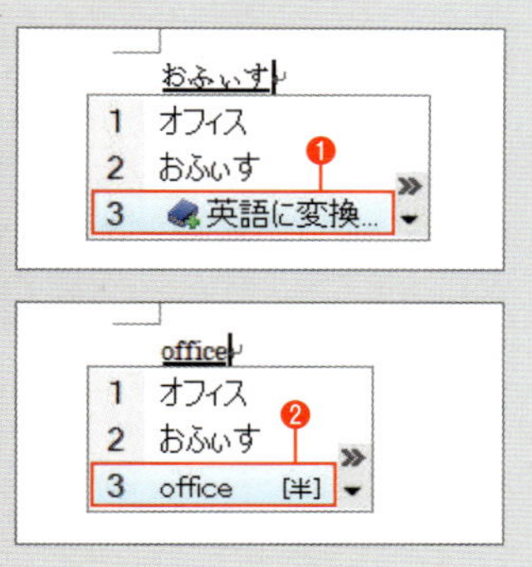
おふぃす
1 オフィス
2 おふぃす
3 英語に変換...
office
1 オフィス
2 おふぃす
3 office [半]

No. 004 文書の表現力を高める! 記号でわかりやすく伝えよう

たとえば文書中でメールアドレスを掲載した近くに、メールの記号があるとひと目で伝わります。ここではさまざまな記号を入力する方法を解説。文字で表すより効果的な場面があるので、上手に活用しましょう。

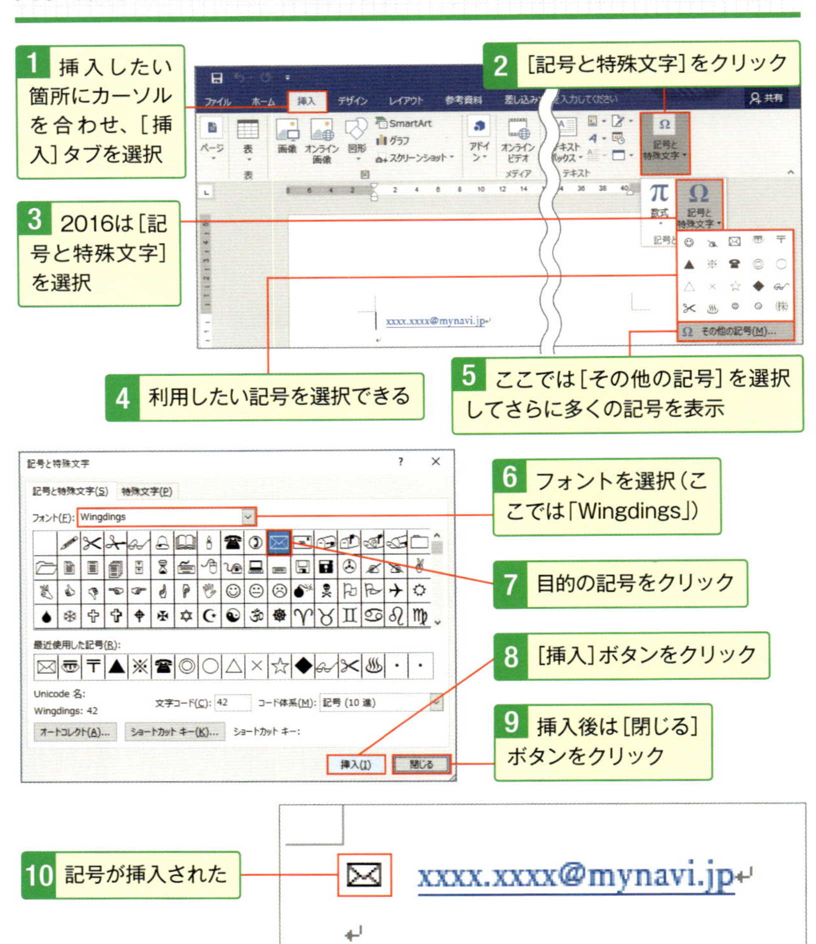
1 挿入したい箇所にカーソルを合わせ、[挿入]タブを選択
2 [記号と特殊文字]をクリック
3 2016は[記号と特殊文字]を選択
4 利用したい記号を選択できる
5 ここでは[その他の記号]を選択してさらに多くの記号を表示
6 フォントを選択(ここでは「Wingdings」)
7 目的の記号をクリック
8 [挿入]ボタンをクリック
9 挿入後は[閉じる]ボタンをクリック
10 記号が挿入された
ファイル
ホーム
挿入
デザイン
レイアウト
参考資料
差し込み
SmartArt
グラフ
スクリーンショット
記号と特殊文字
数式
その他の記号(M)...
xxxx.xxxx@mynavi.jp
記号と特殊文字
特殊文字(P)
フォント(F):
Wingdings
最近使用した記号(R):
Unicode 名:
Wingdings: 42
文字コード(C):
42
コード体系(M):
記号 (10 進)
オートコレクト(A)...
ショートカット キー(K)...
ショートカット キー:
挿入(I)
閉じる

No.005 読めない漢字を入力するには? マウスで手書きするテクニック

読めない漢字を入力したいとき、思い付くあらゆる読みを試しに変換することになります。すぐに読みがわかればいいですが、マウスで手書きする方が確実でしょう。ここでは「京」という漢字を入力してみます。

1 文書内の漢字を挿入したい箇所にカーソルを合わせ、タスクバーのIMEアイコンを右クリック

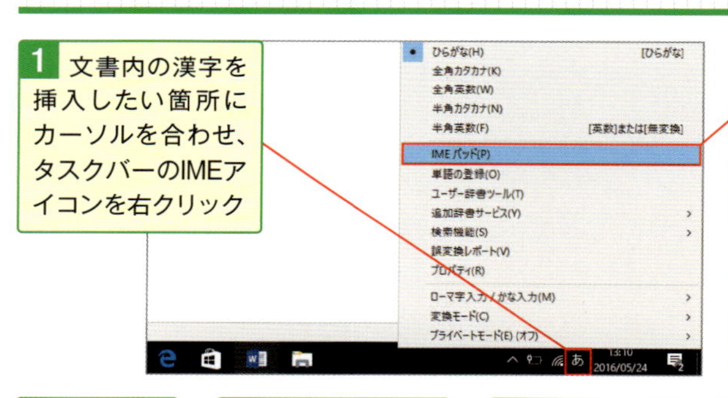
ひらがな(H)
[ひらがな]
全角カタカナ(K)
全角英数(W)
半角カタカナ(N)
半角英数(F)
[英数]または[無変換]
IME パッド(P)
単語の登録(O)
ユーザー辞書ツール(T)
追加辞書サービス(Y)
検索機能(S)
誤変換レポート(V)
プロパティ(R)
ローマ字入力/かな入力(M)
変換モード(C)
プライベートモード(E) (オフ)
あ
2016/05/24

2 [IMEパッド]を選択

Windows 7の場合は、言語バーの[IMEパッド]ボタンをクリックします。

3 [手書き]ボタンをクリック

4 マウスをドラッグして手書きで漢字を入力

5 目的の漢字が表示されたらクリック

6 [Enter]ボタンをクリックするか、Enterキーを押して入力を確定

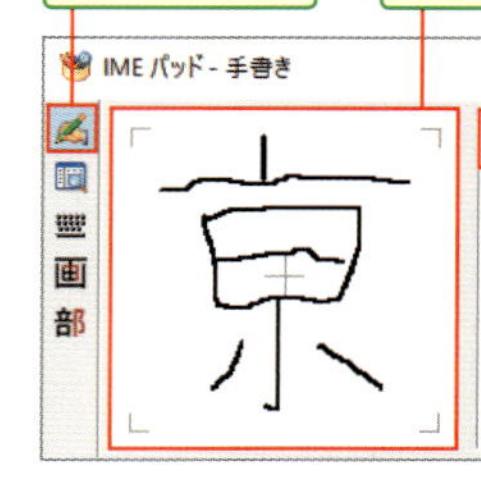
IME パッド - 手書き
京 京 重 東
康 臬 貞 衰
庚 唐 庸 桌
原 新 斎 稟
菓 稾 凜 寮
寮 龔 凜 廉
認識
戻す
消去
BS
Del
Enter
Esc
Space
変換

線を書き込むたびに自動認識され、その時点で該当する漢字が表示されます。

トラブル解決 漢字の書き込みを間違えたら?

IMEパッドで[戻す]ボタンをクリックすると最後に書いた1画を元に戻し❶、[消去]ボタンをクリックすると手書きしたすべてを消すことができます❷。

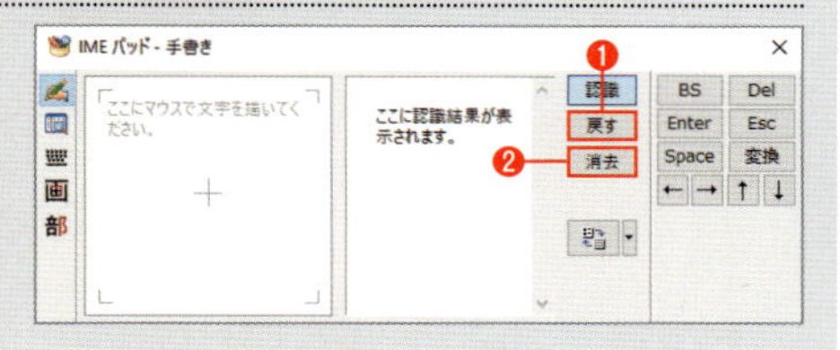
IME パッド - 手書き
ここにマウスで文字を描いてください。
ここに認識結果が表示されます。
認識
戻す
消去
BS
Del
Enter
Esc
Space
変換

No.006 決まった文章は選んで入力！挨拶文の悩みから解放される

時候の挨拶は決まり切った文章とはいえ、自信がないとどのような内容を入れるか迷ってしまいます。できれば無難に済ませたいところではないでしょうか。こうした挨拶文は用意されている中から選ぶと安心です。

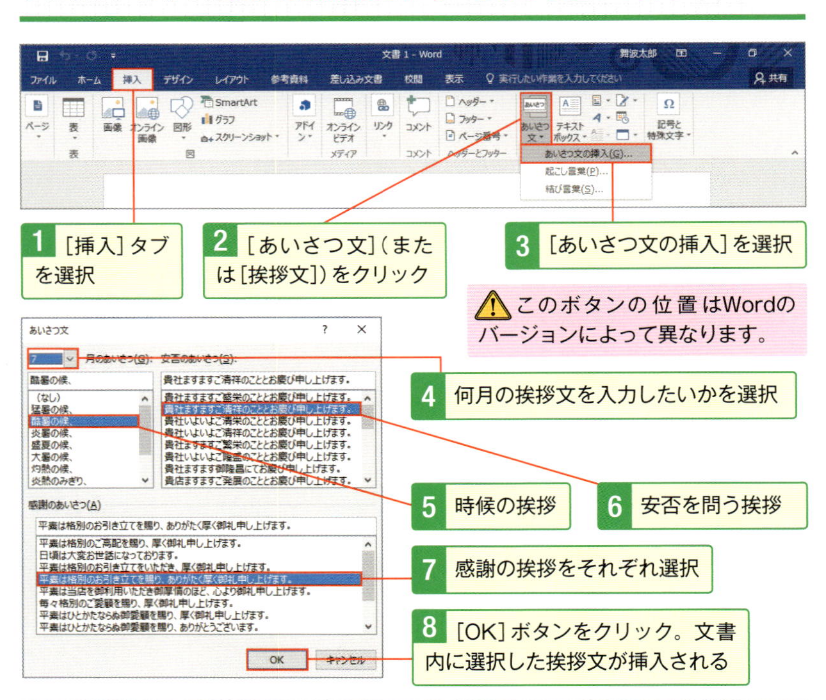
文書 1 - Word
ファイル
ホーム
挿入
デザイン
レイアウト
参考資料
差し込み文書
校閲
表示
あいさつ文の挿入(G)...
起こし言葉(P)...
結び言葉(S)...
1 ［挿入］タブを選択
2 ［あいさつ文］（または［挨拶文］）をクリック
3 ［あいさつ文の挿入］を選択
このボタンの位置はWordのバージョンによって異なります。
あいさつ文
月のあいさつ(G):
安否のあいさつ(S):
酷暑の候、
貴社ますますご清祥のこととお慶び申し上げます。
感謝のあいさつ(A)
平素は格別のお引き立てを賜り、ありがたく厚く御礼申し上げます。
OK
キャンセル
4 何月の挨拶文を入力したいかを選択
5 時候の挨拶
6 安否を問う挨拶
7 感謝の挨拶をそれぞれ選択
8 ［OK］ボタンをクリック。文書内に選択した挨拶文が挿入される

スキルアップ 頭語を入力すると結語が表示される

頭語である「拝啓」と入力して改行すると❶、結語である「敬具」が右揃えに書式設定された状態で自動入力されます❷。このように、挨拶の頭語を入力すると対応する結語が自動入力される機能も備えています。

❶
❷
拝啓
敬具

No.007 先頭の「the」が「The」に自動変換されるのを止めたい

Wordの「オートコレクト」は、文章先頭の「the」を「The」に自動変換するなど、入力をいろいろとサポートしてくれる機能です。あえて「the」にしたいときなど、かえって迷惑な場合は解除しましょう。

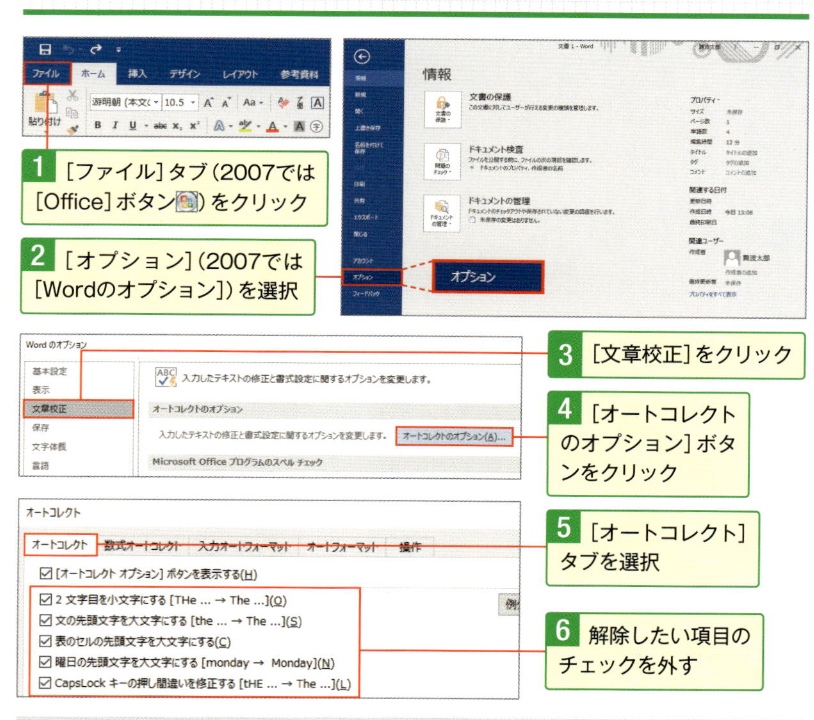
1 [ファイル]タブ(2007では[Office]ボタン)をクリック
2 [オプション](2007では[Wordのオプション])を選択
3 [文章校正]をクリック
4 [オートコレクトのオプション]ボタンをクリック
5 [オートコレクト]タブを選択
6 解除したい項目のチェックを外す
オプション
Word のオプション
基本設定
表示
文章校正
保存
文字体裁
言語
入力したテキストの修正と書式設定に関するオプションを変更します。
オートコレクトのオプション
オートコレクトのオプション(A)...
Microsoft Office プログラムのスペル チェック
オートコレクト
数式オートコレクト
入力オートフォーマット
オートフォーマット
操作
[オートコレクト オプション] ボタンを表示する(H)
2 文字目を小文字にする [THe ... → The ...](O)
文の先頭文字を大文字にする [the ... → The ...](S)
表のセルの先頭文字を大文字にする(C)
曜日の先頭文字を大文字にする [monday → Monday](N)
CapsLock キーの押し間違いを修正する [tHE ... → The ...](L)

スキルアップ

[入力オートフォーマット]タブも要確認

[オートコレクト]ダイアログボックスでは[入力オートフォーマット]タブもチェックしましょう❶。文字入力中のWordの動作を設定する項目が用意されています❷。

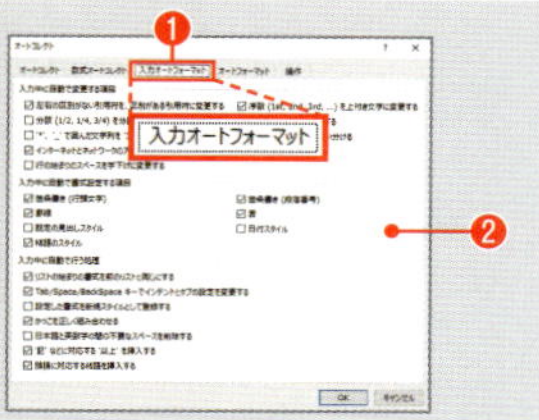
入力オートフォーマット

No. 008 5の2乗を「5^2」のような表記で入力する方法が知りたい!

5の2乗といった累乗を「5^2」のような表記で入力したいときは、「2」の部分に上付き文字を設定します。なお、「H_2O」のように上部ではなく下部に添えたい場合、下付き文字を設定しましょう(下のコラム参照)。

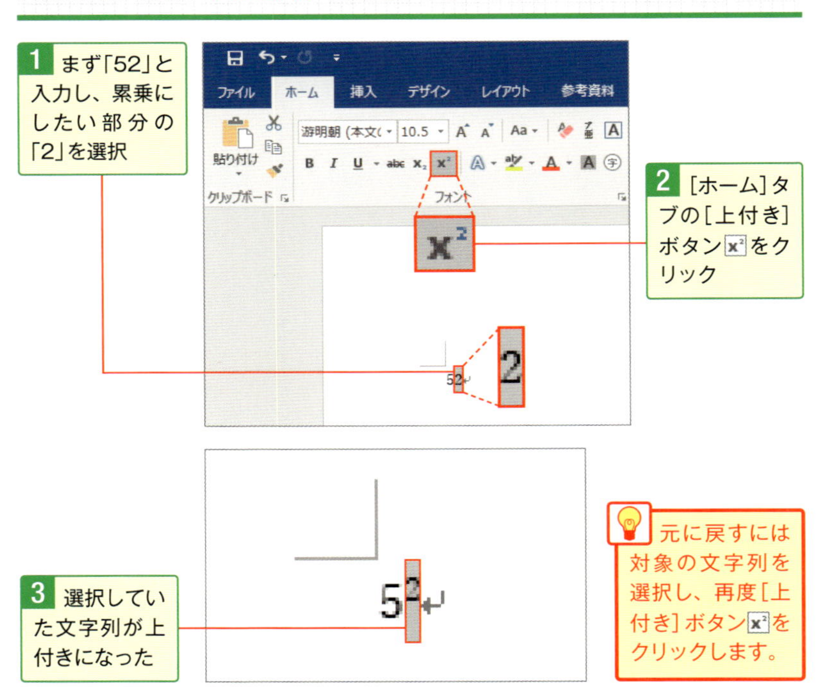
1 まず「52」と入力し、累乗にしたい部分の「2」を選択
ファイル
ホーム
挿入
デザイン
レイアウト
参考資料
游明朝 (本文(
10.5
貼り付け
クリップボード
フォント
52
2
2 [ホーム]タブの[上付き]ボタンをクリック
3 選択していた文字列が上付きになった
元に戻すには対象の文字列を選択し、再度[上付き]ボタンをクリックします。

スキルアップ
下付き文字を入力するには

文字列を選択し、[ホーム]タブの[下付き]ボタンをクリックすると❶、文字を小さくして下に寄せることができます❷。

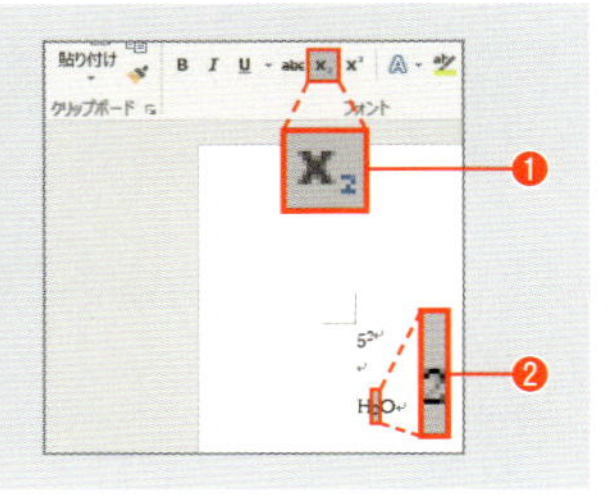
貼り付け
クリップボード
フォント
❶
❷

No. 009 入力の手間を省くには? 郵便番号を住所に変換できる

住所を入力する際、郵便番号を変換するという方法があります。これなら住所の入力間違いも防げるほか、手間も省けます。ここでは「101-0003」の郵便番号を入力後、変換して該当する住所を入力しましょう。

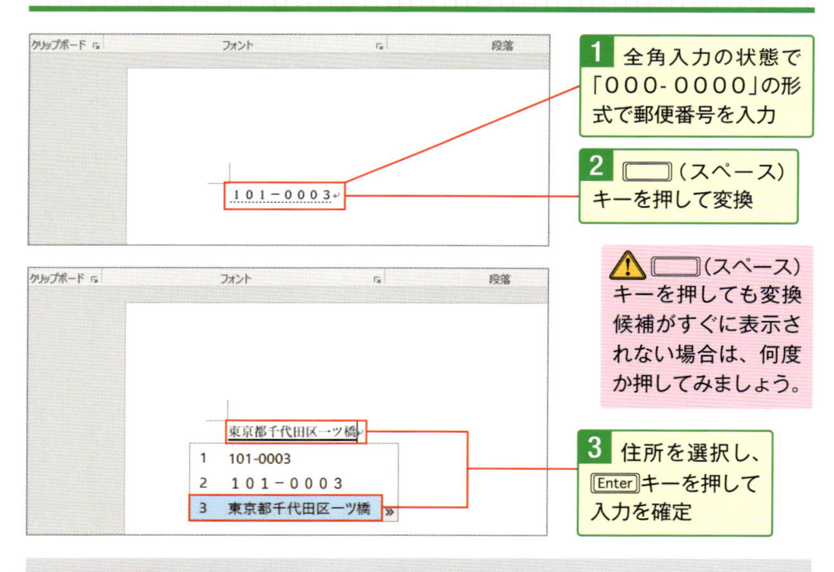
クリップボード
フォント
段落
１０１－０００３
1 全角入力の状態で「000-0000」の形式で郵便番号を入力
2 (スペース)キーを押して変換
東京都千代田区一ツ橋
1 101-0003
2 １０１－０００３
3 東京都千代田区一ツ橋
3 住所を選択し、Enterキーを押して入力を確定

⚠ (スペース)キーを押しても変換候補がすぐに表示されない場合は、何度か押してみましょう。

スキルアップ

以前のバージョンのWordでは?

Word 2010の環境などでは、郵便番号を変換しようとすると[住所に変換]という項目が表示され❶、選択してEnterキーを押すと住所の変換候補が現れます。

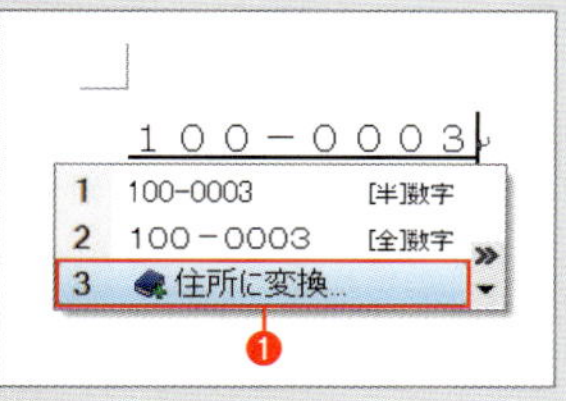
１００－０００３
1 100-0003 [半]数字
2 １００－０００３ [全]数字
3 住所に変換...
❶

トラブル解決 **半角数字は変換できない!**

住所へ変換する際は、全角数字で郵便番号を入力する必要があります。テンキーなどで入力した半角数字は変換できないので注意しましょう。

No.010 別々のところにある文字列を複数選択するには?

装飾を施すときなど、別の場所にある文字列をまとめて選択しておきたいことがあります。そのような場合は[Ctrl]キーを使いましょう。なお、[Alt]キーを押しながらドラッグすると、文字列の固まりを選択できます。

別々の場所にある文字列を選択

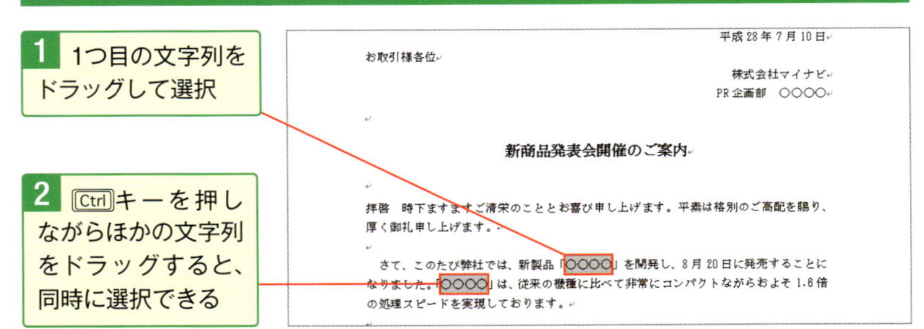
1 1つ目の文字列をドラッグして選択
2 [Ctrl]キーを押しながらほかの文字列をドラッグすると、同時に選択できる

平成28年7月10日

お取引様各位

株式会社マイナビ
PR企画部　○○○○

新商品発表会開催のご案内

拝啓　時下ますますご清栄のこととお喜び申し上げます。平素は格別のご高配を賜り、厚く御礼申し上げます。

さて、このたび弊社では、新製品「○○○○」を開発し、8月20日に発売することになりました。「○○○○」は、従来の機種に比べて非常にコンパクトながらおよそ1.6倍の処理スピードを実現しております。

文字列の固まりを選択

1 文字列が図のように四角い固まりで配置されている場合は[Alt]キーを押しながら斜めにドラッグ

2 ブロック状に選択できる

まずは、書面をもちましてご案内申し上げます。

記

日時：7月25日　14時～15時
場所：○○会館　△△の間　（TEL　03-0000-0000）
問い合わせ先：PR企画部　舞波太郎（TEL　03-xxxx-xxxx）

スキルアップ　類似する書式の文字列をまとめて選択!

対象とする書式の文字内にカーソルを合わせ、[ホーム]タブの[選択]をクリックし、[類似した書式の文字列を選択]を選択すると、同じような書式の文字列がまとめて選択できます。ただし「類似した」とあるように、一致していない文字列が含まれる可能性があります。また、書式の変更を加えていない文字列を選択した場合は、うまく認識されない場合があるので注意しましょう。

No. 011 複数の文字列をコピーして文書中で使い回す方法

文書の作成を行っていると、よく使う単語や言い回しが出てきます。そうした複数の文字列をコピーして使い回せると便利ではないでしょうか。それには「クリップボード」という機能を使い、24個まで保存できます。

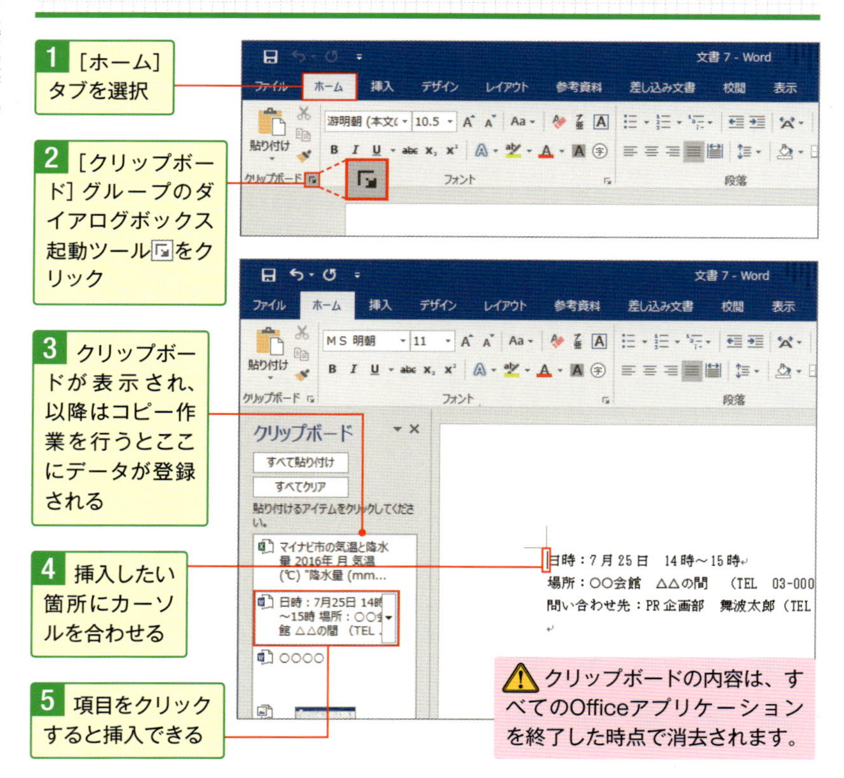
1 ［ホーム］タブを選択
2 ［クリップボード］グループのダイアログボックス起動ツールをクリック
3 クリップボードが表示され、以降はコピー作業を行うとここにデータが登録される
4 挿入したい箇所にカーソルを合わせる
5 項目をクリックすると挿入できる
文書 7 - Word
ファイル
ホーム
挿入
デザイン
レイアウト
参考資料
差し込み文書
校閲
表示
貼り付け
クリップボード
フォント
段落
クリップボード
すべて貼り付け
すべてクリア
貼り付けるアイテムをクリックしてください。
マイナビ市の気温と降水量 2016年 月 気温 (℃) "降水量 (mm...
日時：7月25日 14時～15時 場所：○○会館 △△の間 (TEL
○○○○
日時：7 月 25 日　14 時～15 時
場所：○○会館　△△の間　(TEL　03-000
問い合わせ先：PR 企画部　舞波太郎（TEL
クリップボードの内容は、すべてのOfficeアプリケーションを終了した時点で消去されます。

スキルアップ ExcelやPowerPointのデータもOK

上の例ではExcelのデータも保存されています。別のOfficeアプリケーションでコピー（または切り取り）したデータもクリップボードに保存されるので、異なるアプリケーション間でのデータのやり取りにも活用できます。

No.012 コピーした文字列を貼り付け先と同じ書式にしたい

Word文書内でコピーした文字列は、文字のサイズや色などの書式情報も含まれており、貼り付けた際はその書式が適用されてしまいます。これを貼り付け先の書式に合わせるには［貼り付けのオプション］を使います。

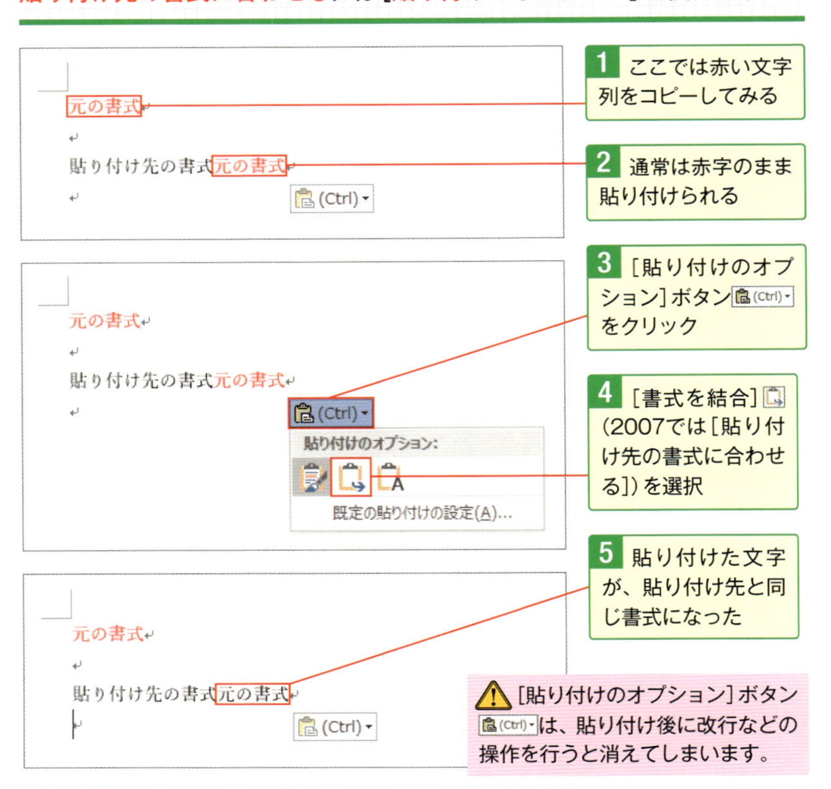
元の書式
貼り付け先の書式元の書式
(Ctrl)
1 ここでは赤い文字列をコピーしてみる
2 通常は赤字のまま貼り付けられる
貼り付けのオプション:
既定の貼り付けの設定(A)...
3 ［貼り付けのオプション］ボタン(Ctrl)をクリック
4 ［書式を結合］（2007では［貼り付け先の書式に合わせる］）を選択
5 貼り付けた文字が、貼り付け先と同じ書式になった

［貼り付けのオプション］ボタン(Ctrl)は、貼り付け後に改行などの操作を行うと消えてしまいます。

スキルアップ 貼り付け時の条件を変更するには

［貼り付けのオプション］ボタン(Ctrl)をクリックして［既定の貼り付けの設定］を選択すると、［Wordのオプション］ダイアログボックスが表示され、貼り付け時の書式設定の条件を変更できます。

No.013 注意して読んでほしい文字列には傍点を付けて強調しよう

文書中で重要な箇所を目立たせるにはさまざまな手法がありますが、不必要に強調しすぎるのは避けたいところ。かえって読みにくくなります。文字のそばに傍点「・」を打つことで、重要であることを示しましょう。

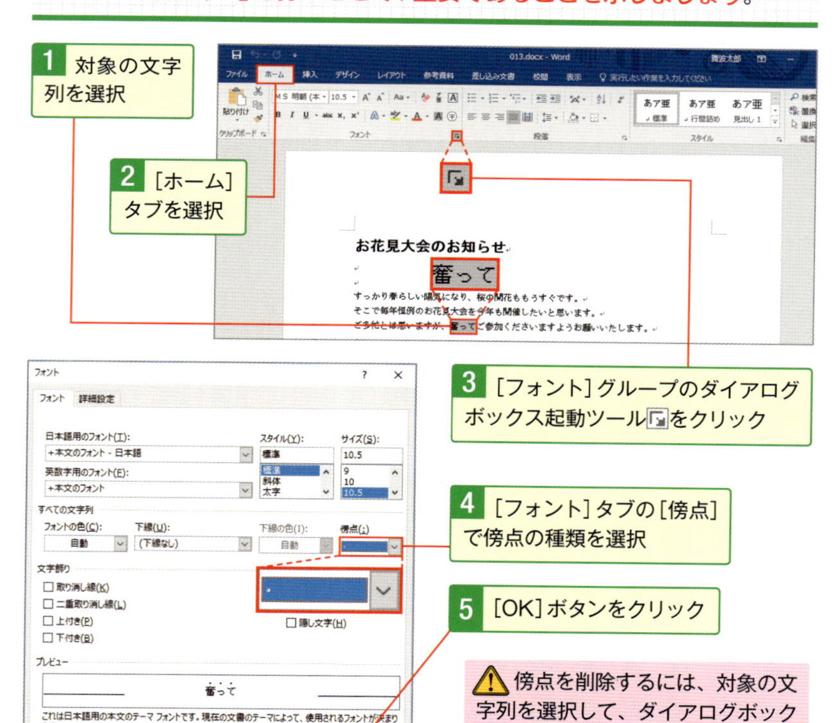
1 対象の文字列を選択
2 ［ホーム］タブを選択
3 ［フォント］グループのダイアログボックス起動ツールをクリック
4 ［フォント］タブの［傍点］で傍点の種類を選択
5 ［OK］ボタンをクリック
お花見大会のお知らせ
奮って
すっかり春らしい陽気になり、桜の開花ももうすぐです。
そこで毎年恒例のお花見大会を今年も開催したいと思います。
ご多忙とは思いますが、奮ってご参加くださいますようお願いいたします。
フォント
日本語用のフォント(T):
+本文のフォント - 日本語
英数字用のフォント(F):
+本文のフォント
スタイル(Y):
標準
斜体
太字
サイズ(S):
10.5
9
10
すべての文字列
フォントの色(C):
自動
下線(U):
(下線なし)
下線の色(I):
傍点(;):
文字飾り
取り消し線(K)
二重取り消し線(L)
上付き(P)
下付き(B)
隠し文字(H)
プレビュー
これは日本語用の本文のテーマ フォントです。現在の文書のテーマによって、使用されるフォントが決まります。
既定に設定(D)
文字の効果(E)...
OK
キャンセル

⚠ 傍点を削除するには、対象の文字列を選択して、ダイアログボックスを開き、［フォント］タブの［傍点］で［傍点なし］を選択します。

6 選択していた文字列に傍点が設定された

すっかり春らしい陽気になり、桜の開花ももうすぐです。
そこで毎年恒例のお花見大会を今年も開催したいと思います。
ご多忙とは思いますが、奮ってご参加くださいますようお願いいたします。

なお、出欠のお知らせは、幹事：総務部　山田（内線 1111）までお願いいたします。
予定日時、場所は以下にご案内する通りです。

No. 014 文書の訂正箇所に二重取り消し線を引きたい

ビジネス文書では誤りを直接修正せず、訂正したい文字に取り消し線を引きたい場面が出てきます。1本の線で取り消す[取り消し線]もありますが、ここでは[二重取り消し線]を設定してみましょう。

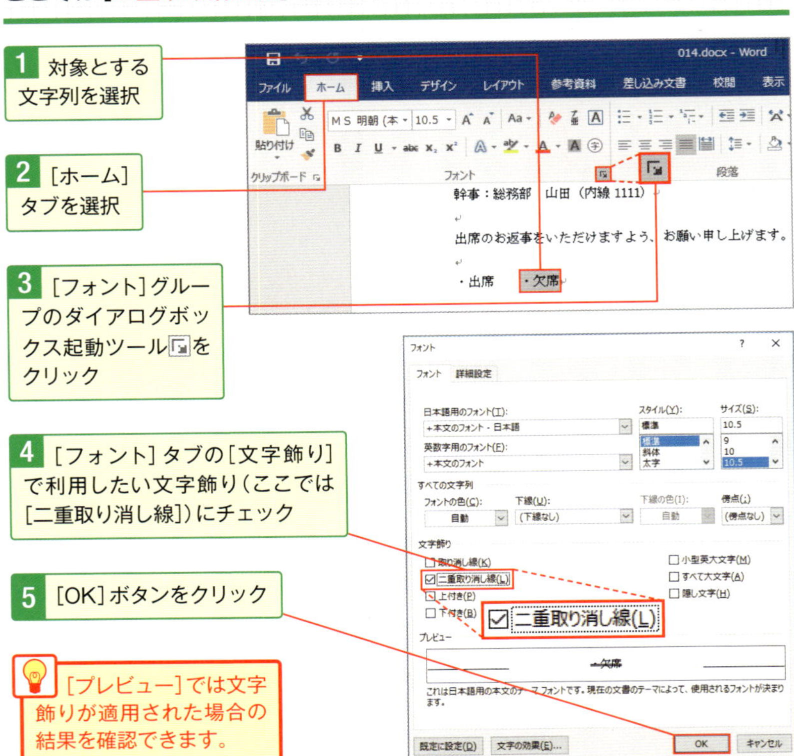
1 対象とする文字列を選択
2 [ホーム]タブを選択
3 [フォント]グループのダイアログボックス起動ツールをクリック
4 [フォント]タブの[文字飾り]で利用したい文字飾り(ここでは[二重取り消し線])にチェック
5 [OK]ボタンをクリック
014.docx - Word
ファイル
ホーム
挿入
デザイン
レイアウト
参考資料
差し込み文書
校閲
表示
貼り付け
クリップボード
フォント
段落
幹事：総務部　山田（内線 1111）
出席のお返事をいただけますよう、お願い申し上げます。
・出席
・欠席
フォント
フォント
詳細設定
日本語用のフォント(T):
+本文のフォント - 日本語
英数字用のフォント(F):
+本文のフォント
スタイル(Y):
標準
斜体
太字
サイズ(S):
10.5
9
10
すべての文字列
フォントの色(C):
自動
下線(U):
(下線なし)
下線の色(I):
傍点(;)
(傍点なし)
文字飾り
取り消し線(K)
二重取り消し線(L)
上付き(P)
下付き(B)
小型英大文字(M)
すべて大文字(A)
隠し文字(H)
プレビュー
・欠席
これは日本語用の本文のテーマ フォントです。現在の文書のテーマによって、使用されるフォントが決まります。
既定に設定(D)
文字の効果(E)...
OK
キャンセル

[プレビュー]では文字飾りが適用された場合の結果を確認できます。

スキルアップ 文字飾りは複数同時に設定できる

[文字飾り]では複数の文字飾りにチェックを付けて、同時に利用することも可能です。ただし[取り消し線]と[二重取り消し線]、[上付き]と[下付き]など、同時に設定できない組み合わせもあります。

No. 015 ㊞のような文字を入力したい！テキストを○や□で囲うには

契約書など、文書中で捺印してほしい箇所がある場合、㊞マークで示すと親切でしょう。このような○で囲まれた文字はカンタンに作ることが可能です。なお、囲い文字にできるのは全角1文字、半角2文字までです。

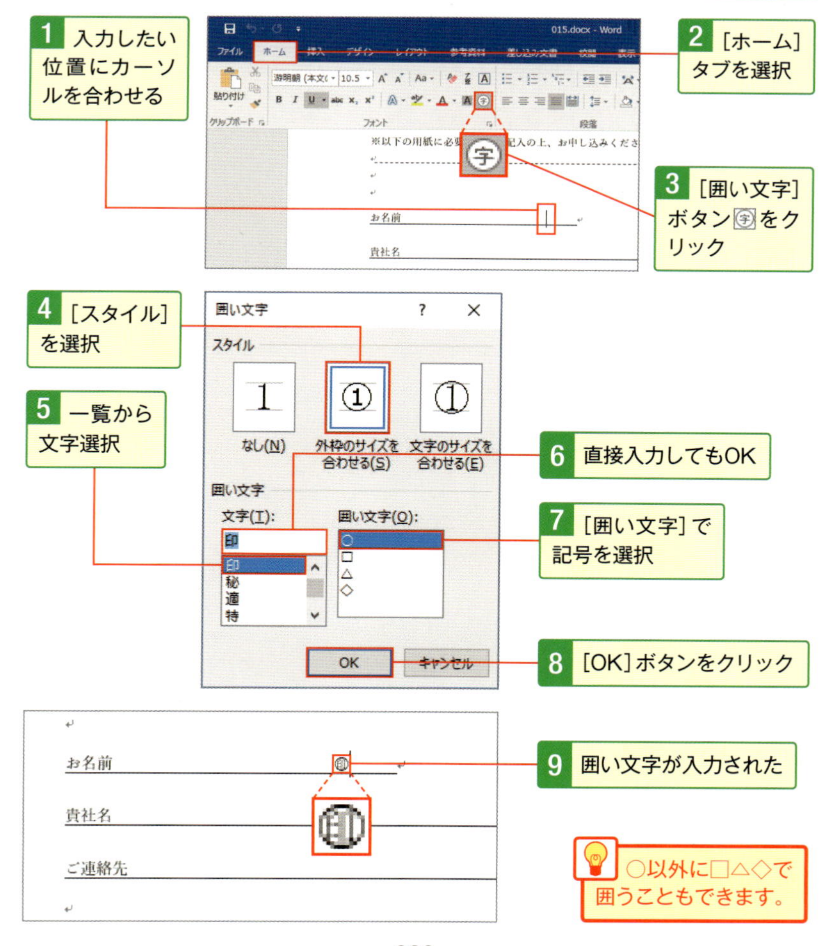
1 入力したい位置にカーソルを合わせる
2 [ホーム]タブを選択
3 [囲い文字]ボタン㊫をクリック
4 [スタイル]を選択
5 一覧から文字選択
6 直接入力してもOK
7 [囲い文字]で記号を選択
8 [OK]ボタンをクリック
9 囲い文字が入力された
囲い文字
スタイル
なし(N)
外枠のサイズを合わせる(S)
文字のサイズを合わせる(E)
文字(T):
囲い文字(O):
印
秘
適
特
OK
キャンセル
お名前
貴社名
ご連絡先

○以外に□△◇で囲うこともできます。

No. 016 「株式会社」という文字列を1文字のマークにしたい

「株式会社」を2×2の組み文字にすることで、1文字分のサイズにできます。マークのように見せられるほか、特定の情報をコンパクトに表示できるのがポイントです。なお、組み文字にできるのは6文字までです。

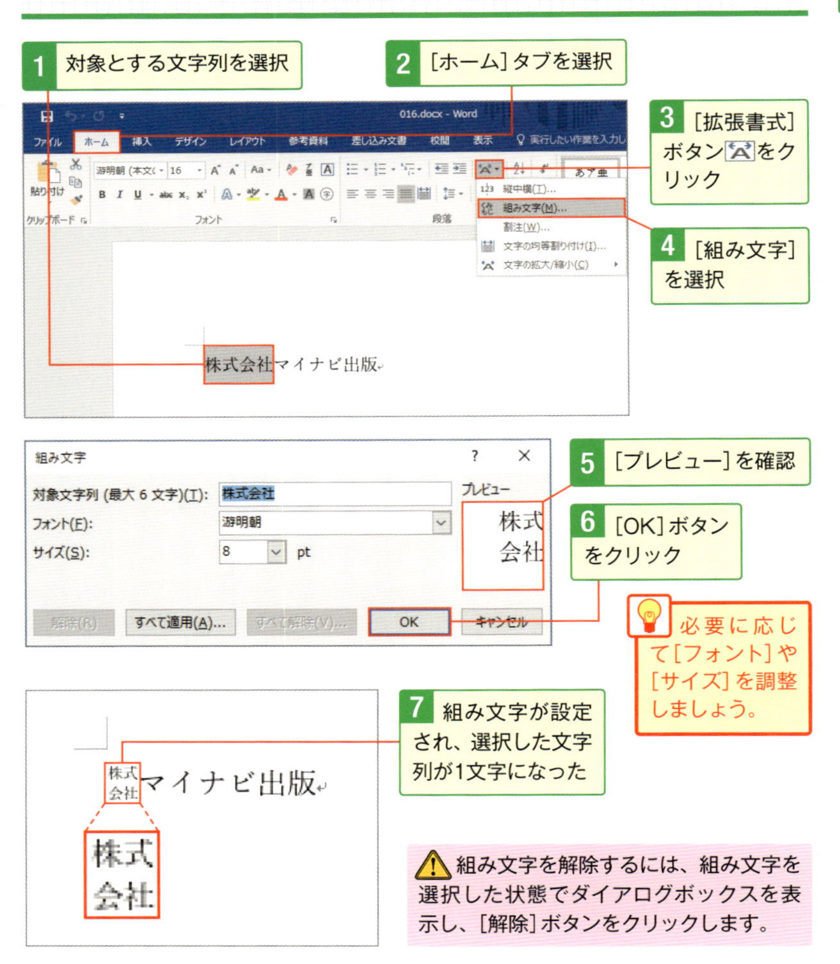
1 対象とする文字列を選択
2 [ホーム]タブを選択
3 [拡張書式]ボタンをクリック
4 [組み文字]を選択
016.docx - Word
ファイル
ホーム
挿入
デザイン
レイアウト
参考資料
差し込み文書
校閲
表示
縦中横(T)...
組み文字(M)...
割注(W)...
文字の均等割り付け(I)...
文字の拡大/縮小(C)
株式会社マイナビ出版
組み文字
対象文字列 (最大 6 文字)(T):
株式会社
フォント(F):
游明朝
サイズ(S):
8
pt
プレビュー
解除(R)
すべて適用(A)...
すべて解除(V)...
OK
キャンセル
5 [プレビュー]を確認
6 [OK]ボタンをクリック
必要に応じて[フォント]や[サイズ]を調整しましょう。
7 組み文字が設定され、選択した文字列が1文字になった

組み文字を解除するには、組み文字を選択した状態でダイアログボックスを表示し、[解除]ボタンをクリックします。

No.017 名前や専門用語は間違いなく読めるようにふりがなを付ける

読み方を間違えると失礼に当たる人名や、あまり一般的でない専門用語には、ふりがな（ルビ）を振っておくと読みやすくなります。Wordにはルビ機能が用意されており、文字入力時の読みを利用して設定できます。

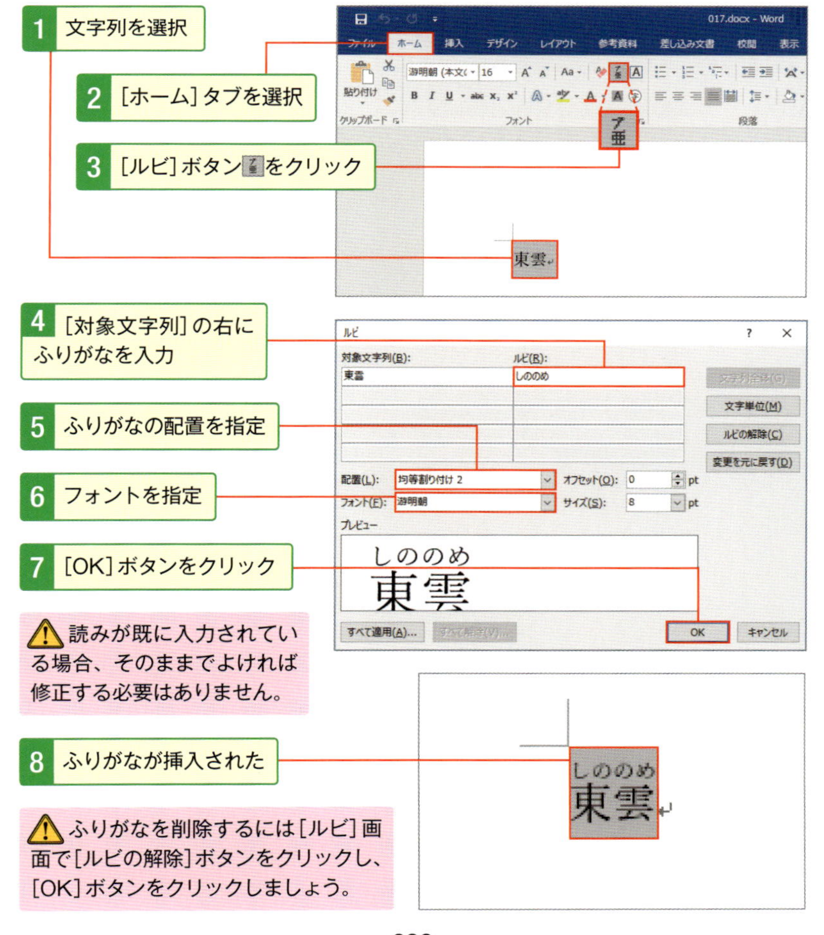
1 文字列を選択
2 [ホーム]タブを選択
3 [ルビ]ボタンをクリック
017.docx - Word
ファイル
ホーム
挿入
デザイン
レイアウト
参考資料
差し込み文書
校閲
表示
貼り付け
クリップボード
フォント
段落
東雲
4 [対象文字列]の右にふりがなを入力
5 ふりがなの配置を指定
6 フォントを指定
7 [OK]ボタンをクリック
ルビ
対象文字列(B):
ルビ(R):
東雲
しののめ
文字単位(M)
ルビの解除(C)
変更を元に戻す(D)
配置(L):
均等割り付け 2
オフセット(O):
0
pt
フォント(F):
游明朝
サイズ(S):
8
プレビュー
しののめ
東雲
すべて適用(A)...
OK
キャンセル
8 ふりがなが挿入された
しののめ
東雲

⚠ 読みが既に入力されている場合、そのままでよければ修正する必要はありません。

⚠ ふりがなを削除するには[ルビ]画面で[ルビの解除]ボタンをクリックし、[OK]ボタンをクリックしましょう。

No.018 文書中に出てきた難解な用語は割注を使って解説しよう

資料内で難しい用語を使わざるを得ないことがありますが、補足しようとすると文章が長くなり、読む気を削いでしまうことがあります。割注（わりちゅう）を使えば用語のそばに2行の文字で説明を入れられます。

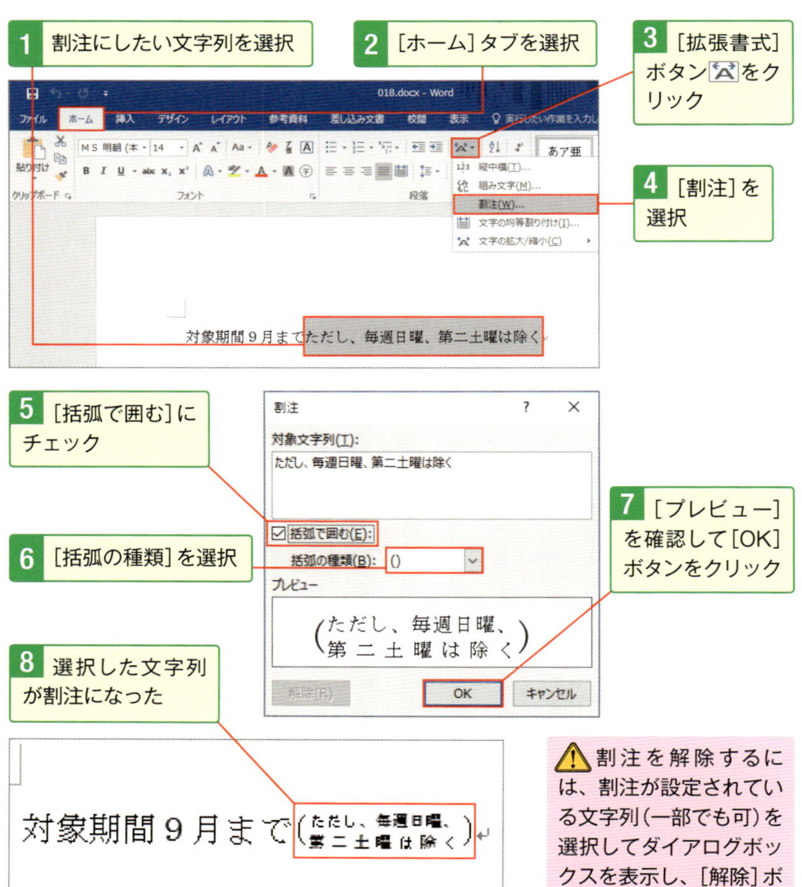

1 割注にしたい文字列を選択
2 [ホーム]タブを選択
3 [拡張書式]ボタンをクリック
4 [割注]を選択
018.docx - Word
ファイル
ホーム
挿入
デザイン
レイアウト
参考資料
差し込み文書
校閲
表示
縦中横(T)...
組み文字(M)...
割注(W)...
文字の均等割り付け(I)...
文字の拡大/縮小(C)
対象期間９月までただし、毎週日曜、第二土曜は除く
5 [括弧で囲む]にチェック
6 [括弧の種類]を選択
7 [プレビュー]を確認して[OK]ボタンをクリック
8 選択した文字列が割注になった
割注
対象文字列(T):
ただし、毎週日曜、第二土曜は除く
括弧で囲む(E):
括弧の種類(B): ()
プレビュー
(ただし、毎週日曜、第二土曜は除く)
解除(R)
OK
キャンセル
対象期間９月まで(ただし、毎週日曜、第二土曜は除く)

⚠ 割注を解除するには、割注が設定されている文字列（一部でも可）を選択してダイアログボックスを表示し、[解除]ボタンをクリックします。

No.019 よく使う署名や住所などは素早く入力できるように登録！

署名や住所といった文字列は使う機会が多いものです。「クイックパーツ」は任意の文字列を登録できる機能で、素早く選んで入力できます。ここでは署名をクイックパーツとして登録する方法を解説しましょう。

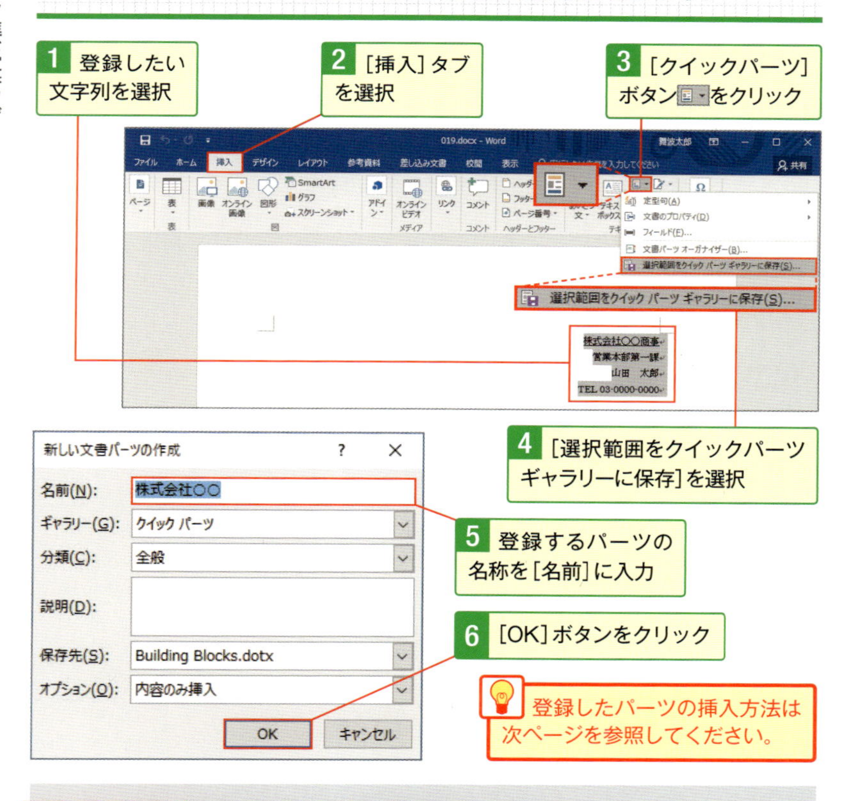
1 登録したい文字列を選択
2 [挿入] タブを選択
3 [クイックパーツ] ボタンをクリック
019.docx - Word
ファイル
ホーム
挿入
デザイン
レイアウト
参考資料
差し込み文書
校閲
表示
定型句(A)
文書のプロパティ(D)
フィールド(F)...
文書パーツ オーガナイザー(B)...
選択範囲をクイック パーツ ギャラリーに保存(S)...
株式会社○○商事
営業本部第一課
山田 太郎
TEL 03-0000-0000
4 [選択範囲をクイックパーツギャラリーに保存] を選択
新しい文書パーツの作成
名前(N): 株式会社○○
ギャラリー(G): クイック パーツ
分類(C): 全般
説明(D):
保存先(S): Building Blocks.dotx
オプション(O): 内容のみ挿入
OK
キャンセル
5 登録するパーツの名称を[名前]に入力
6 [OK] ボタンをクリック

登録したパーツの挿入方法は次ページを参照してください。

スキルアップ クイックパーツを保存する

クイックパーツとして登録した文字列は、登録を行った文書以外でも利用できます。ファイルを閉じる際、文書パーツなどが変更されたことを知らせる画面では[保存]（2007では[はい]）ボタンをクリックしましょう。

No. 020 登録したクイックパーツを文書に速攻で挿入したい！

前ページでは署名をクイックパーツとして登録する手順を見てきました。ここではこの文字列を便利に使い回す方法を解説しましょう。なお、登録時の文字の揃えや文字飾りといった書式も適用されて挿入されます。

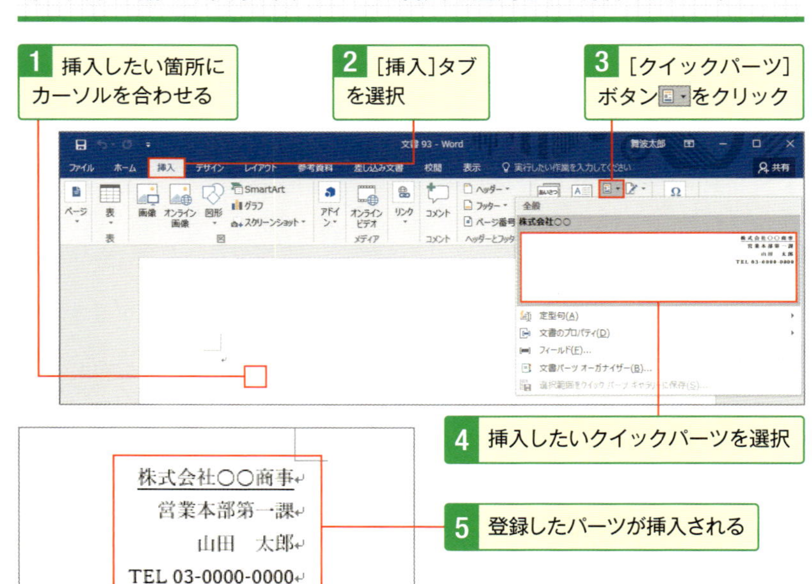
1 挿入したい箇所にカーソルを合わせる
2 ［挿入］タブを選択
3 ［クイックパーツ］ボタンをクリック
4 挿入したいクイックパーツを選択
5 登録したパーツが挿入される
株式会社〇〇商事
営業本部第一課
山田　太郎
TEL 03-0000-0000

スキルアップ 登録したパーツを削除するには

不要になったクイックパーツを削除するには、［挿入］タブの［クイックパーツ］ボタンをクリックし❶、削除したいパーツを右クリックして❷、［整理と削除］を選択❸。［文書パーツオーガナイザー］ダイアログボックスの一覧で削除したいパーツを選択し、［削除］ボタンをクリックします。

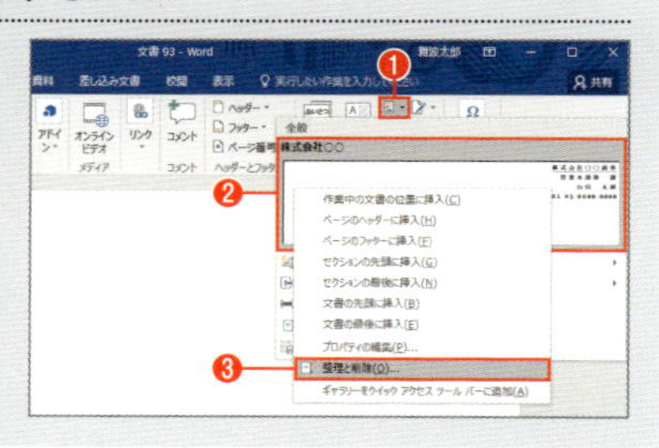

No. 021 会社名や作成者名などの情報が繰り返し登場する場合は?

Wordのファイルには「キーワード」「作成者」「会社」といった「文書のプロパティ」情報が登録できますが、これらはクイックパーツとして手軽に文書中に挿入できます。ここでは「会社」情報を入力してみましょう。

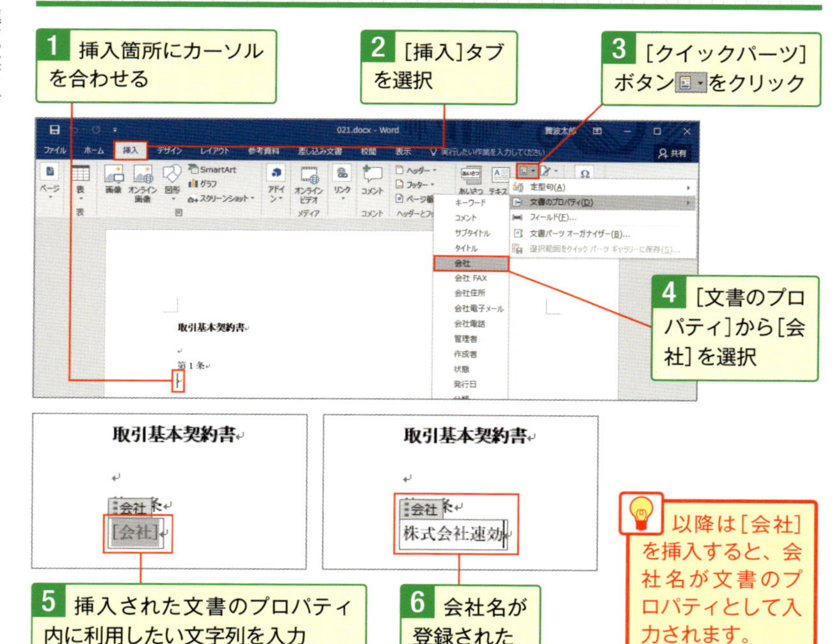
1 挿入箇所にカーソルを合わせる
2 [挿入]タブを選択
3 [クイックパーツ]ボタンをクリック
4 [文書のプロパティ]から[会社]を選択
5 挿入された文書のプロパティ内に利用したい文字列を入力
6 会社名が登録された
取引基本契約書
第1条
会社
[会社]
株式会社速効
キーワード
コメント
サブタイトル
タイトル
会社
会社 FAX
会社住所
会社電子メール
会社電話
管理者
作成者
状態
発行日
定型句(A)
文書のプロパティ(D)
フィールド(F)...
文書パーツ オーガナイザー(B)...

以降は[会社]を挿入すると、会社名が文書のプロパティとして入力されます。

スキルアップ

内容の指定も効率的に

「文書のプロパティ」によっては、内容の入力が簡単に行えます。たとえば[作成者]プロパティは、あらかじめWordに登録してあるユーザー名が自動的に表示されます。[発行日]プロパティはプルダウンメニューをクリックすると❶、カレンダーから日にちを挿入できます❷。

発行日
[発行日]
平成28年6月
日 月 火 水 木 金 土
今日(T)

No.022 「文書のプロパティ」の文字列はまとめて変更できる！

前ページで「文書のプロパティ」の情報を挿入しましたが、この方法で入力した文字列はまとめて変更できるのが大きな利点です。なお、「文書のプロパティ」はただの文字列に変換できます（下のコラム参照）。

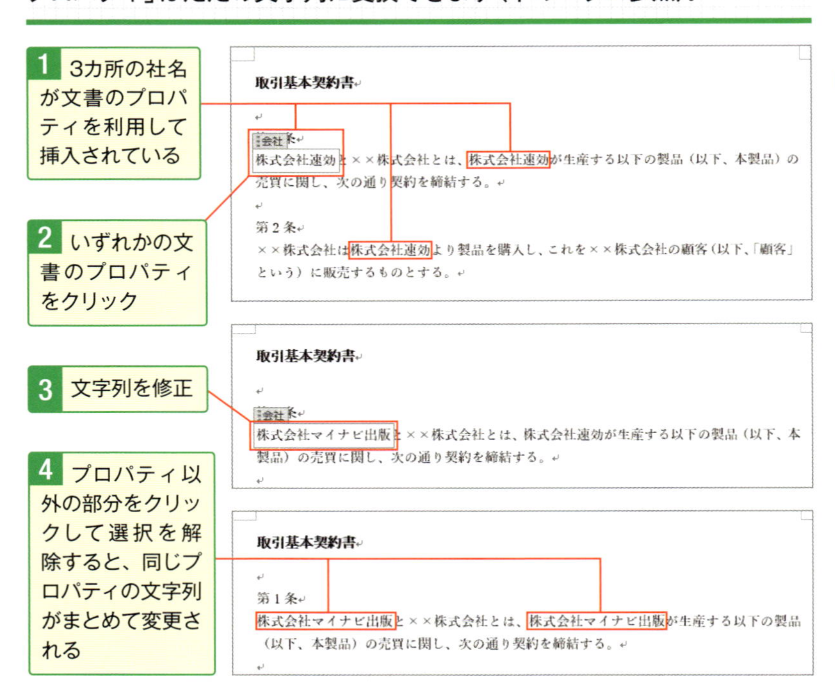
1 3カ所の社名が文書のプロパティを利用して挿入されている
2 いずれかの文書のプロパティをクリック
3 文字列を修正
4 プロパティ以外の部分をクリックして選択を解除すると、同じプロパティの文字列がまとめて変更される
取引基本契約書
会社
株式会社連効と××株式会社とは、株式会社連効が生産する以下の製品（以下、本製品）の売買に関し、次の通り契約を締結する。
第２条
××株式会社は株式会社連効より製品を購入し、これを××株式会社の顧客（以下、「顧客」という）に販売するものとする。
取引基本契約書
会社
株式会社マイナビ出版と××株式会社とは、株式会社連効が生産する以下の製品（以下、本製品）の売買に関し、次の通り契約を締結する。
取引基本契約書
第１条
株式会社マイナビ出版と××株式会社とは、株式会社マイナビ出版が生産する以下の製品（以下、本製品）の売買に関し、次の通り契約を締結する。

トラブル解決
ただの文字列に変換するには

「文書のプロパティ」に加えた変更はまとめて反映されます。変更したくない箇所に関しては、対象の「文書のプロパティ」を右クリックし❶、［コンテンツコントロールの削除］を選択❷。これで通常の文字列になります。

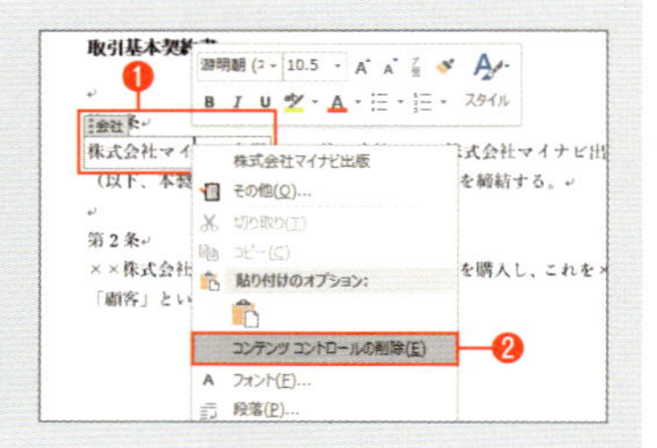
取引基本契約書
株式会社マイナビ出版
その他(O)...
切り取り(T)
コピー(C)
貼り付けのオプション:
コンテンツ コントロールの削除(E)
フォント(F)...
段落(P)...

No.023 特殊な記号の数式を作るには? まずは分数を入力してみる

複雑な数式ともなると特殊な記号が使われますが、その際は「数式ツール」を活用すると便利でしょう。ここでは分数を挿入して、基本的な手順を追ってみます。ちなみにここで作成した数式を使っても計算できません。

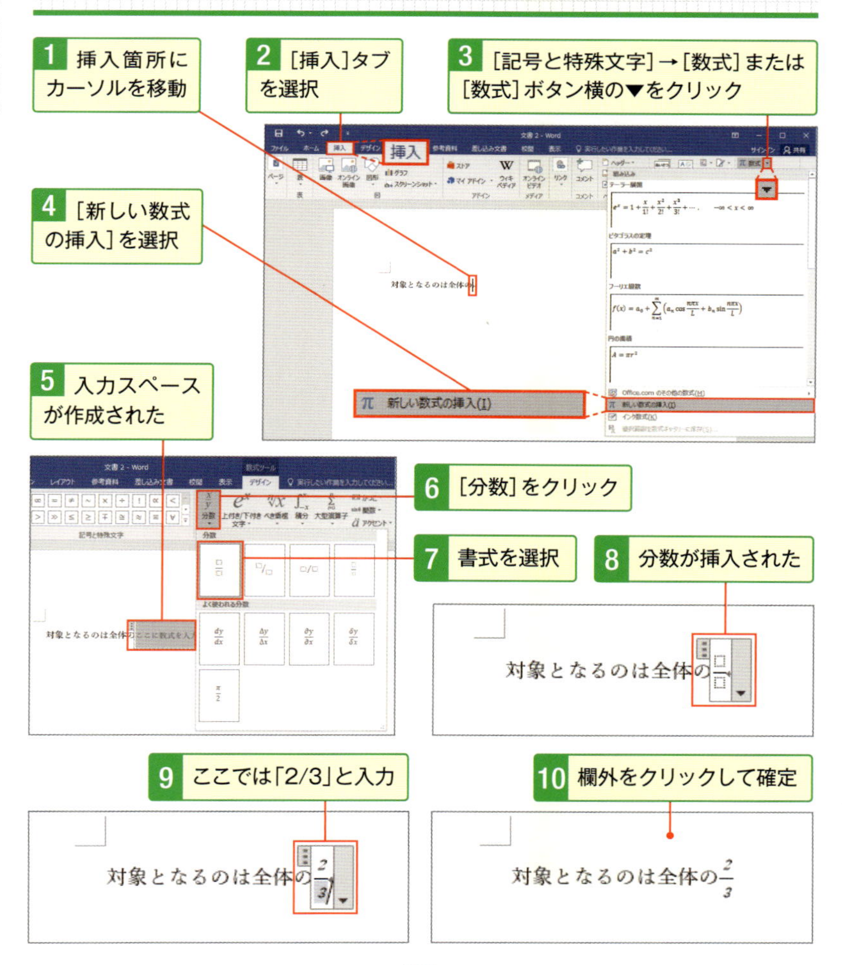
1 挿入箇所にカーソルを移動
2 [挿入]タブを選択
3 [記号と特殊文字]→[数式]または[数式]ボタン横の▼をクリック
4 [新しい数式の挿入]を選択
挿入
新しい数式の挿入(I)
対象となるのは全体の
5 入力スペースが作成された
6 [分数]をクリック
7 書式を選択
8 分数が挿入された
9 ここでは「2/3」と入力
10 欄外をクリックして確定

第2章

文書のデザインセンスを磨く実践ワザ

ビジネスにおいて、デザインの価値が高まっています。どれほど優れた資料でも、伝えることを意識した見栄えのいいデザインと、そうでないデザインとでは、読み手に与える印象がまるで違うことは理解できるでしょう。ここでは文書のデザインセンスを高めるテクニックを紹介します。

No.024 縦書きの文書を作成したら数字が横向きになってしまった

縦書きの文書を作成していると、数字や英字が横向きになることがあります。これは半角文字を使っていることが原因です。ただし「28」のような数字は半角文字を使ったまま回転させた方が見栄えがいいでしょう。

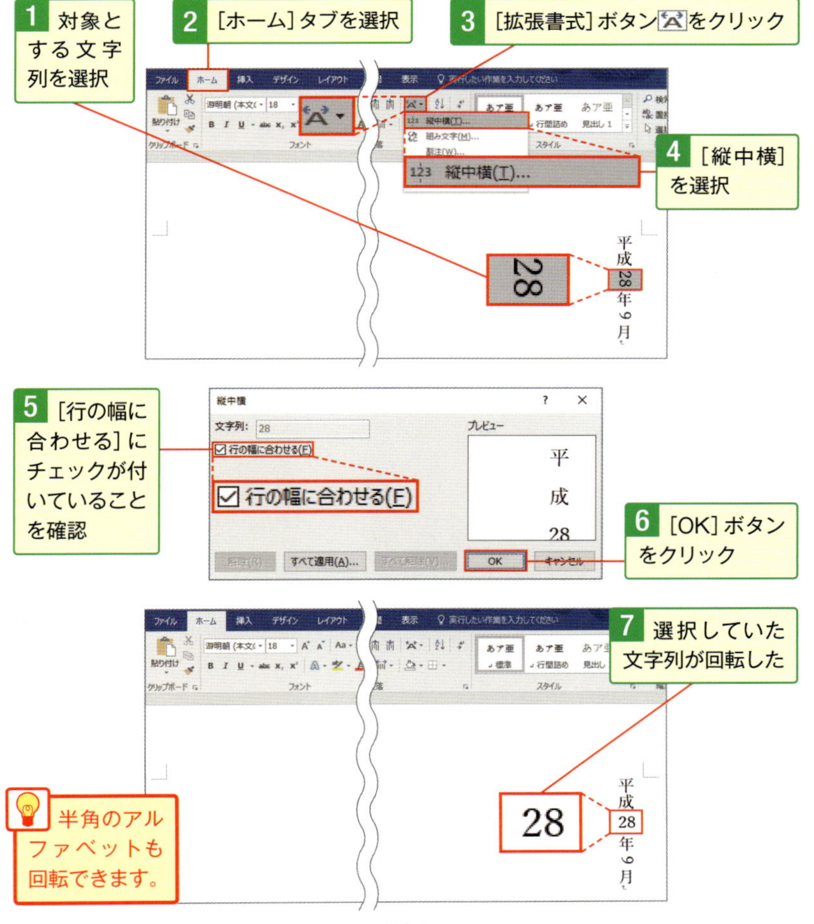
1 対象とする文字列を選択
2 [ホーム] タブを選択
3 [拡張書式] ボタンをクリック
4 [縦中横] を選択
縦中横(T)...
組み文字(M)...
割注(W)...
平成28年9月
5 [行の幅に合わせる] にチェックが付いていることを確認
縦中横
文字列: 28
行の幅に合わせる(E)
プレビュー
平
成
28
すべて適用(A)...
OK
キャンセル
6 [OK] ボタンをクリック
7 選択していた文字列が回転した
28
半角のアルファベットも回転できます。

No.025 行頭に小さい「ゃ」「っ」がこないよう見栄えにこだわる!

行頭に句読点「、」「。」や閉じ括弧「」」がこないのは文書におけるセオリーですが、徹底して見栄えにこだわるなら、行頭に小さい「ゃ」「っ」もこないようにすることができます。こうした規則は「禁則処理」といいます。

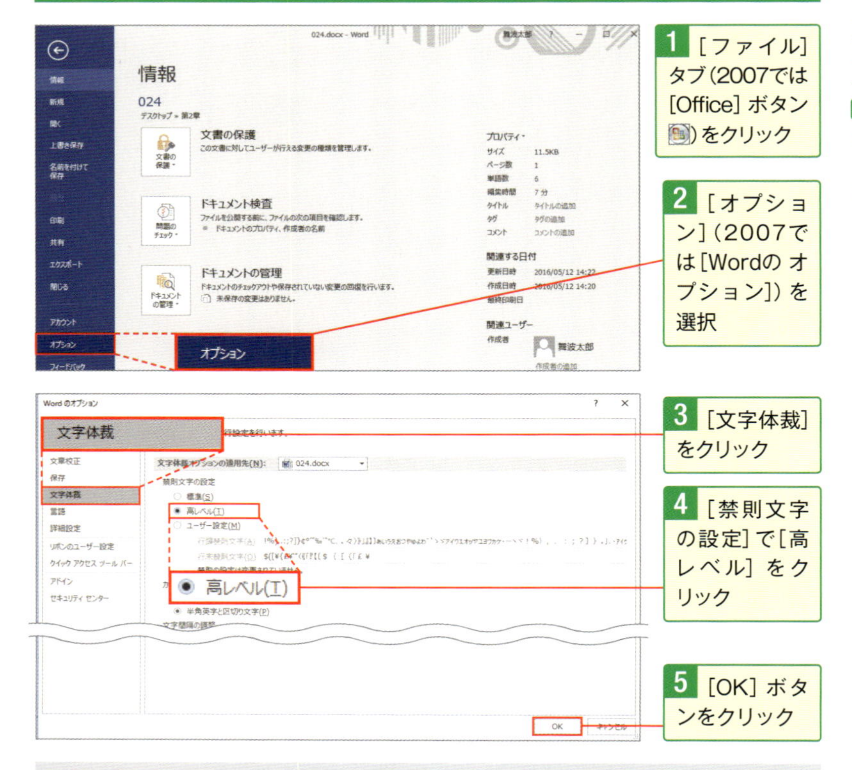
1 [ファイル] タブ(2007では[Office] ボタン)をクリック
2 [オプション](2007では[Wordのオプション])を選択
3 [文字体裁] をクリック
4 [禁則文字の設定] で[高レベル] をクリック
5 [OK] ボタンをクリック
情報
オプション
文字体裁
高レベル(T)
OK

スキルアップ 段落単位で禁則処理について設定するには

上の方法で設定した禁則処理のレベルは、文書全体に適用されます。一方、[ホーム]タブの[段落]グループのダイアログボックス起動ツールをクリックし、[体裁]タブに表示される各種設定は段落に適用されます。

No.026 文章のわかりやすさがアップ! 箇条書きを入力する方法は?

複数の項目を羅列する際や、内容を整理したいときなどは箇条書きを使うと効果的でしょう。Wordでは「・」「■」といった記号のあとにスペース(空白)を入力すると、箇条書きが入力できるようになります。

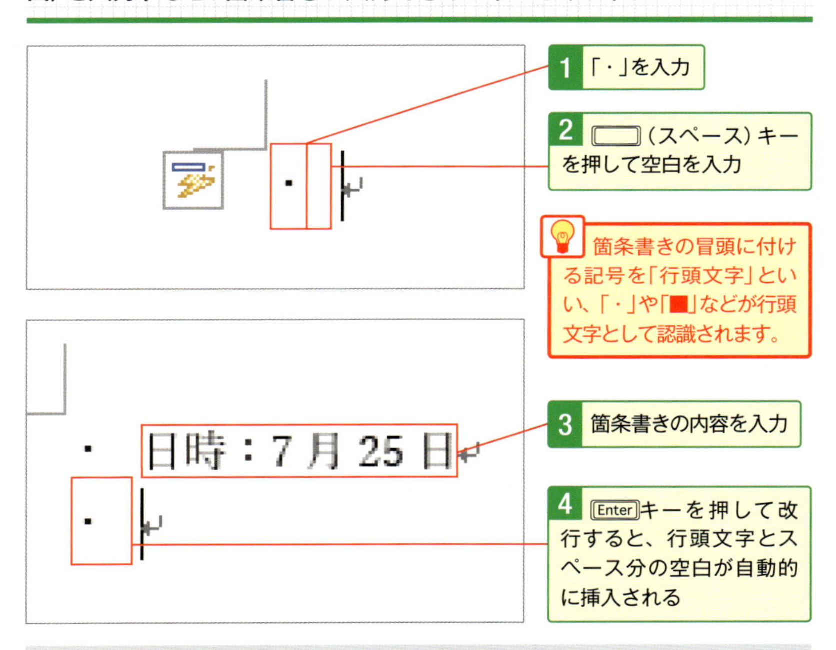
1 「・」を入力
2 (スペース)キーを押して空白を入力
箇条書きの冒頭に付ける記号を「行頭文字」といい、「・」や「■」などが行頭文字として認識されます。
・ 日時:7月25日
・
3 箇条書きの内容を入力
4 Enterキーを押して改行すると、行頭文字とスペース分の空白が自動的に挿入される

スキルアップ 番号付きの箇条書きを入力できる

行頭番号の代わりに「1.」のように数字を入力すると、上記と同様の操作で通し番号付きの箇条書きが簡単に入力できます。このように箇条書きの先頭の数字を「段落番号」と呼びます。

1. 日時:7月25日
2.

No.027

箇条書きはあとからでもOK! 入力済みの文字列に適用できる

文書を読み返したら「ここを箇条書きにすればよかった」と思うこともあるでしょう。Wordでは入力済みの文字列をあとから箇条書きにできます。文字列を入力し直す必要はなく、[行頭文字ライブラリ]を使います。

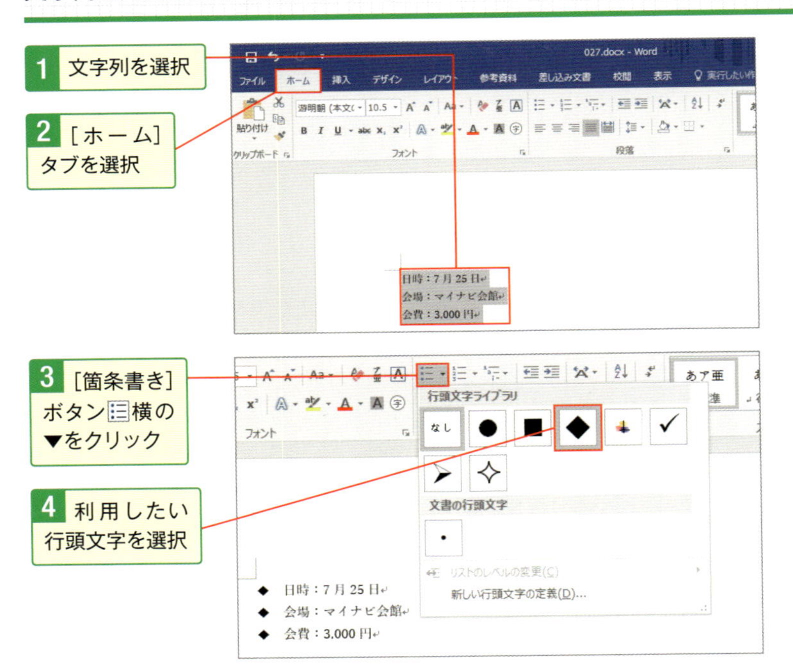

1 文字列を選択
2 [ホーム]タブを選択
3 [箇条書き]ボタン横の▼をクリック
4 利用したい行頭文字を選択
027.docx - Word
ファイル
ホーム
挿入
デザイン
レイアウト
参考資料
差し込み文書
校閲
表示
貼り付け
クリップボード
フォント
段落
日時：7月25日
会場：マイナビ会館
会費：3,000円
行頭文字ライブラリ
なし
文書の行頭文字
リストのレベルの変更(C)
新しい行頭文字の定義(D)...

トラブル解決

箇条書きを終了したい

箇条書きの作成後に改行すると、次の行も自動で箇条書きになります。これを解除したい場合は、何も入力せずに Enter キーを押すか、Backspace キーを押しましょう❶。

- 日時：7月25日
- 会場：マイナビ会館
- 会費：3,000円

No. 028 文章の内容に合わせて箇条書きの行頭文字を工夫する

前ページでは[行頭文字ライブラリ]で箇条書きを追加しましたが、この行頭文字は好みのものを適用することができます。ここでは記号を使ってみますが、ややくだけた文書で利用してみると面白いでしょう。

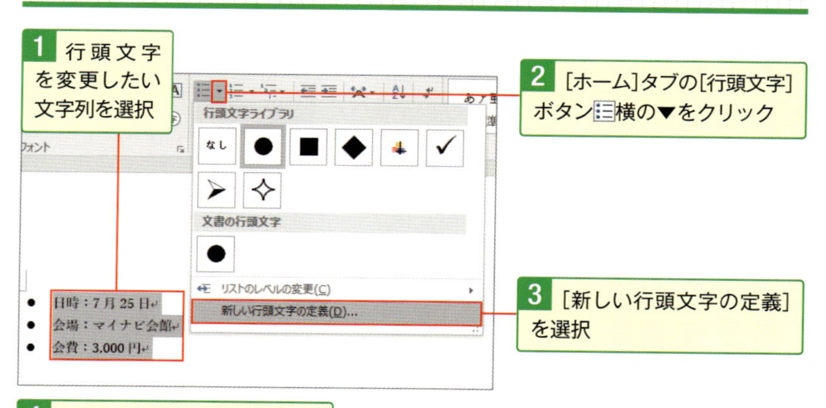
1 行頭文字を変更したい文字列を選択
2 [ホーム]タブの[行頭文字]ボタン横の▼をクリック
3 [新しい行頭文字の定義]を選択
行頭文字ライブラリ
なし
文書の行頭文字
リストのレベルの変更(C)
新しい行頭文字の定義(D)...
日時：7月25日
会場：マイナビ会館
会費：3,000円

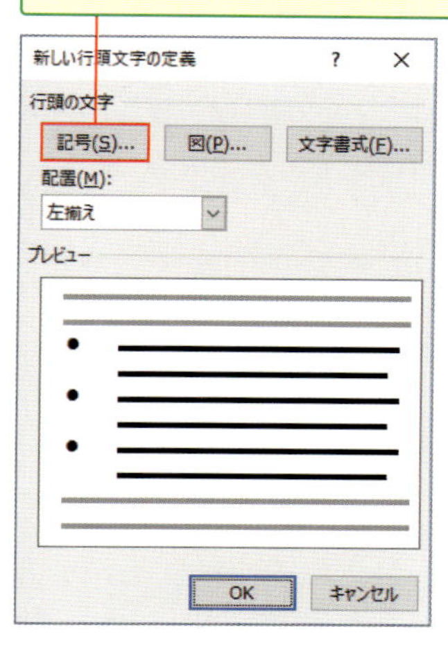
4 特殊な記号を利用するには[記号]ボタンをクリック
新しい行頭文字の定義
行頭の文字
記号(S)...
図(P)...
文字書式(F)...
配置(M):
左揃え
プレビュー
OK
キャンセル

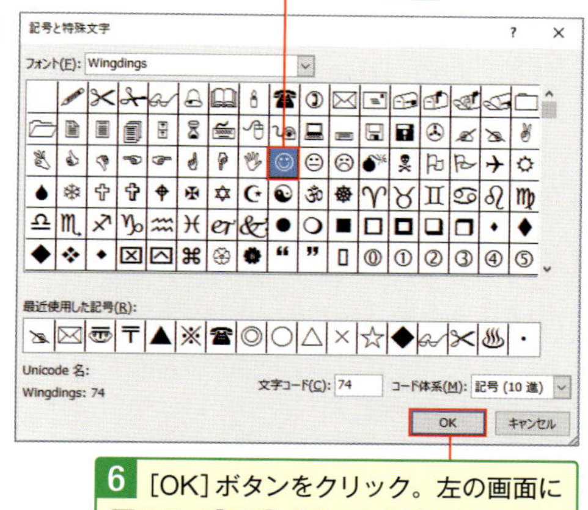
5 利用したい記号を選択
記号と特殊文字
フォント(F): Wingdings
最近使用した記号(R):
Unicode 名:
Wingdings: 74
文字コード(C): 74
コード体系(M): 記号 (10 進)
OK
キャンセル
6 [OK]ボタンをクリック。左の画面に戻るので[OK]ボタンをクリック

No.029 好みのフォントや文字サイズを新規文書の既定にしたい!

新規文書を作った場合、デフォルトのフォントが「MS明朝」、文字サイズが「10.5」ポイントになります。よく使う文字設定があるなら、既定を変えるといいでしょう。その文書のみか、Word全体に適用できます。

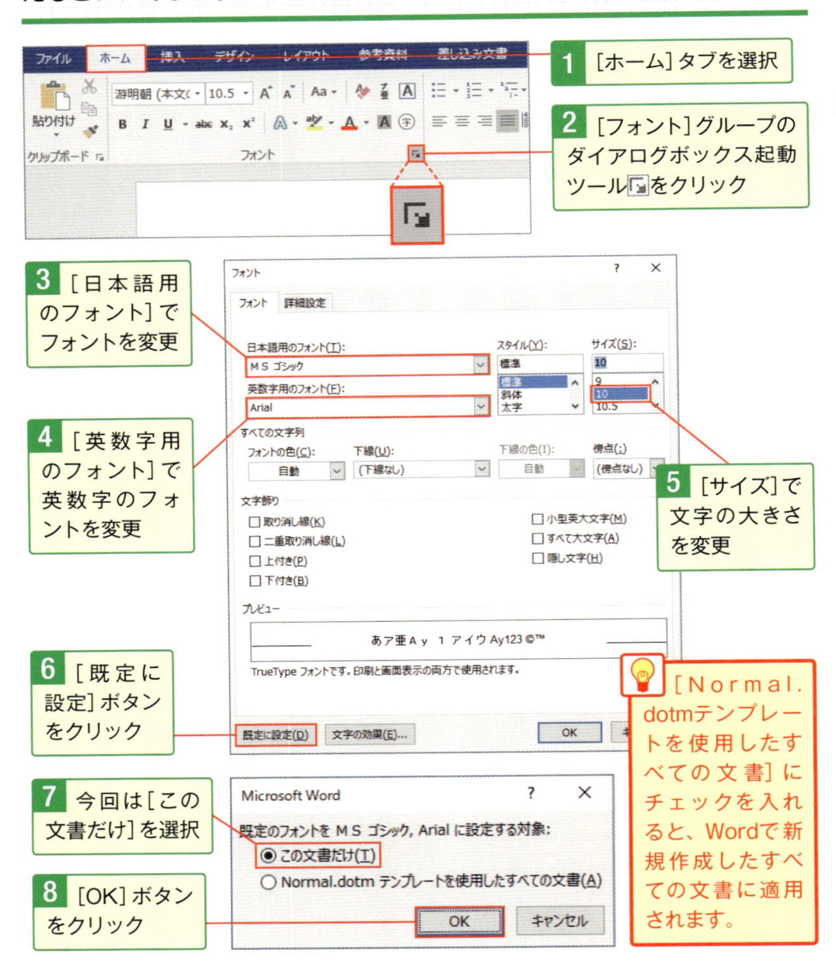
1 [ホーム]タブを選択
2 [フォント]グループのダイアログボックス起動ツールをクリック
3 [日本語用のフォント]でフォントを変更
4 [英数字用のフォント]で英数字のフォントを変更
5 [サイズ]で文字の大きさを変更
6 [既定に設定]ボタンをクリック
7 今回は[この文書だけ]を選択
8 [OK]ボタンをクリック
ファイル
ホーム
挿入
デザイン
レイアウト
参考資料
差し込み文書
貼り付け
クリップボード
フォント
日本語用のフォント(T):
MS ゴシック
英数字用のフォント(F):
Arial
スタイル(Y):
標準
斜体
太字
サイズ(S):
10
既定に設定(D)
文字の効果(E)...
OK
Microsoft Word
既定のフォントを MS ゴシック, Arial に設定する対象:
この文書だけ(T)
Normal.dotm テンプレートを使用したすべての文書(A)
キャンセル

[Normal.dotmテンプレートを使用したすべての文書]にチェックを入れると、Wordで新規作成したすべての文書に適用されます。

No.030 文書で少しハメを外したい！文字を影や反射で装飾するには

Word 2016/2013/2010には［文字の効果］ボタンが用意されており、文字に反射や影の装飾を加えられます。ビジネス文書で使う際は、少なくとも奇抜な演出にならないよう気をつけて使うといいでしょう。

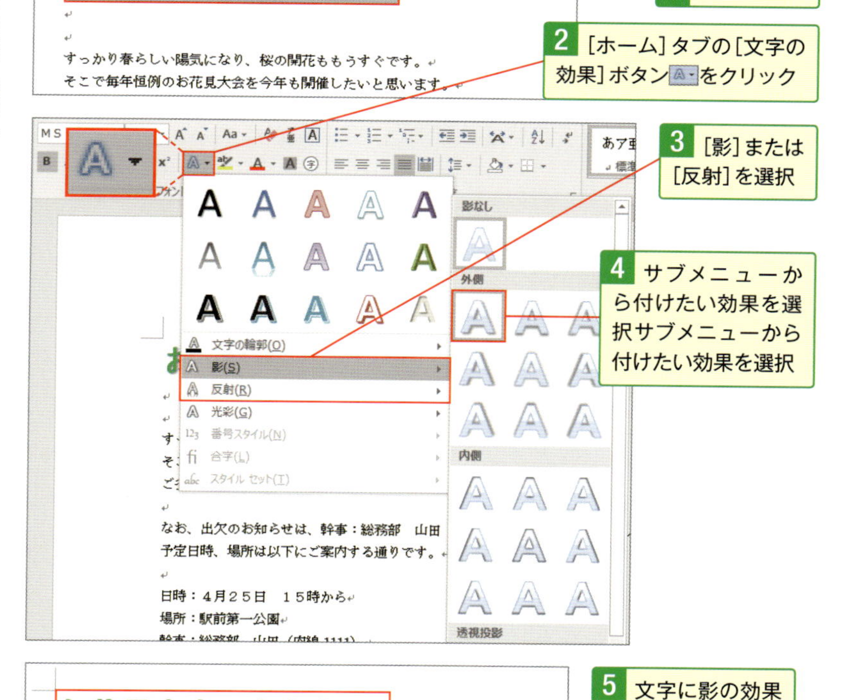
お花見大会のお知らせ
すっかり春らしい陽気になり、桜の開花ももうすぐです。
そこで毎年恒例のお花見大会を今年も開催したいと思います。
1 文字を選択
2 ［ホーム］タブの［文字の効果］ボタン をクリック
3 ［影］または［反射］を選択
4 サブメニューから付けたい効果を選択サブメニューから付けたい効果を選択
文字の輪郭(O)
影(S)
反射(R)
光彩(G)
番号スタイル(N)
合字(L)
スタイル セット(T)
影なし
外側
内側
透視投影
なお、出欠のお知らせは、幹事：総務部　山田
予定日時、場所は以下にご案内する通りです。
日時：４月２５日　１５時から
場所：駅前第一公園
5 文字に影の効果が付いた

No. 031 メールアドレスやURLが青い文字になるのを避けるには

メールアドレスやWebページのURLは自動で下線付きの青い文字になります。クリックするとメールが素早く作れたりWebサイトを表示したりできますが、見栄えはよくありません。解除する方法を解説しましょう。

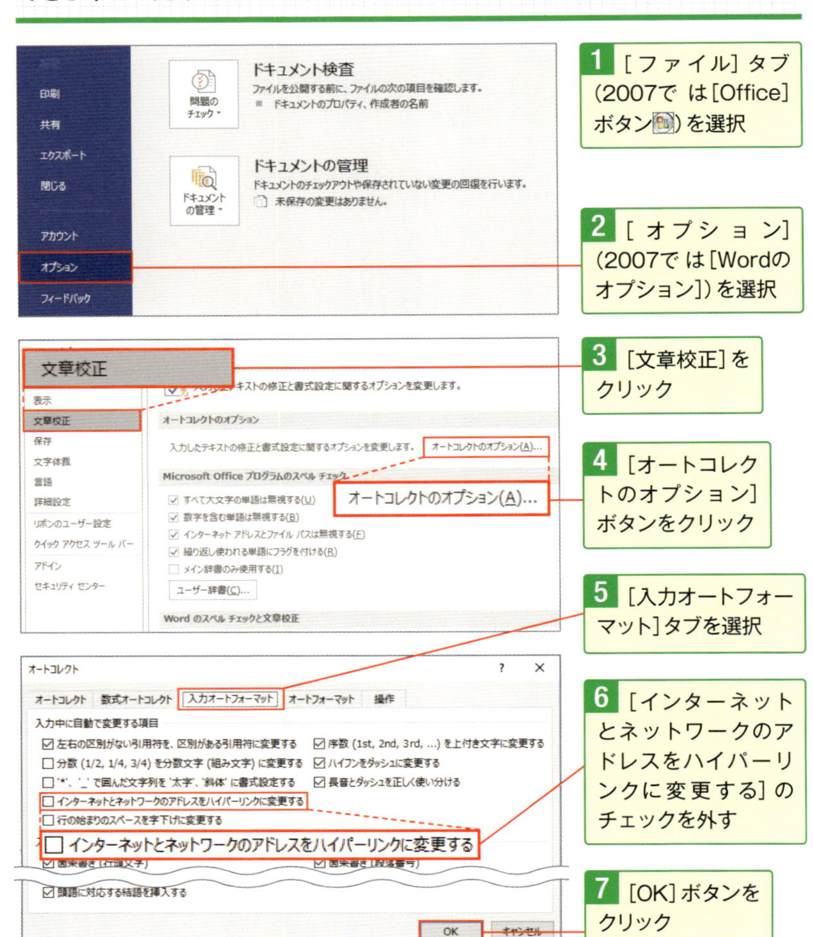
印刷
共有
エクスポート
閉じる
アカウント
オプション
フィードバック
問題のチェック
ドキュメント検査
ファイルを公開する前に、ファイルの次の項目を確認します。
ドキュメントのプロパティ、作成者の名前
ドキュメントの管理
ドキュメントのチェックアウトや保存されていない変更の回復を行います。
未保存の変更はありません。
文章校正
表示
文章校正
保存
文字体裁
言語
詳細設定
リボンのユーザー設定
クイック アクセス ツール バー
アドイン
セキュリティ センター
オートコレクトのオプション
入力したテキストの修正と書式設定に関するオプションを変更します。
オートコレクトのオプション(A)...
Microsoft Office プログラムのスペル チェック
すべて大文字の単語は無視する(U)
数字を含む単語は無視する(B)
インターネット アドレスとファイル パスは無視する(F)
繰り返し使われる単語にフラグを付ける(R)
メイン辞書のみ使用する(I)
ユーザー辞書(C)...
Word のスペル チェックと文章校正
オートコレクト
オートコレクト
数式オートコレクト
入力オートフォーマット
オートフォーマット
操作
入力中に自動で変更する項目
左右の区別がない引用符を、区別がある引用符に変更する
分数 (1/2, 1/4, 3/4) を分数文字 (組み文字) に変更する
'*'、'_' で囲んだ文字列を '太字'、'斜体' に書式設定する
インターネットとネットワークのアドレスをハイパーリンクに変更する
行の始まりのスペースを字下げに変更する
序数 (1st, 2nd, 3rd, ...) を上付き文字に変更する
ハイフンをダッシュに変更する
長音とダッシュを正しく使い分ける
頭語に対応する結語を挿入する
OK
キャンセル

1 [ファイル] タブ(2007では[Office]ボタン)を選択

2 [オプション](2007では[Wordのオプション])を選択

3 [文章校正] をクリック

4 [オートコレクトのオプション] ボタンをクリック

5 [入力オートフォーマット] タブを選択

6 [インターネットとネットワークのアドレスをハイパーリンクに変更する] のチェックを外す

7 [OK] ボタンをクリック

No.032 タイトルや見出しの背景に色を付けて強調する方法

文書の見出しや目立たせたい文字列の背景を色で塗りつぶすと、メリハリが付けられます。その際に濃い色を使うと読みづらくなるので注意が必要です。また、同じ文書内で塗りつぶしに使う色は、1色に揃えましょう。

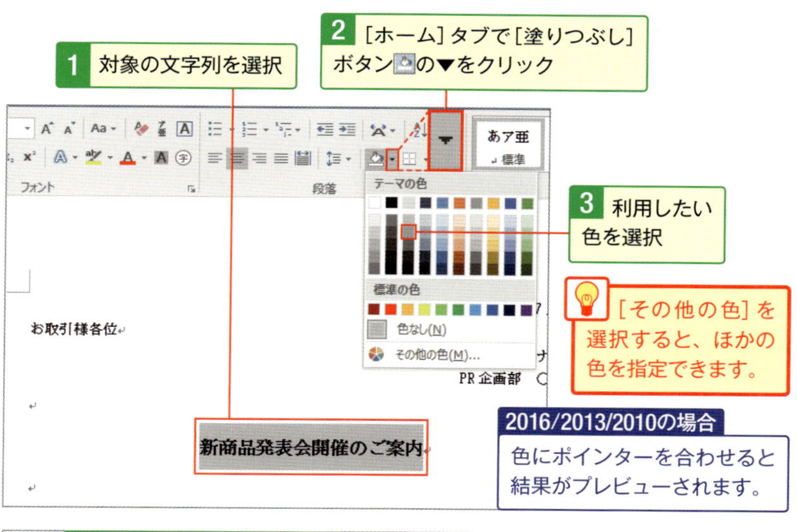
1 対象の文字列を選択
2 [ホーム]タブで[塗りつぶし]ボタンの▼をクリック
3 利用したい色を選択
テーマの色
標準の色
色なし(N)
その他の色(M)...
フォント
段落
お取引様各位
PR企画部
新商品発表会開催のご案内

[その他の色]を選択すると、ほかの色を指定できます。

2016/2013/2010の場合

色にポインターを合わせると結果がプレビューされます。

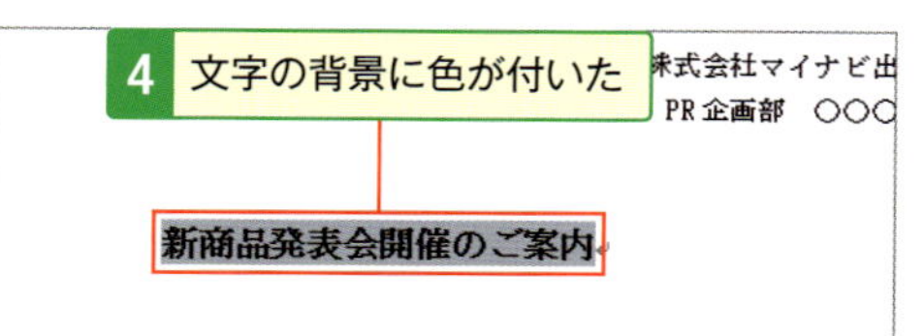
4 文字の背景に色が付いた
株式会社マイナビ出
PR企画部 ○○○
新商品発表会開催のご案内

⚠ 背景の色を解除するには文字列を選択し、[塗りつぶし]ボタンの横の▼をクリックして[色なし]を選択します。

スキルアップ 蛍光ペン機能でも背景に色が付く!

[ホーム]タブの[蛍光ペンの色]ボタン横にある▼をクリックして色を選択すると、ドラッグした文字列の背景に色を付けられます(終了するには再度[蛍光ペンの色]ボタンをクリック)。なお、この背景色を消去するには、文字列を選択した状態で[蛍光ペンの色]ボタンをクリックしましょう。

No. 033 文字の間隔を広げたり狭めたりするにはどうする?

文字列の間隔を広げたり狭めたりできます。タイトルの字間に余裕を持たせたり、あふれた文字が1行に収まるように字間を狭める際に使うといいでしょう。狭める際は文字同士が重ならないように注意してください。

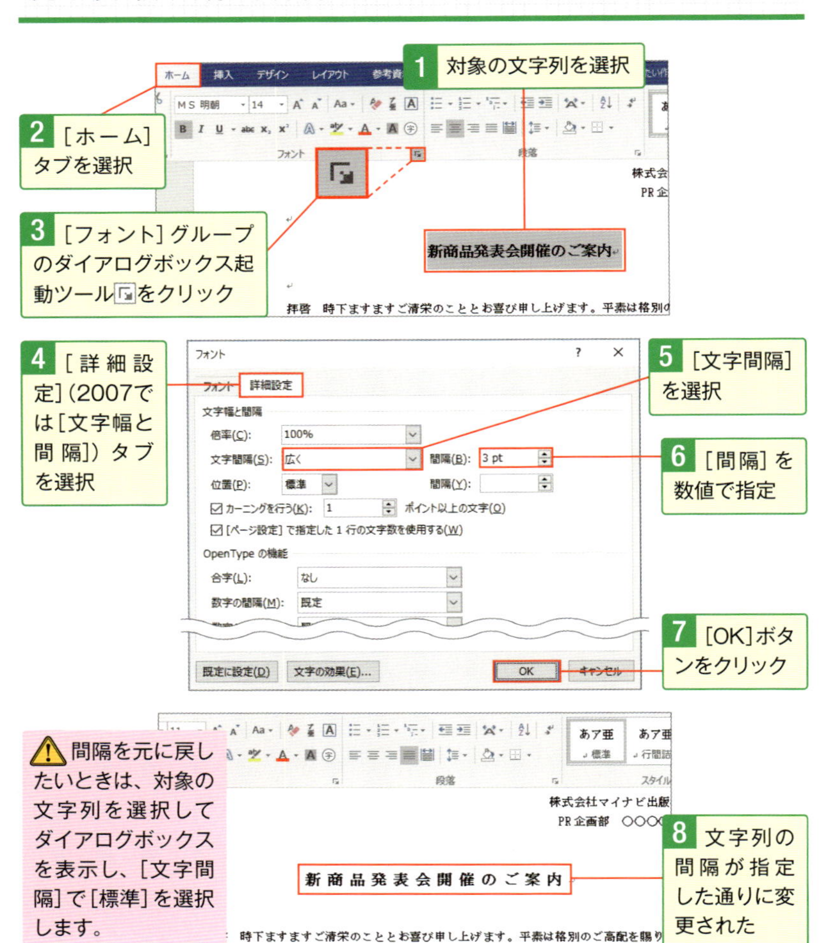

1 対象の文字列を選択
2 [ホーム]タブを選択
3 [フォント]グループのダイアログボックス起動ツールをクリック
新商品発表会開催のご案内
拝啓　時下ますますご清栄のこととお喜び申し上げます。平素は格別の
4 [詳細設定](2007では[文字幅と間隔])タブを選択
5 [文字間隔]を選択
6 [間隔]を数値で指定
7 [OK]ボタンをクリック
フォント
詳細設定
文字幅と間隔
倍率(C): 100%
文字間隔(S): 広く
間隔(B): 3 pt
位置(P): 標準
OK
キャンセル
株式会社マイナビ出版
PR企画部
新商品発表会開催のご案内
8 文字列の間隔が指定した通りに変更された

⚠間隔を元に戻したいときは、対象の文字列を選択してダイアログボックスを表示し、[文字間隔]で[標準]を選択します。

No. 034 見た目を揃えるのに便利! 任意の範囲に文字を均等配置

たとえば「日時：○○」「開催場所：○○」「幹事連絡先：○○」といった内容が縦に並んでいる場合、「：」の位置で文字が揃っていると見た目にもキレイです。このようなときは「均等割り付け」を行いましょう。

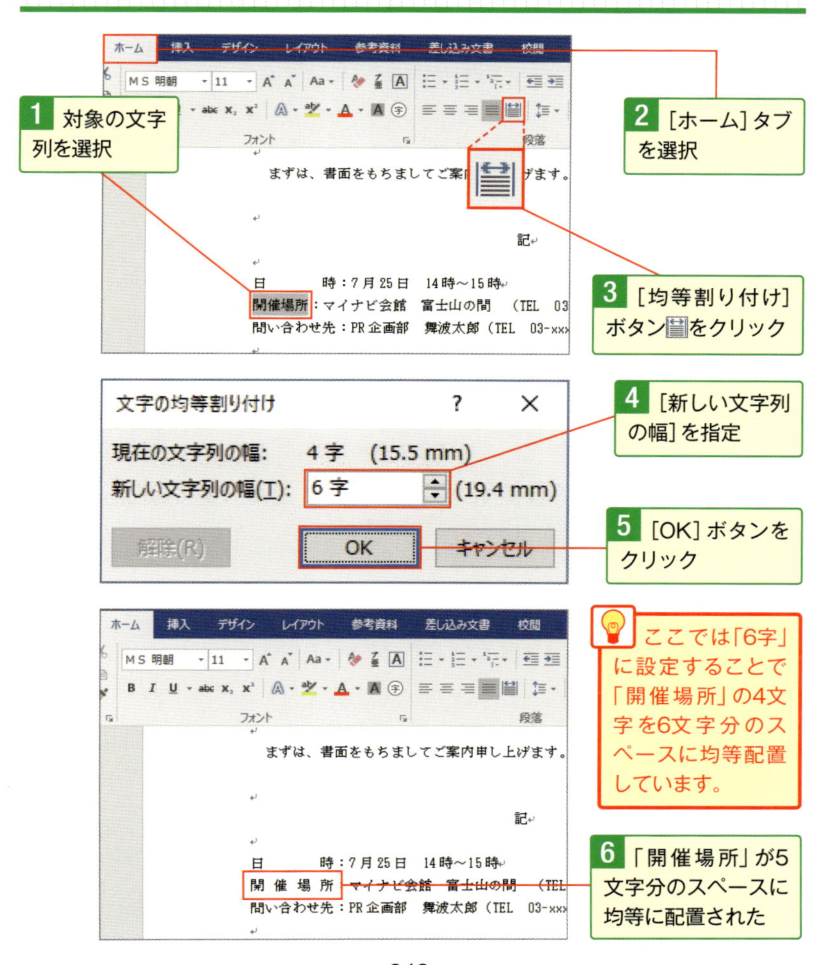
ホーム
挿入
デザイン
レイアウト
参考資料
差し込み文書
校閲
MS 明朝
11
フォント
段落
1 対象の文字列を選択
2 [ホーム] タブを選択
3 [均等割り付け] ボタンをクリック
まずは、書面をもちましてご案内申し上げます。
記
日　　　時：7月25日　14時～15時
開催場所：マイナビ会館　富士山の間　(TEL　03
問い合わせ先：PR企画部　舞波太郎 (TEL　03-xxx
文字の均等割り付け
現在の文字列の幅:　4 字　(15.5 mm)
新しい文字列の幅(I):　6 字　(19.4 mm)
解除(R)
OK
キャンセル
4 [新しい文字列の幅] を指定
5 [OK] ボタンをクリック
ここでは「6字」に設定することで「開催場所」の4文字を6文字分のスペースに均等配置しています。
開　催　場　所
6 「開催場所」が5文字分のスペースに均等に配置された

No.035 段落先頭の文字を大きくして読み手の目を引きたい

読み手の目を引くデザイン手法に「ドロップキャップ」があります。これは段落の先頭の文字を大きくするもので、雑誌などでも見かけるレイアウトです。なお、ドロップキャップした文字は色を変えたりできます。

1 対象の段落内にカーソルを合わせる

2 ［挿入］タブを選択

3 ［ドロップキャップ］をクリック

4 ［本文内に表示］を選択

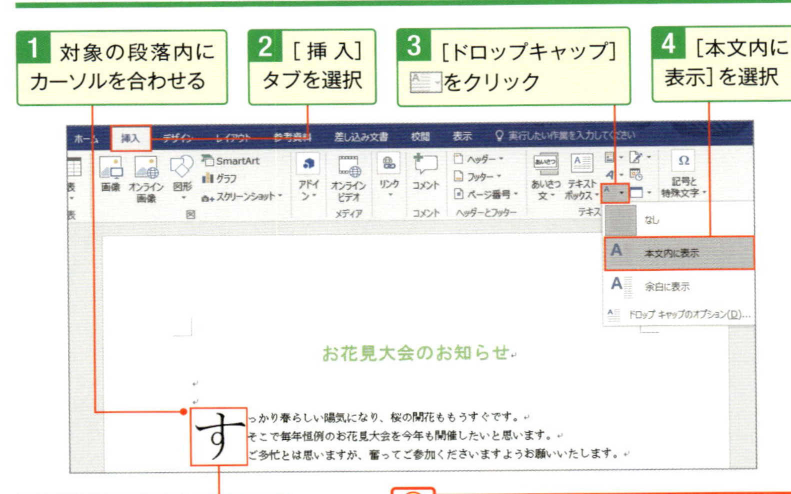

ホーム
挿入
デザイン
レイアウト
参考資料
差し込み文書
校閲
表示
実行したい作業を入力してください
SmartArt
グラフ
スクリーンショット
画像
オンライン画像
図形
アドイン
オンラインビデオ
メディア
リンク
コメント
ヘッダー
フッター
ページ番号
ヘッダーとフッター
あいさつ文
テキストボックス
記号と特殊文字
なし
本文内に表示
余白に表示
ドロップ キャップのオプション(D)...
お花見大会のお知らせ
す
っかり春らしい陽気になり、桜の開花ももうすぐです。
そこで毎年恒例のお花見大会を今年も開催したいと思います。
ご多忙とは思いますが、奮ってご参加くださいますようお願いいたします。

5 先頭の文字が3行分のサイズになる

複数文字を選択すると、先頭から2文字のように複数の文字を大きくできます。

スキルアップ

ドロップキャップのサイズを変更するには

［ドロップキャップ］をクリックし、［ドロップキャップのオプション］を選択すると、ドロップキャップの位置を選択できます❶。［ドロップする行数］や❷、［本文からの距離］など❸、より細かな設定も行えます。

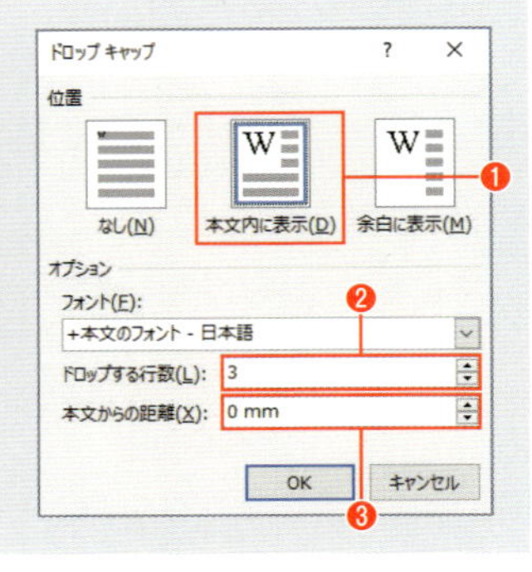

ドロップ キャップ
位置
なし(N)
本文内に表示(D)
余白に表示(M)
オプション
フォント(F):
+本文のフォント - 日本語
ドロップする行数(L): 3
本文からの距離(X): 0 mm
OK
キャンセル

No.036 よく使う書式はスタイル登録! カンタンに繰り返し利用できる

文字のサイズ、フォント、色といった書式の組み合わせで、よく使う設定があるなら「スタイル」として登録するといいでしょう。このスタイルは上部のリボンから呼び出し、スピーディに適用できます。

スタイルとして登録するには

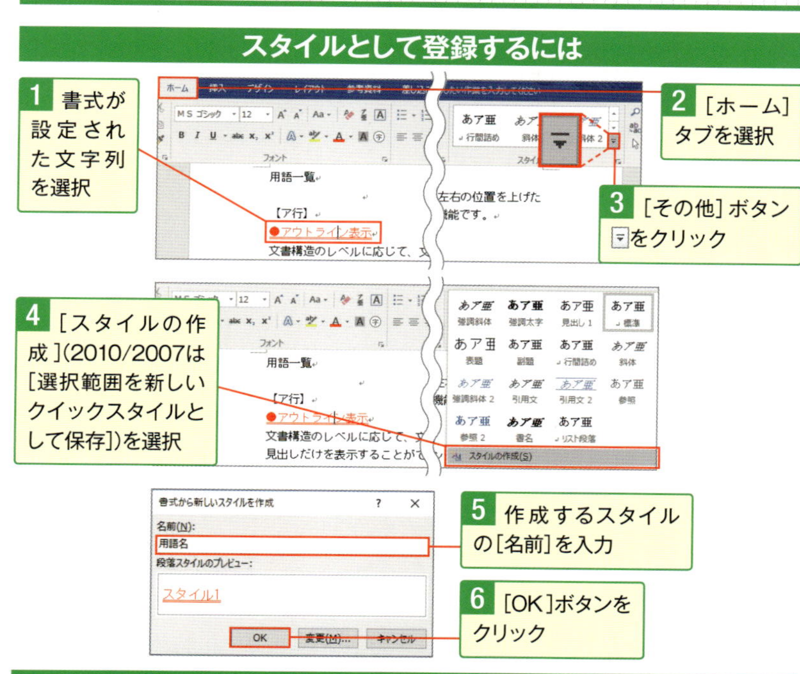
1 書式が設定された文字列を選択
2 [ホーム]タブを選択
3 [その他]ボタンをクリック
4 [スタイルの作成](2010/2007は[選択範囲を新しいクイックスタイルとして保存])を選択
5 作成するスタイルの[名前]を入力
6 [OK]ボタンをクリック
書式から新しいスタイルを作成
名前(N):
用語名
段落スタイルのプレビュー:
スタイル1
OK
変更(M)...
キャンセル
用語一覧
【ア行】
アウトライン表示
スタイルの作成(S)

登録したスタイルを適用するには

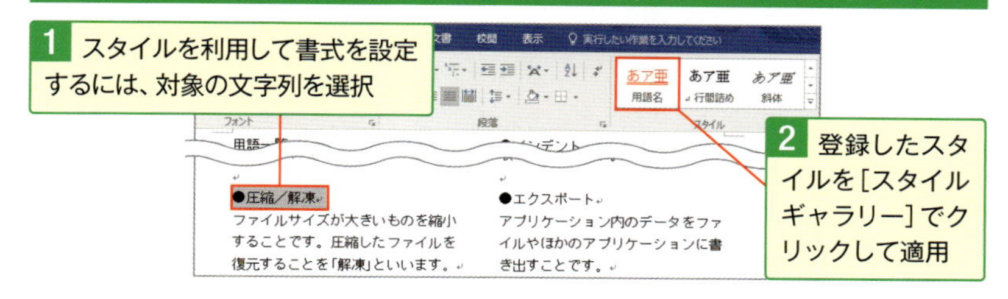
1 スタイルを利用して書式を設定するには、対象の文字列を選択
2 登録したスタイルを[スタイルギャラリー]でクリックして適用
●圧縮/解凍
ファイルサイズが大きいものを縮小することです。圧縮したファイルを復元することを「解凍」といいます。
●エクスポート
アプリケーション内のデータをファイルやほかのアプリケーションに書き出すことです。

No. 037

適用したスタイルを修正すると書式がまとめて変更される！

前ページではスタイルの登録方法を解説しました。このスタイルを修正すると、適用したすべての文字列に反映されるので、覚えておくといいでしょう。ここでは作成した「用語名」というスタイルを修正してみます。

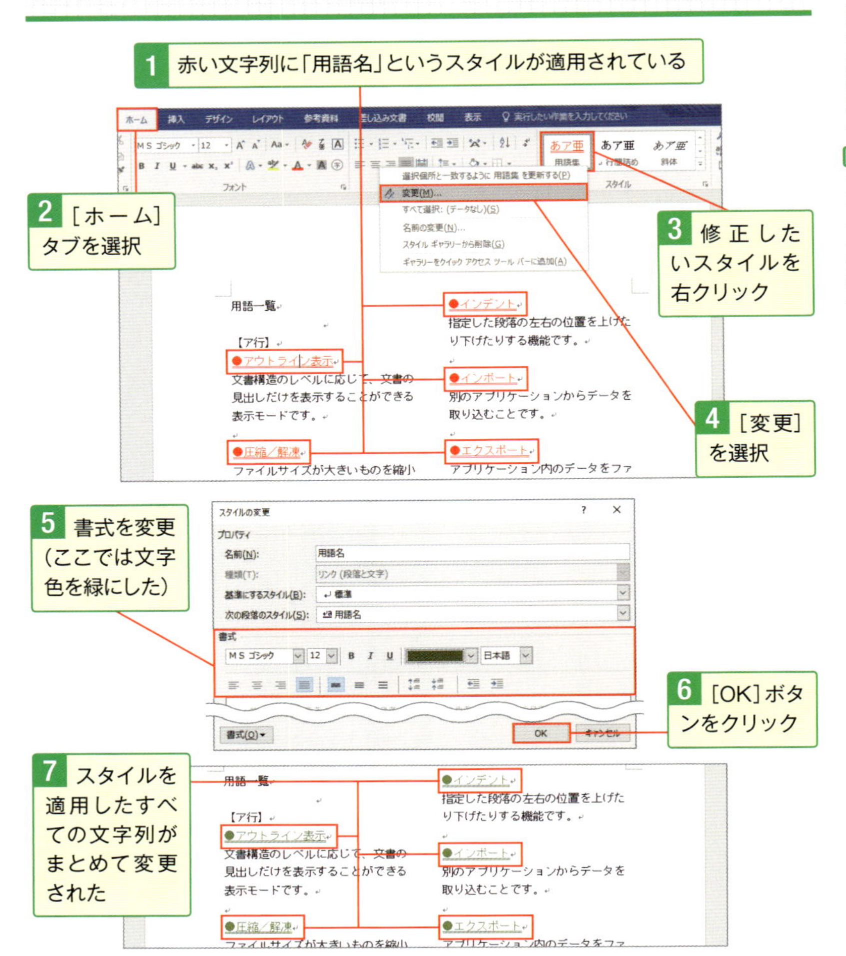

1 赤い文字列に「用語名」というスタイルが適用されている
2 ［ホーム］タブを選択
3 修正したいスタイルを右クリック
4 ［変更］を選択
5 書式を変更（ここでは文字色を緑にした）
6 ［OK］ボタンをクリック
7 スタイルを適用したすべての文字列がまとめて変更された
変更(M)...
スタイルの変更
名前(N):
用語名
書式
用語一覧
【ア行】
●インデント
指定した段落の左右の位置を上げたり下げたりする機能です。
●アウトライン表示
文書構造のレベルに応じて、文書の見出しだけを表示することができる表示モードです。
●インポート
別のアプリケーションからデータを取り込むことです。
●圧縮／解凍
●エクスポート

No.038 オリジナル作成のスタイルをほかの文書でも使い回したい！

気に入ったスタイルは別の文書でも使いたいことでしょう。そのような際はスタイルをテンプレートに保存しましょう。Wordで新しく［白紙の文書］を作成した場合でも、そのスタイルはあらかじめ登録されます。

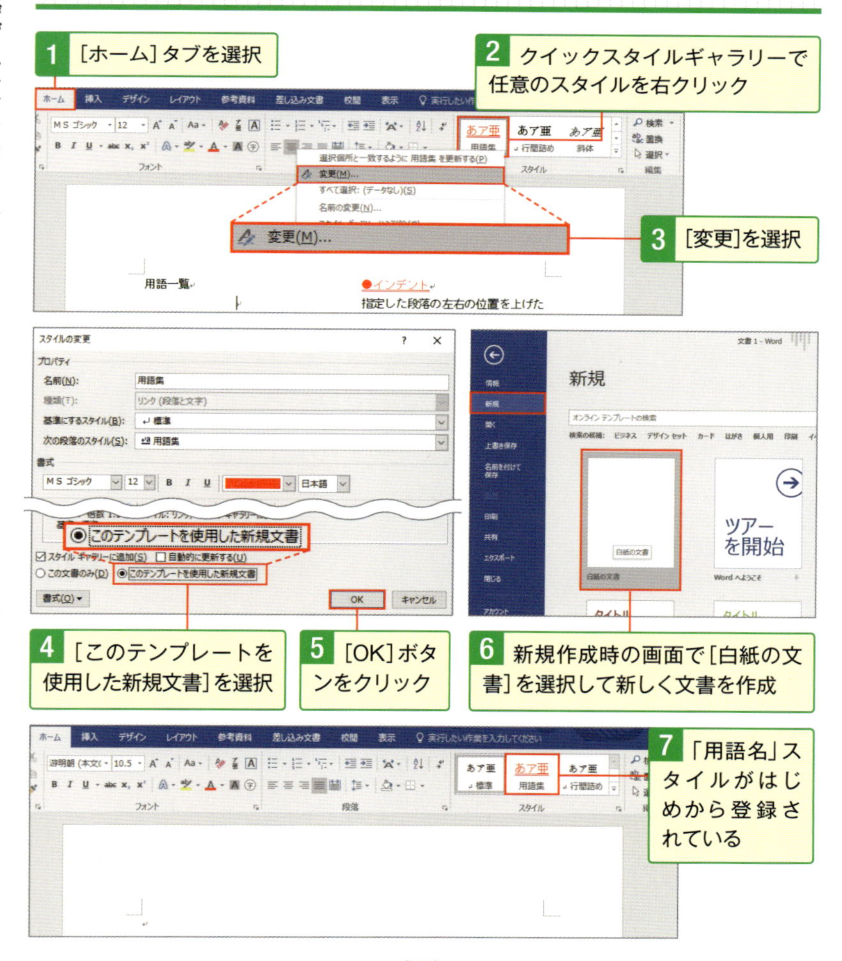
1 ［ホーム］タブを選択
2 クイックスタイルギャラリーで任意のスタイルを右クリック
変更(M)...
3 ［変更］を選択
用語一覧
●インデント
指定した段落の左右の位置を上げた
スタイルの変更
このテンプレートを使用した新規文書
新規
ツアーを開始
4 ［このテンプレートを使用した新規文書］を選択
5 ［OK］ボタンをクリック
6 新規作成時の画面で［白紙の文書］を選択して新しく文書を作成
7 「用語名」スタイルがはじめから登録されている

No. 039 改行すると書式が継承される！設定をまとめて解除するには

文書中で改行すると、前の行の書式がそのまま引き継がれてしまいます。文字のサイズ、色、フォントなど、変更した書式を解除するには［書式のクリア］を使います。ちなみに［蛍光ペンの色］は解除されません。

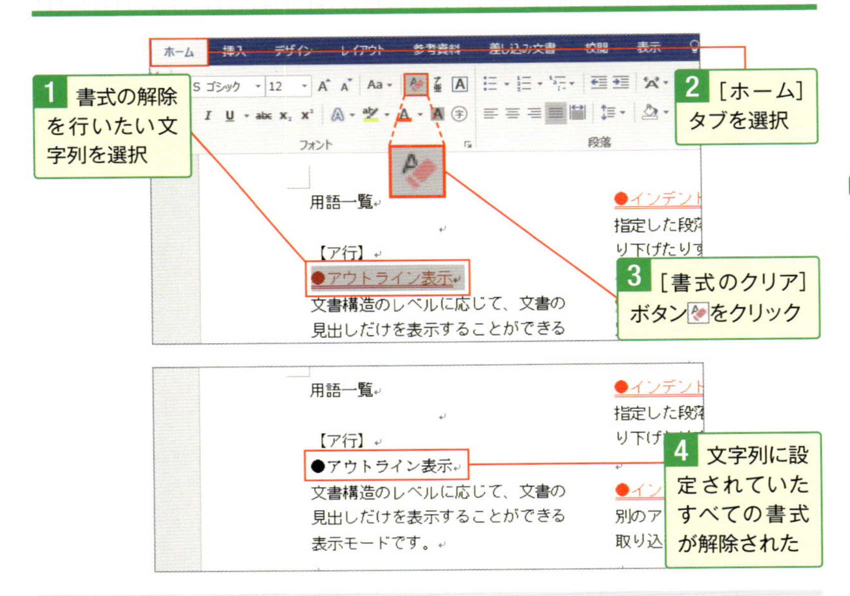
1 書式の解除を行いたい文字列を選択
2 ［ホーム］タブを選択
3 ［書式のクリア］ボタンをクリック
4 文字列に設定されていたすべての書式が解除された
用語一覧
【ア行】
●アウトライン表示
文書構造のレベルに応じて、文書の
見出しだけを表示することができる
表示モードです。
●インデント
指定した段落
り下げたりす

スキルアップ 段落単位で書式を解除

段落内の文字列すべてに同じ書式が設定されている場合、段落内にカーソルを合わせた状態で❶、［書式のクリア］ボタンをクリックすると❷、書式をまとめて解除できます。対象の文字列を選択する手間が省けるので覚えておきましょう。ただし段落内で異なる書式が混在している場合は利用できません。

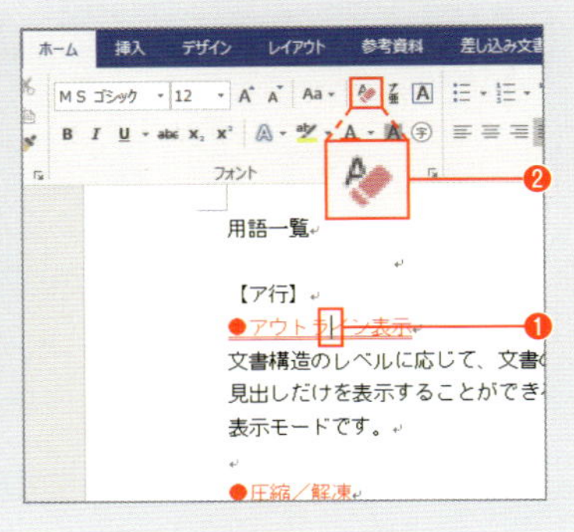
用語一覧
【ア行】
●アウトライン表示
文書構造のレベルに応じて、文書の
見出しだけを表示することができる
表示モードです。
●圧縮／解凍

No.040 段落の前後に間隔を空けて文書の区切りをわかりやすく!

段落の前や後の間隔を空けることで、文書の区切りがわかりやすくなります。この間隔は細かく設定できるので、必要に応じて調整しましょう。また、文書全体の間隔を少し空けて、ゆったり読みやすくする手もあります。

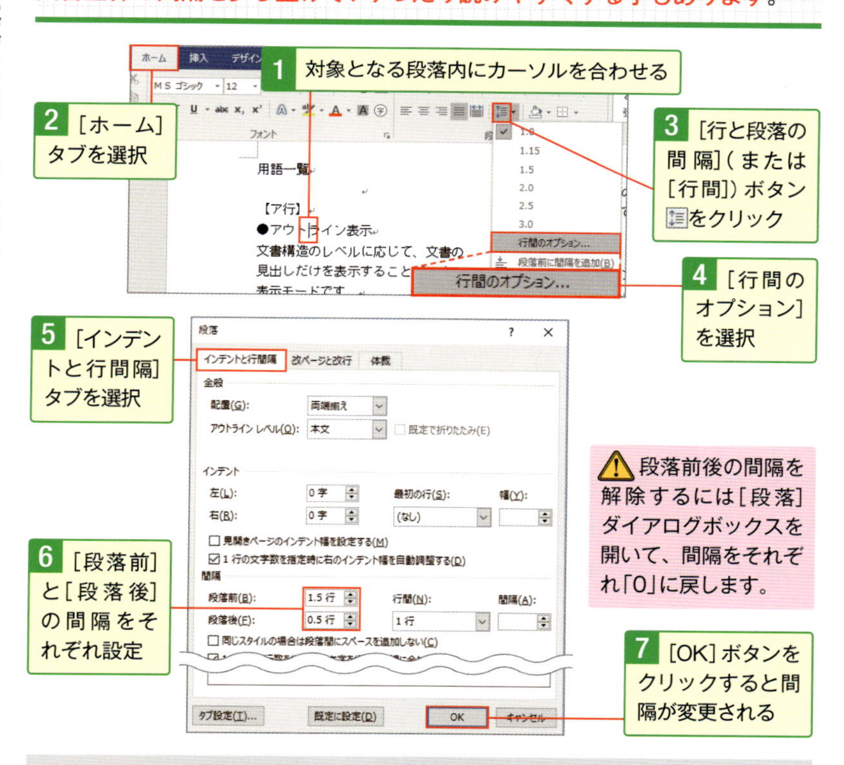
1 対象となる段落内にカーソルを合わせる
2 [ホーム]タブを選択
3 [行と段落の間隔](または[行間])ボタンをクリック
4 [行間のオプション]を選択
5 [インデントと行間隔]タブを選択
6 [段落前]と[段落後]の間隔をそれぞれ設定
7 [OK]ボタンをクリックすると間隔が変更される
段落前後の間隔を解除するには[段落]ダイアログボックスを開いて、間隔をそれぞれ「0」に戻します。
行間のオプション...
段落
インデントと行間隔
改ページと改行
体裁
全般
配置(G):
両端揃え
アウトライン レベル(O):
本文
インデント
段落前(B):
1.5 行
段落後(E):
0.5 行
行間(N):
1 行
OK
キャンセル

スキルアップ 段落前後に1行分の間隔をすばやく追加するには

[行と段落の間隔](または[行間])ボタンをクリックし、[段落前に間隔を追加]か[段落後に間隔を追加]を選択すると、段落の前後に1行分の間隔を素早く追加できます。こうした間隔は、再度[行間]ボタンをクリックして[段落前の間隔を削除]か[段落後の間隔を削除]を選択すると削除できます。

No. 041 文字列をキレイに揃えるには？タブを使いこなそう

タブを利用すると、空白を使って文字列の位置を揃えることができます。空白は[Tab]キーを使って入力し、揃える位置はルーラーで指定することになります。ここではタブの基本的な使い方を見ていきましょう。

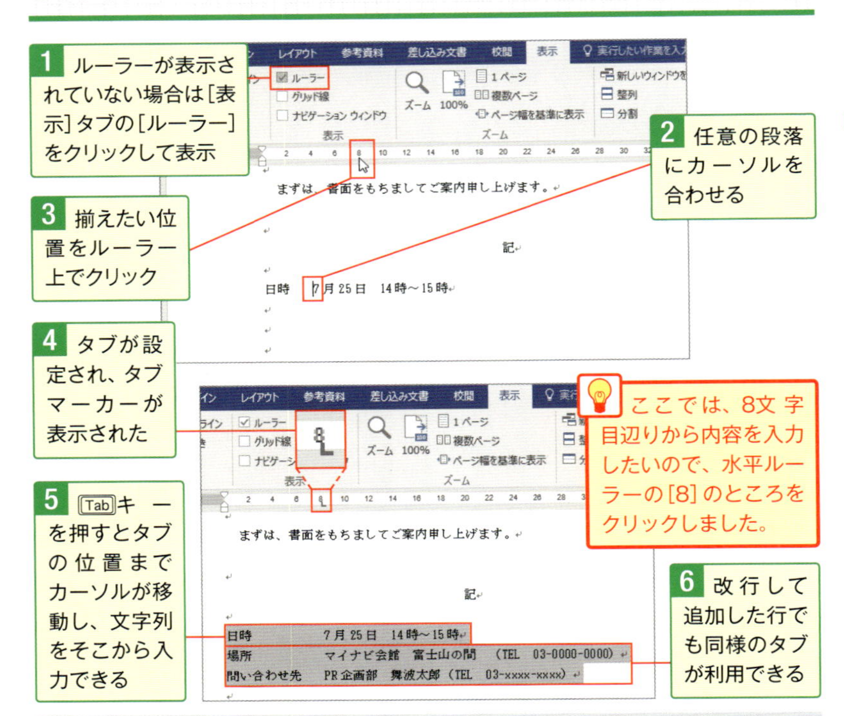

1 ルーラーが表示されていない場合は[表示]タブの[ルーラー]をクリックして表示
2 任意の段落にカーソルを合わせる
3 揃えたい位置をルーラー上でクリック
4 タブが設定され、タブマーカーが表示された
5 [Tab]キーを押すとタブの位置までカーソルが移動し、文字列をそこから入力できる
6 改行して追加した行でも同様のタブが利用できる
ここでは、8文字目辺りから内容を入力したいので、水平ルーラーの[8]のところをクリックしました。
まずは、書面をもちましてご案内申し上げます。
記
日時　7月25日　14時～15時
場所　マイナビ会館　富士山の間　（TEL　03-0000-0000）
問い合わせ先　PR企画部　舞波太郎（TEL　03-xxxx-xxxx）

スキルアップ 左揃え以外のタブを利用する

初期設定で選択されている「左揃えタブ」以外に、「中央揃えタブ」「右揃えタブ」「小数点揃えタブ」などのタブが利用可能です。ルーラーの左側にある「セレクター」をクリックするとタブの種類が順に切り替わります❶。

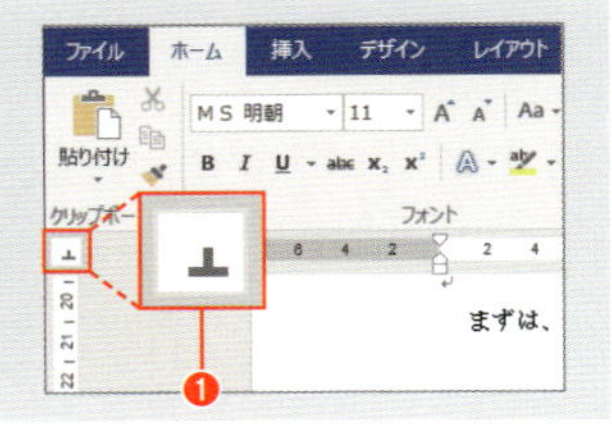

ファイル
ホーム
挿入
デザイン
レイアウト
貼り付け
フォント
まずは、
❶

No.042 タブの部分を空白にしないで線でつなぎたい

前ページでタブの使い方を解説しましたが、タブの部分を線でつなぐこともできます（「リーダー」と呼びます）。ここでは点線付きのタブにしてみましょう。なお、タブはルーラーの外にドラッグすると削除できます。

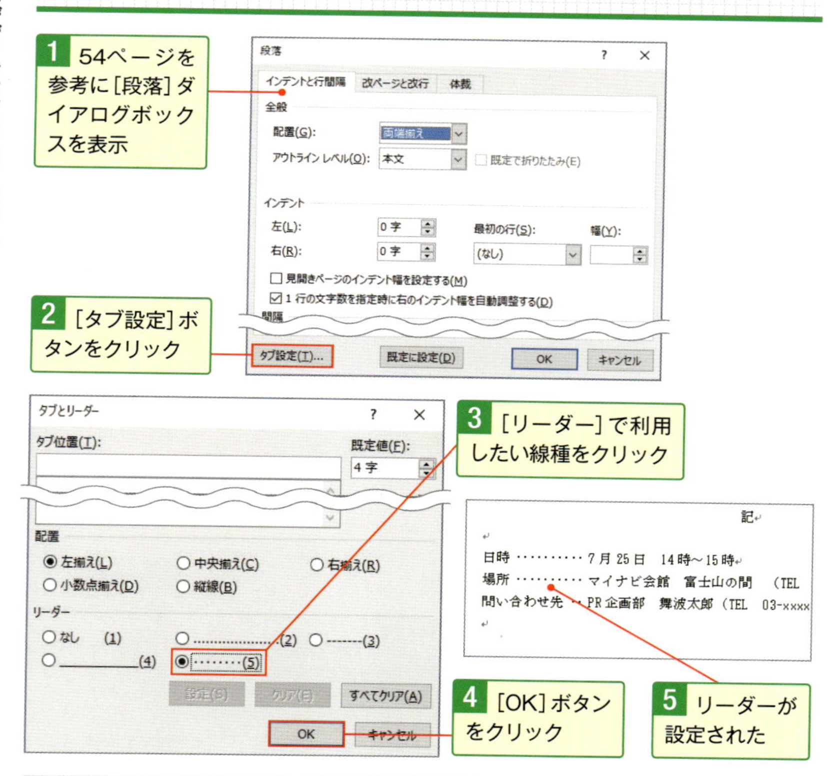
1 54ページを参考に［段落］ダイアログボックスを表示
段落
インデントと行間隔
改ページと改行
体裁
全般
配置(G):
両端揃え
アウトライン レベル(O):
本文
既定で折りたたみ(E)
インデント
左(L):
0 字
右(R):
0 字
最初の行(S):
(なし)
幅(Y):
見開きページのインデント幅を設定する(M)
1 行の文字数を指定時に右のインデント幅を自動調整する(D)
間隔
2 ［タブ設定］ボタンをクリック
タブ設定(T)...
既定に設定(D)
OK
キャンセル
タブとリーダー
タブ位置(T):
既定値(F):
4 字
配置
左揃え(L)
中央揃え(C)
右揃え(R)
小数点揃え(D)
縦線(B)
リーダー
なし (1)
(2)
(3)
(4)
(5)
設定(S)
クリア(E)
すべてクリア(A)
OK
キャンセル
3 ［リーダー］で利用したい線種をクリック
4 ［OK］ボタンをクリック
記
日時 ……… 7月25日 14時～15時
場所 ……… マイナビ会館 富士山の間 （TEL
問い合わせ先 … PR企画部 舞波太郎（TEL 03-xxxx
5 リーダーが設定された

スキルアップ 文字数を指定してタブを作成する

［タブとリーダー］ダイアログボックスでは、文字数を指定してタブを作成できます。［タブ位置］に作成したいタブの位置を文字数単位で入力し、［設定］ボタンをクリックします。これで指定した文字数の位置にタブができます。

No.043 文章のセオリー通りに段落の先頭を1文字下げるには

段落の先頭を1文字分下げたい場合は全角のスペースを入力してもいいですが、設定で字下げ（インデント）できます。なお、短い文章で改行が多く、かえって読みにくくなる場合はあえて字下げしない手もあります。

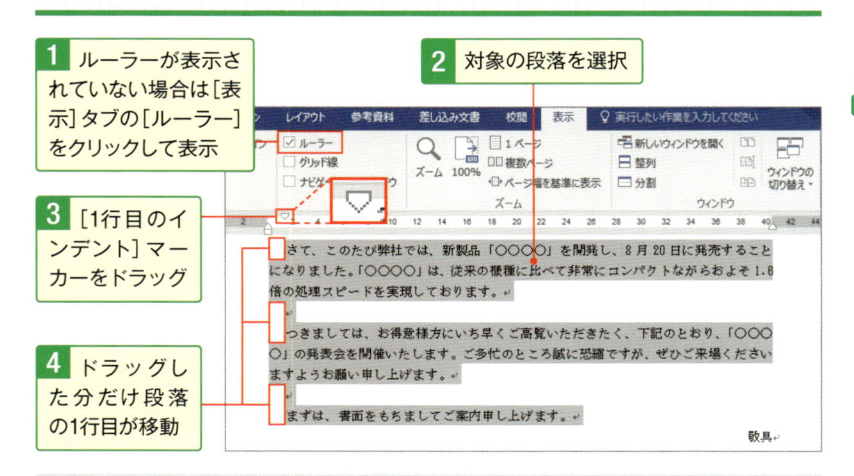

1 ルーラーが表示されていない場合は[表示]タブの[ルーラー]をクリックして表示
2 対象の段落を選択
3 [1行目のインデント]マーカーをドラッグ
4 ドラッグした分だけ段落の1行目が移動
レイアウト
参考資料
差し込み文書
校閲
表示
実行したい作業を入力してください
ルーラー
グリッド線
ズーム
100%
1ページ
複数ページ
ページ幅を基準に表示
新しいウィンドウを開く
整列
分割
ウィンドウの切り替え
ウィンドウ
さて、このたび弊社では、新製品「○○○○」を開発し、8月20日に発売することになりました。「○○○○」は、従来の機種に比べて非常にコンパクトながらおよそ1.6倍の処理スピードを実現しております。
つきましては、お得意様方にいち早くご高覧いただきたく、下記のとおり、「○○○○」の発表会を開催いたします。ご多忙のところ誠に恐縮ですが、ぜひご来場くださいますようお願い申し上げます。
まずは、書面をもちましてご案内申し上げます。
敬具

スキルアップ 段落の左端をまとめて移動するには

段落を選択し、四角い[左インデント]マーカーをドラッグすると❶、段落全体の左端を移動できます❷。

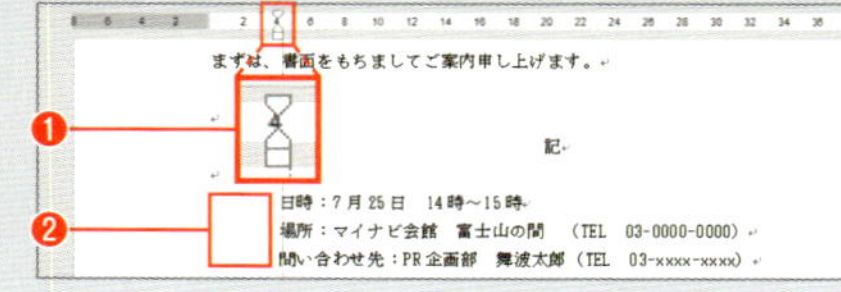

まずは、書面をもちましてご案内申し上げます。
敬具
記
日時：7月25日　14時～15時
場所：マイナビ会館　富士山の間　（TEL　03-0000-0000）
問い合わせ先：PR企画部　舞波太郎（TEL　03-xxxx-xxxx）

スキルアップ 段落の右端をまとめて移動するには

段落の右端を移動するには、対象となる段落を選択して、[右インデント]マーカーをドラッグします❶❷。

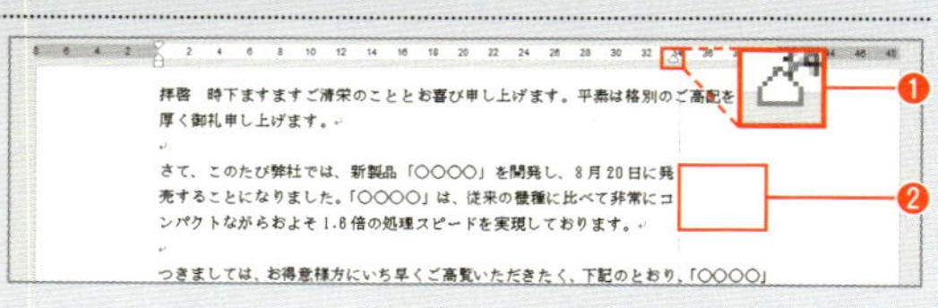

拝啓　時下ますますご清栄のこととお喜び申し上げます。平素は格別のご高配を厚く御礼申し上げます。
さて、このたび弊社では、新製品「○○○○」を開発し、8月20日に発売することになりました。「○○○○」は、従来の機種に比べて非常にコンパクトながらおよそ1.6倍の処理スピードを実現しております。
つきましては、お得意様方にいち早くご高覧いただきたく、下記のとおり、「○○○○」

No.044 箇条書きでも便利に使える! 段落に通し番号を振るには

段落の行頭に通し番号を振る「段落番号」という機能があります。「1. 2. 3.」「①②③」「A) B) C)」などさまざまな種類から選べるので便利に活用したいところです。ここでは箇条書きに番号を振ってみましょう。

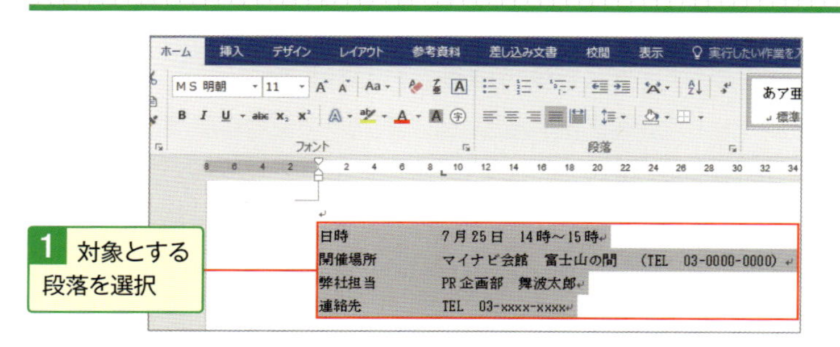
1 対象とする段落を選択
日時 7月25日 14時～15時
開催場所 マイナビ会館 富士山の間 (TEL 03-0000-0000)
弊社担当 PR企画部 舞波太郎
連絡先 TEL 03-xxxx-xxxx

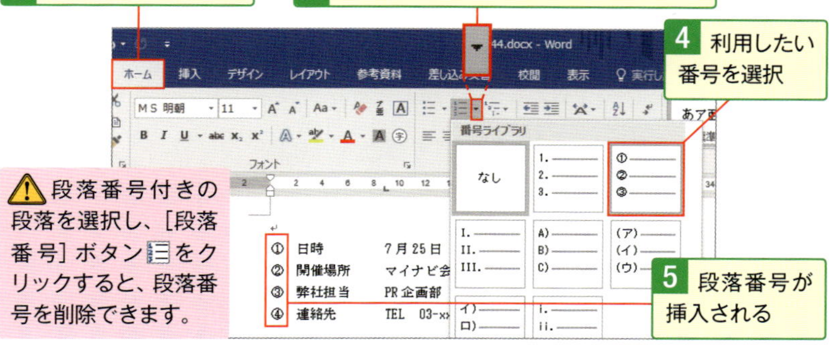
2 [ホーム]タブを選択
3 [段落番号]ボタン横の▼をクリック
4 利用したい番号を選択
5 段落番号が挿入される
番号ライブラリ
なし

段落番号付きの段落を選択し、[段落番号]ボタンをクリックすると、段落番号を削除できます。

スキルアップ

段落番号を途中から振り直ししたい!

途中から番号を振り直したい場合は、対象とする段落を選択して右クリックし❶、[①から再開]を選択します❷。

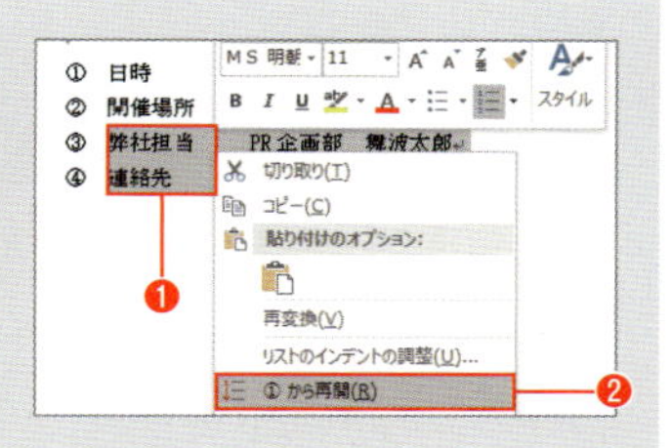
切り取り(T)
コピー(C)
貼り付けのオプション:
再変換(V)
リストのインデントの調整(U)...
① から再開(R)

No.045 改ページの位置を自動で調節！ 文書全体を見栄えよく整えよう

文書の中ではたいてい小見出しなどが使われますが、こうした見出しの直後に改ページが行われるのは見栄えがよくありません。見出しに［次の段落と分離しない］設定を行えば、改ページ位置を自動で整えられます。

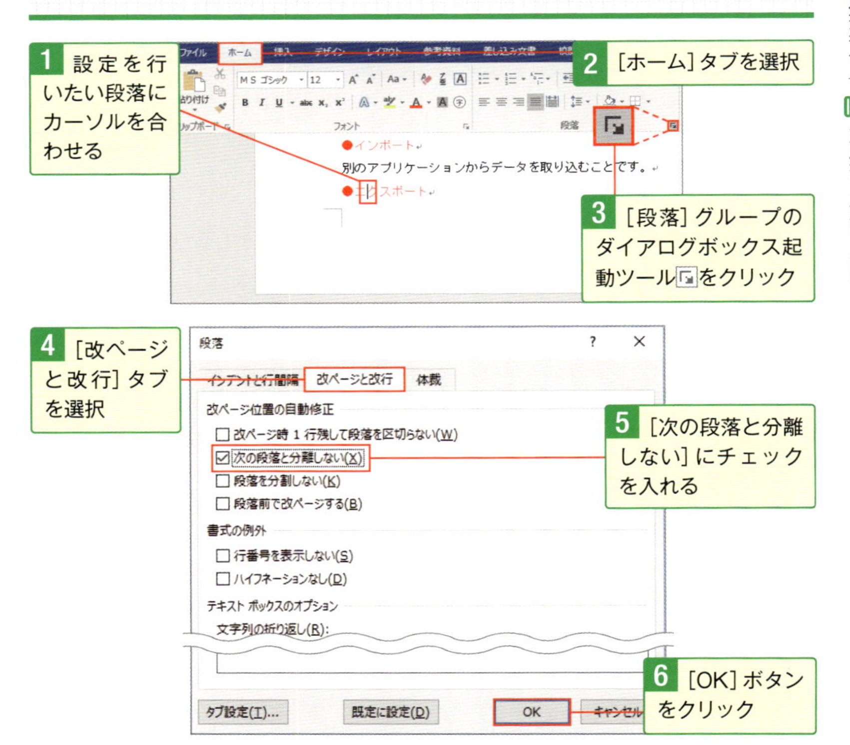
1 設定を行いたい段落にカーソルを合わせる
2 ［ホーム］タブを選択
3 ［段落］グループのダイアログボックス起動ツールをクリック
●インポート
別のアプリケーションからデータを取り込むことです。
●エクスポート
4 ［改ページと改行］タブを選択
段落
インデントと行間隔
改ページと改行
体裁
改ページ位置の自動修正
改ページ時 1 行残して段落を区切らない(W)
次の段落と分離しない(X)
段落を分割しない(K)
段落前で改ページする(B)
書式の例外
行番号を表示しない(S)
ハイフネーションなし(D)
テキスト ボックスのオプション
文字列の折り返し(R):
5 ［次の段落と分離しない］にチェックを入れる
タブ設定(T)...
既定に設定(D)
OK
キャンセル
6 ［OK］ボタンをクリック

スキルアップ 複数の段落にまとめて設定すると効果的

決まったレイアウトで長文を作成している場合は、すべての見出しをまとめて設定できると便利です。見出し部分を選択して右クリックし、［スタイル］→［類似した書式の文字列を選択］を選択すると、類似する見出しが全て選択されます。これで見出しの設定をまとめて行えます。

No.046 文書があまりにも素っ気ない！ ページ全体を罫線で囲ってみる

ページ全体を線やイラストで囲うことができます。もし枠の大きさを変えたい場合は［線種とページ罫線と網掛けの設定］ダイアログボックス右下の［オプション］ボタンをクリックし、［余白］の設定を行いましょう。

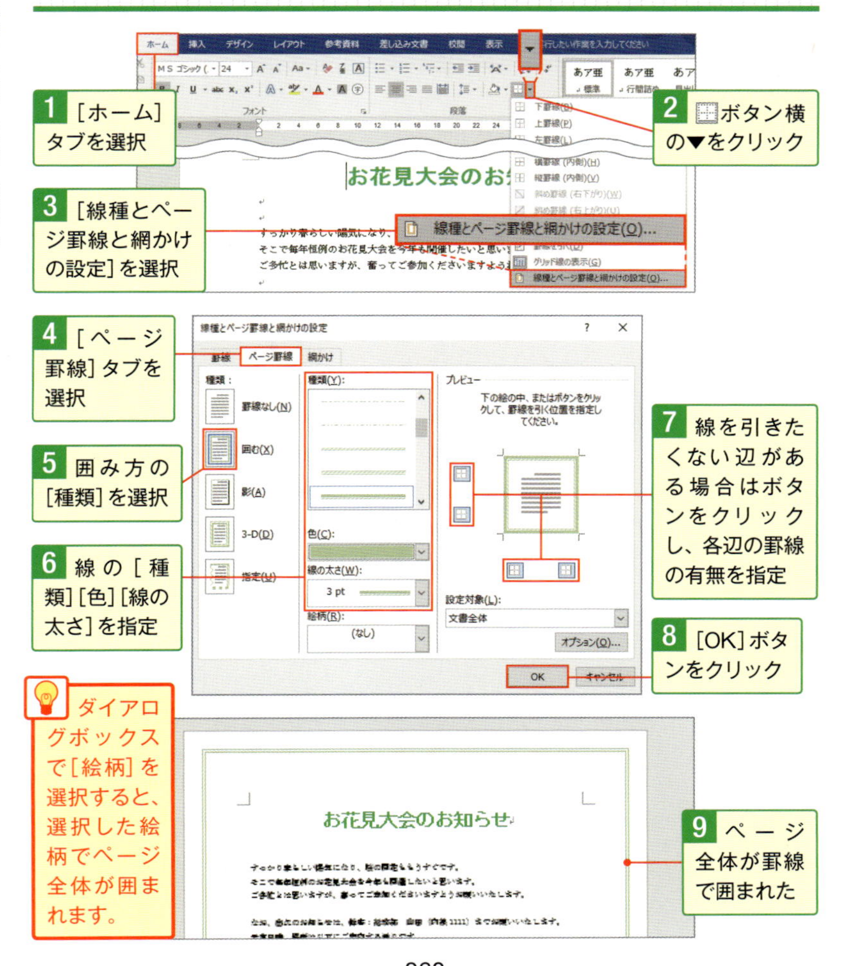
1 ［ホーム］タブを選択
2 ボタン横の▼をクリック
3 ［線種とページ罫線と網かけの設定］を選択
線種とページ罫線と網かけの設定(O)...
お花見大会のお知
4 ［ページ罫線］タブを選択
5 囲み方の［種類］を選択
6 線の［種類］［色］［線の太さ］を指定
7 線を引きたくない辺がある場合はボタンをクリックし、各辺の罫線の有無を指定
8 ［OK］ボタンをクリック
線種とページ罫線と網かけの設定
罫線
ページ罫線
網かけ
種類：
罫線なし(N)
囲む(X)
影(A)
3-D(D)
指定(U)
種類(Y):
色(C):
線の太さ(W):
3 pt
絵柄(R):
(なし)
プレビュー
下の絵の中、またはボタンをクリックして、罫線を引く位置を指定してください。
設定対象(L):
文書全体
オプション(O)...
OK
キャンセル
お花見大会のお知らせ
9 ページ全体が罫線で囲まれた

ダイアログボックスで［絵柄］を選択すると、選択した絵柄でページ全体が囲まれます。

No.047 用語一覧をすっきり見せたい！ 2段組みにして読みやすくする

Wordの初期状態では横書きだと1行に全角で40文字入りますが、文字量が多いときなどは段組みを設定した方が読みやすくなります。左右の視線の動きが少なくて済むほか、スッキリとまとまった印象にできます。

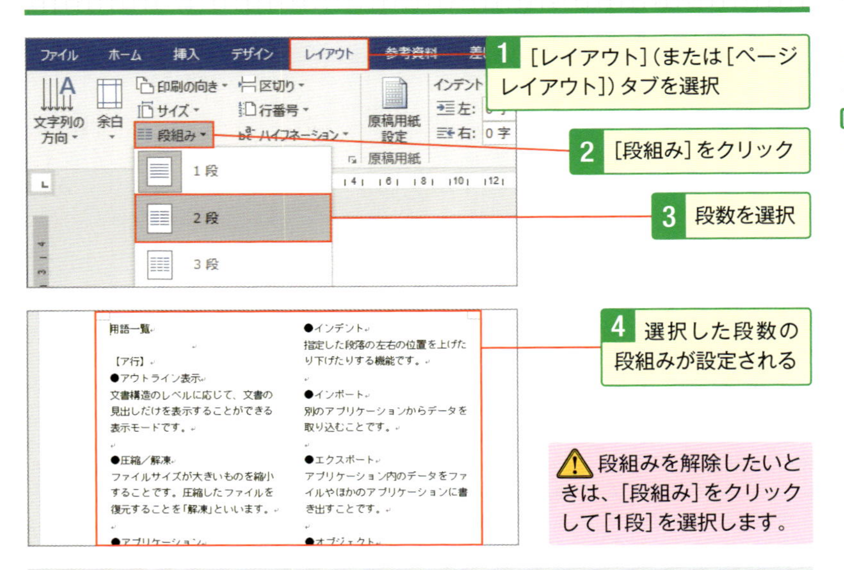
1 [レイアウト]（または[ページレイアウト]）タブを選択
2 [段組み]をクリック
3 段数を選択
4 選択した段数の段組みが設定される

段組みを解除したいときは、[段組み]をクリックして[1段]を選択します。

スキルアップ
段の幅や間隔を設定するには

[段組み]をクリックし、[段組みの詳細設定]を選択すると、右のダイアログボックスが表示されます。ここで段組みの[種類]❶、[段数]❷、境界線の有無❸、[段の幅と間隔]❹、[設定対象]など❺、より細かな条件を指定できます。

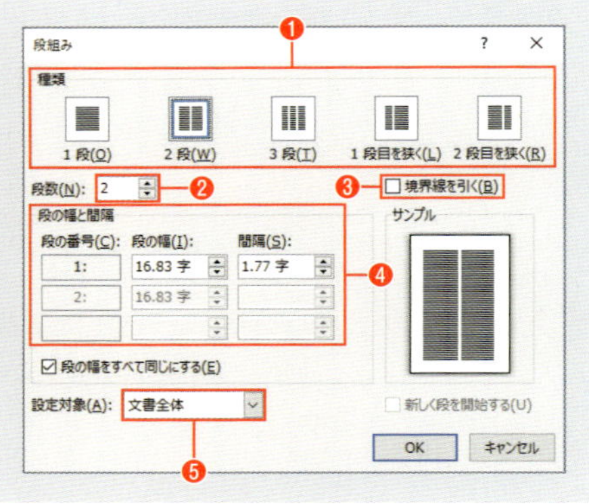

No.048 作成した文書を本のように左右見開きで見せる際のコツ

文書を一般的な本のように左右でめくりたい場合は、ホチキスなどでページの左右どちらかを綴じますが、その際は用紙の内側と外側の余白の大きさを調整しましょう。通常は内側（綴じる側）の余白を多めにします。

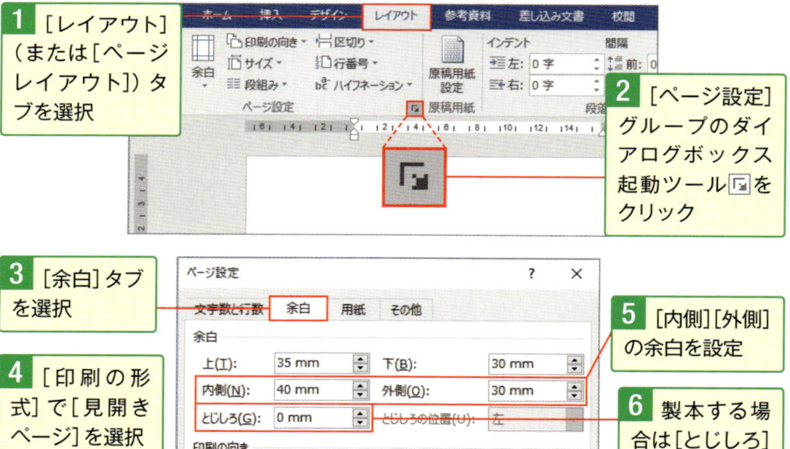
1 [レイアウト]（または[ページレイアウト]）タブを選択
2 [ページ設定]グループのダイアログボックス起動ツールをクリック
3 [余白]タブを選択
4 [印刷の形式]で[見開きページ]を選択
5 [内側][外側]の余白を設定
6 製本する場合は[とじしろ]を設定するか[内側]の余白を多めに設定しておく
7 [印刷の向き]を指定
8 [OK]ボタンをクリック
ページ設定
余白
上(T): 35 mm
下(B): 30 mm
内側(N): 40 mm
外側(O): 30 mm
とじしろ(G): 0 mm
印刷の向き
縦(P)
横(S)
複数ページの印刷設定
印刷の形式(M): 見開きページ
設定対象(Y): 文書全体
既定に設定(D)
OK
キャンセル

スキルアップ こんな印刷形式も選択できる

[ページ設定]ダイアログボックスの[印刷の形式]では、[見開きページ]のほかに[袋とじ][本（縦方向に谷折り）][本（縦方向に山折り）]が選択できます。印刷した文書をどう利用するかに適した形式を選択しましょう。

No. 049 文書に独立したコラムを作って内容の補足説明を行うには

文書中に補足の説明や、趣旨とはそれた話題を加える際は、コラムのようにするのも手です。「テキストボックス」に文章を入力すれば、自由な場所に配置したり、横書きの文書内でも縦書きで記したりできます。

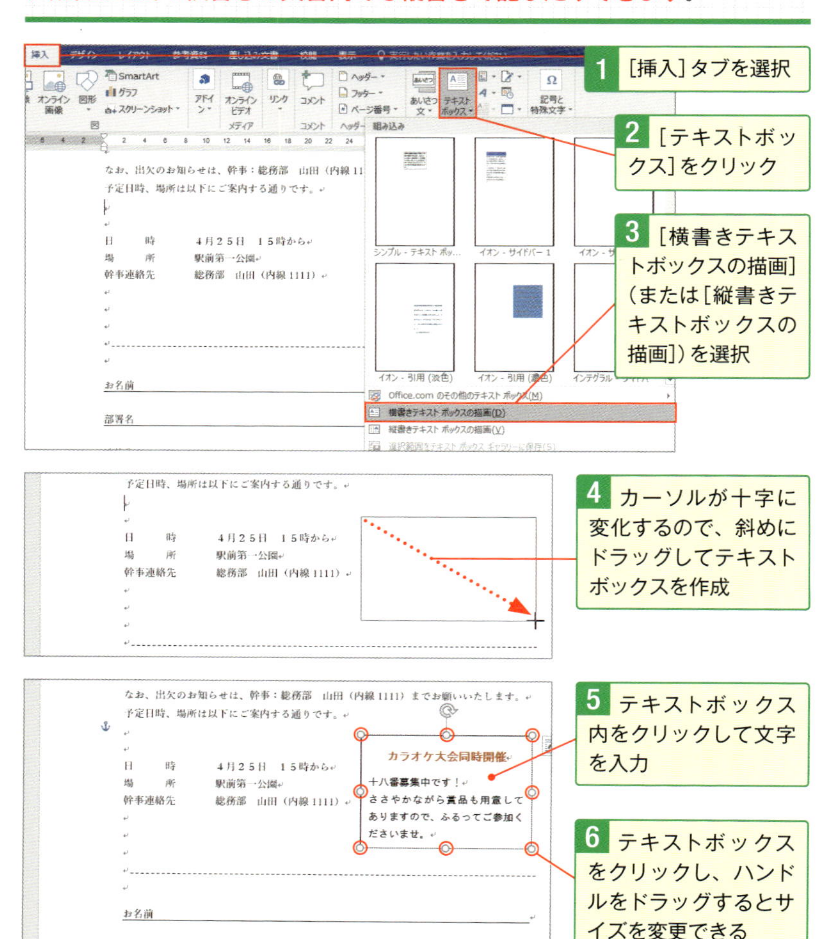
1 [挿入]タブを選択
2 [テキストボックス]をクリック
3 [横書きテキストボックスの描画](または[縦書きテキストボックスの描画])を選択
横書きテキスト ボックスの描画(D)
縦書きテキスト ボックスの描画(V)
4 カーソルが十字に変化するので、斜めにドラッグしてテキストボックスを作成
5 テキストボックス内をクリックして文字を入力
カラオケ大会同時開催
十八番募集中です！
ささやかながら賞品も用意してありますので、ふるってご参加くださいませ。
6 テキストボックスをクリックし、ハンドルをドラッグするとサイズを変更できる

No.050 テキストボックスの枠と入力した文字列の間隔を調整！

前ページでテキストボックスを作成しましたが、中に入力した文字列とボックス枠の間隔が狭すぎたりすると、見栄えがよくありません。適度な余白を設けるといいでしょう（2010/2007は下のコラムを参照）。

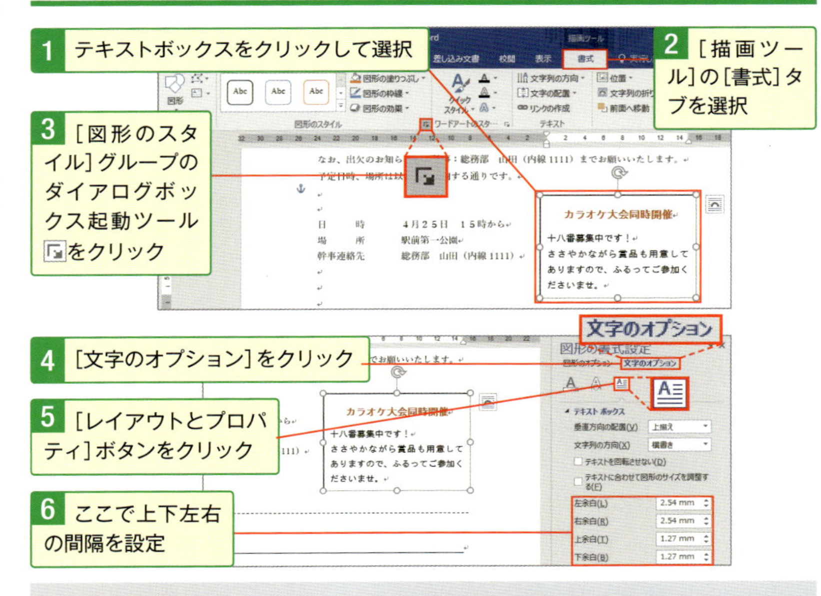
1 テキストボックスをクリックして選択
2 ［描画ツール］の［書式］タブを選択
3 ［図形のスタイル］グループのダイアログボックス起動ツール をクリック
4 ［文字のオプション］をクリック
5 ［レイアウトとプロパティ］ボタンをクリック
6 ここで上下左右の間隔を設定
文字のオプション
カラオケ大会同時開催
十八番募集中です！
ささやかながら賞品も用意してありますので、ふるってご参加くださいませ。

スキルアップ

Word 2010/2007では?

［図形のスタイル］（2007は［テキストボックススタイル］）グループのダイアログボックス起動ツールをクリック。［テキストボックス］（2007は上に並ぶタブ）をクリックし❶、［内部の余白］（2007は［テキストボックスと文字列の間隔］）で左右上下の間隔を指定しましょう❷。

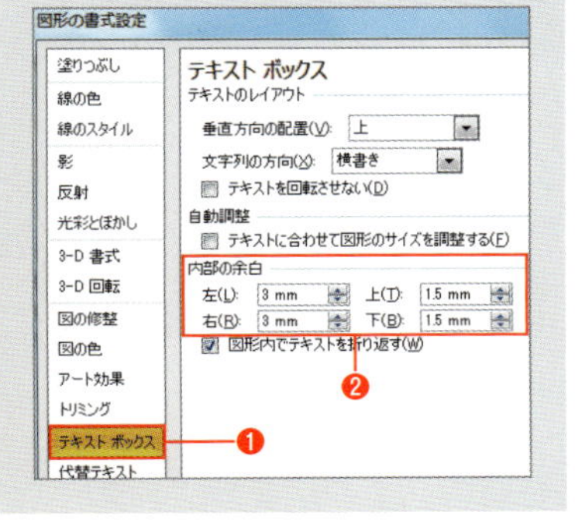
図形の書式設定
塗りつぶし
線の色
線のスタイル
影
反射
光彩とぼかし
3-D 書式
3-D 回転
図の修整
図の色
アート効果
トリミング
テキスト ボックス
代替テキスト
テキスト ボックス
テキストのレイアウト
垂直方向の配置(V): 上
文字列の方向(X): 横書き
テキストを回転させない(D)
自動調整
テキストに合わせて図形のサイズを調整する(F)
内部の余白
左(L): 3 mm
右(R): 3 mm
上(T): 1.5 mm
下(B): 1.5 mm
図形内でテキストを折り返す(W)
❶
❷

No.051 テキストボックスの枠線の色をデザインに合わせて変えたい

テキストボックスの枠線は、色を変えることができます。初期状態では黒色ですが、文書で使われているデザインに合わせて変更してもいいでしょう。なお、枠線の太さや種類を変えることもできます。

テキストボックスの線の色を変更する

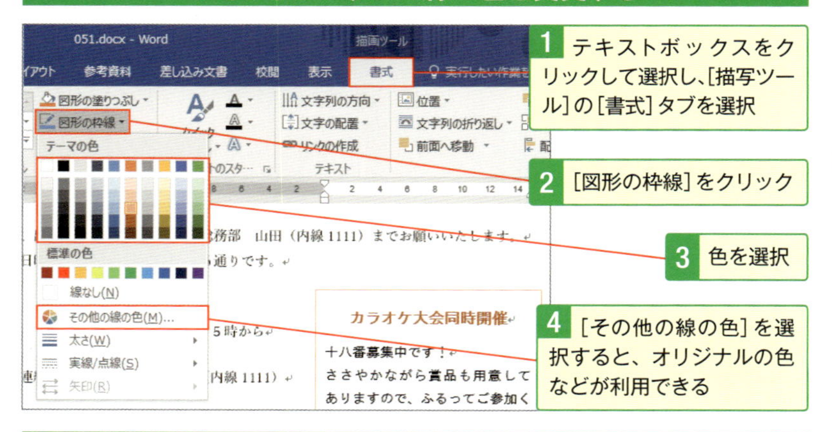

051.docx - Word
描画ツール
書式
図形の塗りつぶし
図形の枠線
テーマの色
標準の色
線なし(N)
その他の線の色(M)...
太さ(W)
実線/点線(S)
矢印(R)
カラオケ大会同時開催
1 テキストボックスをクリックして選択し、[描写ツール]の[書式]タブを選択
2 [図形の枠線]をクリック
3 色を選択
4 [その他の線の色]を選択すると、オリジナルの色などが利用できる

テキストボックスの枠線の太さを変更する

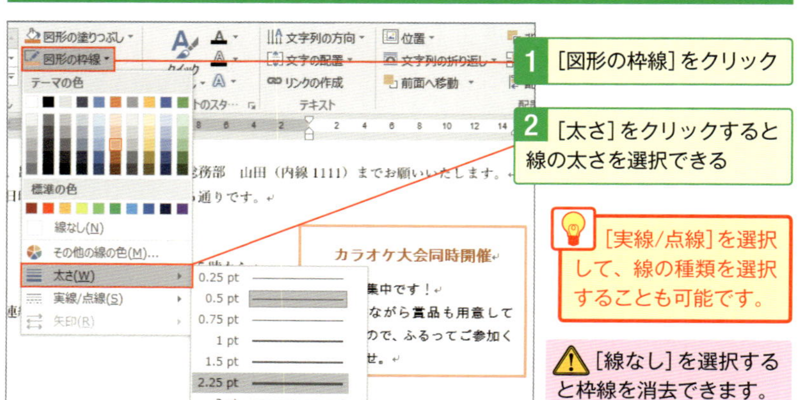

図形の塗りつぶし
図形の枠線
テーマの色
標準の色
線なし(N)
その他の線の色(M)...
太さ(W)
実線/点線(S)
矢印(R)
0.25 pt
0.5 pt
0.75 pt
1 pt
1.5 pt
2.25 pt
3 pt
カラオケ大会同時開催
1 [図形の枠線]をクリック
2 [太さ]をクリックすると線の太さを選択できる

[実線/点線]を選択して、線の種類を選択することも可能です。

[線なし]を選択すると枠線を消去できます。

No.052 複数のテキストボックスに1つの文章を続けて流し込む

凝ったレイアウトになると、複数のテキストボックスを配置しておき、ここに文章を流し込むという手法が使われます。テキストボックス同士はリンクされ、あふれた文字列は次のテキストボックスに流し込まれます。

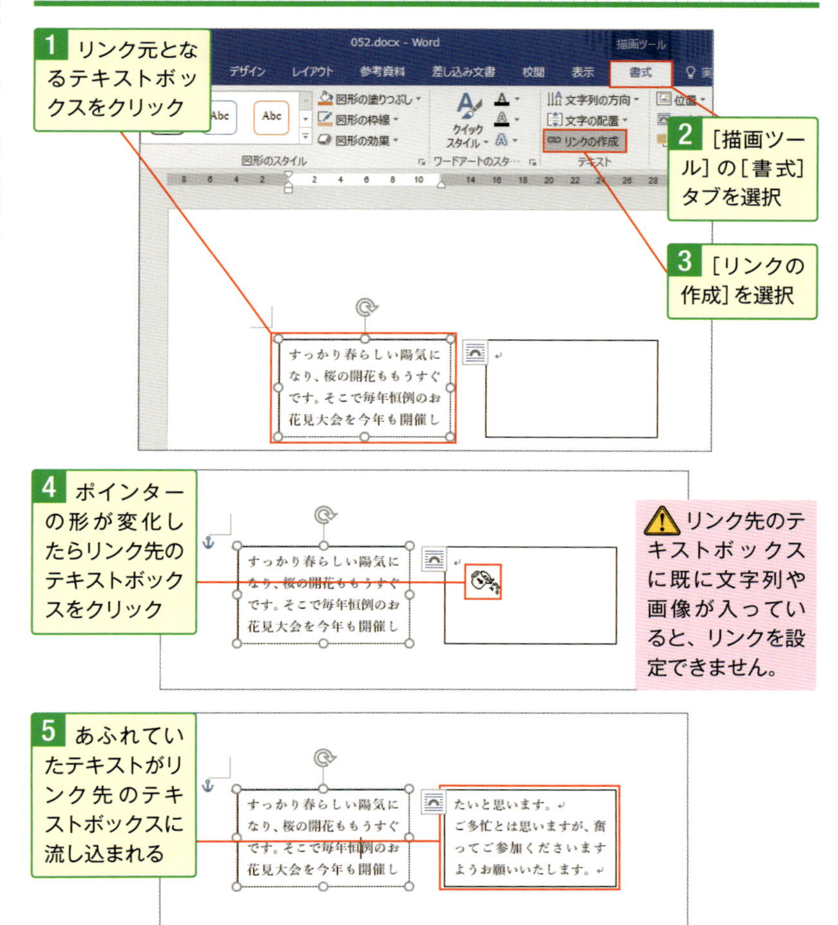

052.docx - Word
描画ツール
デザイン
レイアウト
参考資料
差し込み文書
校閲
表示
書式
図形の塗りつぶし
図形の枠線
図形の効果
図形のスタイル
クイック スタイル
ワードアートのスタ…
文字列の方向
文字の配置
リンクの作成
テキスト
位置
すっかり春らしい陽気になり、桜の開花ももうすぐです。そこで毎年恒例のお花見大会を今年も開催し
たいと思います。
ご多忙とは思いますが、奮ってご参加くださいますようお願いいたします。

1 リンク元となるテキストボックスをクリック

2 ［描画ツール］の［書式］タブを選択

3 ［リンクの作成］を選択

4 ポインターの形が変化したらリンク先のテキストボックスをクリック

⚠ リンク先のテキストボックスに既に文字列や画像が入っていると、リンクを設定できません。

5 あふれていたテキストがリンク先のテキストボックスに流し込まれる

No.053 テキストボックスの形を変えて文書のアクセントにしたい

テキストボックスはさまざまな形に変えられます。四角のままでも見栄え的に問題ないですが、何か変化を付けたいときは設定してみるといいでしょう。なお、形を変えると入力された文字列があふれることがあります。

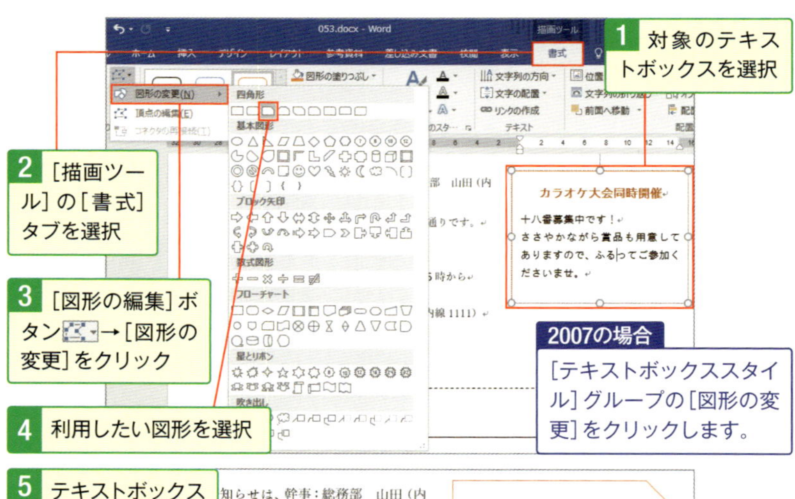

1 対象のテキストボックスを選択
2 [描画ツール]の[書式]タブを選択
3 [図形の編集]ボタン→[図形の変更]をクリック
4 利用したい図形を選択
5 テキストボックスの形が変わった
2007の場合
[テキストボックススタイル]グループの[図形の変更]をクリックします。
カラオケ大会同時開催
十八番募集中です！
ささやかながら賞品も用意してありますので、ふるってご参加くださいませ。

スキルアップ 縦書き用テキストボックスにするには

テキストボックスの文字の方向は変更可能です。テキストボックスを選択したら、[書式]タブの[文字列の方向]をクリックし❶、[縦書き]を選択しましょう❷。

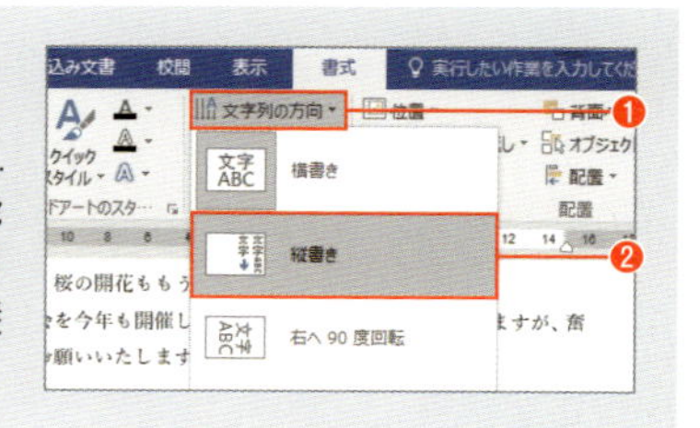

文字列の方向
横書き
縦書き
右へ 90 度回転

No.054 配色で悩んだ場合は? 文書のイメージを一発で整える

スタイルを設定した文字列のほか、Wordで作成したグラフやSmartArt(108ページ参照)は、テーマを適用することで配色などのイメージを統一できます。その際はWordに用意されたスタイルを設定しておいてください。

あらかじめ文字列にスタイルを適用

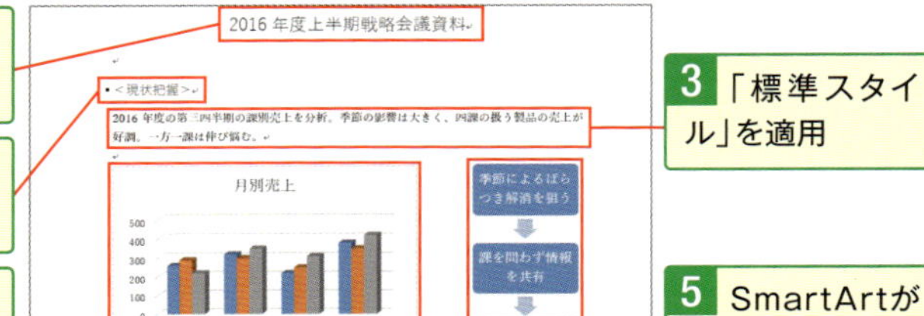

2016 年度上半期戦略会議資料
<現状把握>
月別売上
季節によるばらつき解消を狙う
課を問わず情報を共有
プロモーションの強化

1 「表題スタイル」を適用
2 「見出し1スタイル」を適用
3 「標準スタイル」を適用
4 グラフが作成されている
5 SmartArtが作成されている

文書に好みのテーマを適用するには

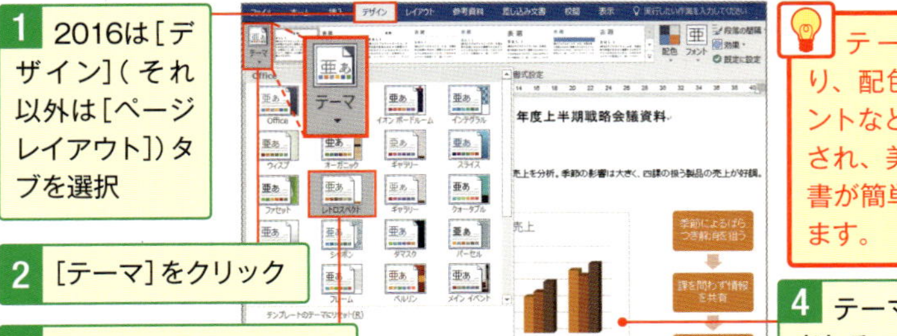

デザイン
テーマ
Office
年度上半期戦略会議資料

1 2016は[デザイン](それ以外は[ページレイアウト])タブを選択
2 [テーマ]をクリック
3 利用したいテーマを選択
4 テーマが適用される

テーマにより、配色、フォントなどが調節され、美しい文書が簡単にできます。

スキルアップ 配色とフォントを別々に変更するには

テーマを変更すると、配色とフォントの両方が変更されます。[テーマの色]ボタンをクリックして配色のみを❶、[テーマのフォント]ボタンをクリックしてフォントのみを変更することも可能です❷。

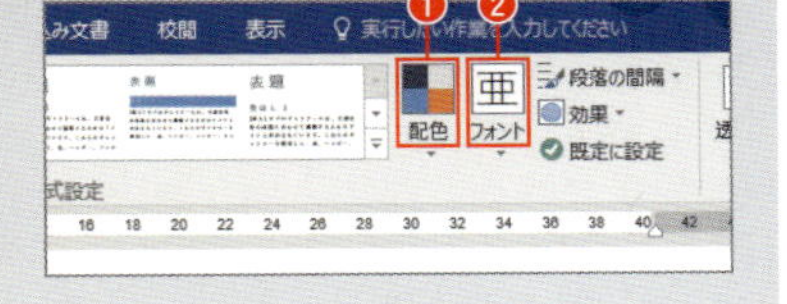

校閲
表示
配色
フォント
段落の間隔
効果
既定に設定

No. 055 数ページに渡る文書は ページ番号を自動で挿入したい

取引先などへ配布する文書が複数ページになる場合、ページ番号を振っておくと親切。説明時に参照ページを指示したり、資料がバラバラになっても迷わず整理できるでしょう。ページ番号は自動で挿入できます。

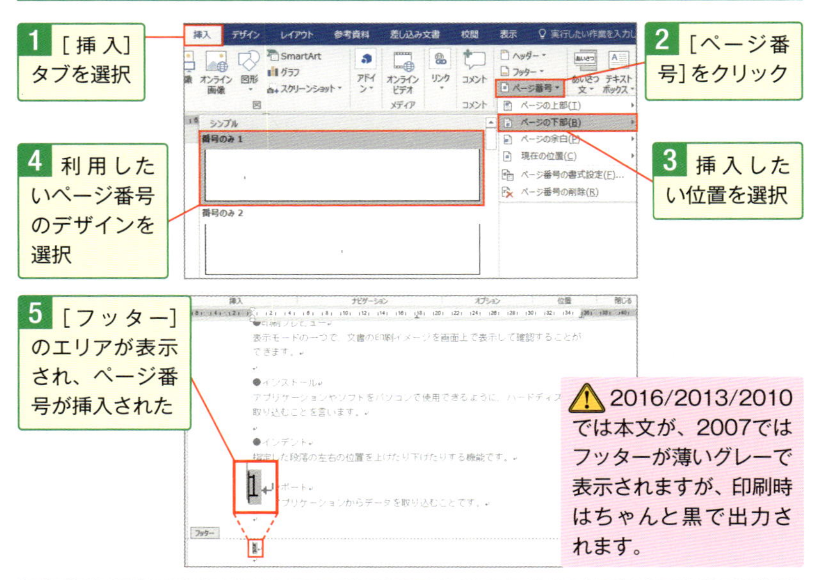
1 ［挿入］タブを選択
2 ［ページ番号］をクリック
3 挿入したい位置を選択
4 利用したいページ番号のデザインを選択
5 ［フッター］のエリアが表示され、ページ番号が挿入された
挿入
デザイン
レイアウト
参考資料
差し込み文書
校閲
表示
SmartArt
グラフ
スクリーンショット
ヘッダー
フッター
ページ番号
ページの上部(T)
ページの下部(B)
ページの余白(P)
現在の位置(C)
ページ番号の書式設定(F)...
ページ番号の削除(R)
シンプル
番号のみ 1
番号のみ 2
フッター

⚠ 2016/2013/2010では本文が、2007ではフッターが薄いグレーで表示されますが、印刷時はちゃんと黒で出力されます。

スキルアップ

ページ番号の書式を自由に設定するには

ページ番号の詳細は、上のメニューで［ページ番号の書式設定］を選択すると表示される［ページ番号の書式］ダイアログボックスで設定できます。ページ番号に章番号を含めるには［章番号を含める］にチェックを付け❶、［章タイトルのスタイル］［区切り文字］を指定します❷。

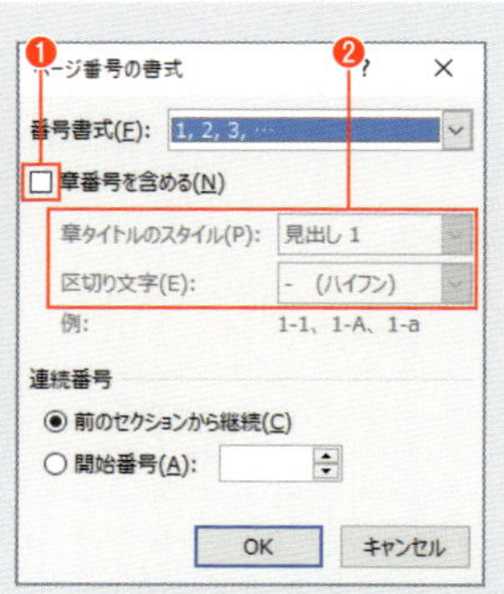
ページ番号の書式
番号書式(F): 1, 2, 3, …
章番号を含める(N)
章タイトルのスタイル(P): 見出し 1
区切り文字(E): - (ハイフン)
例: 1-1、1-A、1-a
連続番号
前のセクションから継続(C)
開始番号(A):
OK
キャンセル

No.056 挿入したページ番号を任意の番号から開始するには？

複数のメンバーで持ち寄った文書をひとつの資料として提出したいことはないでしょうか？その際は必ずしも文書のページ数が「1」で始まらない場面も出てきます。そうしたときは[開始番号]の設定を行いましょう。

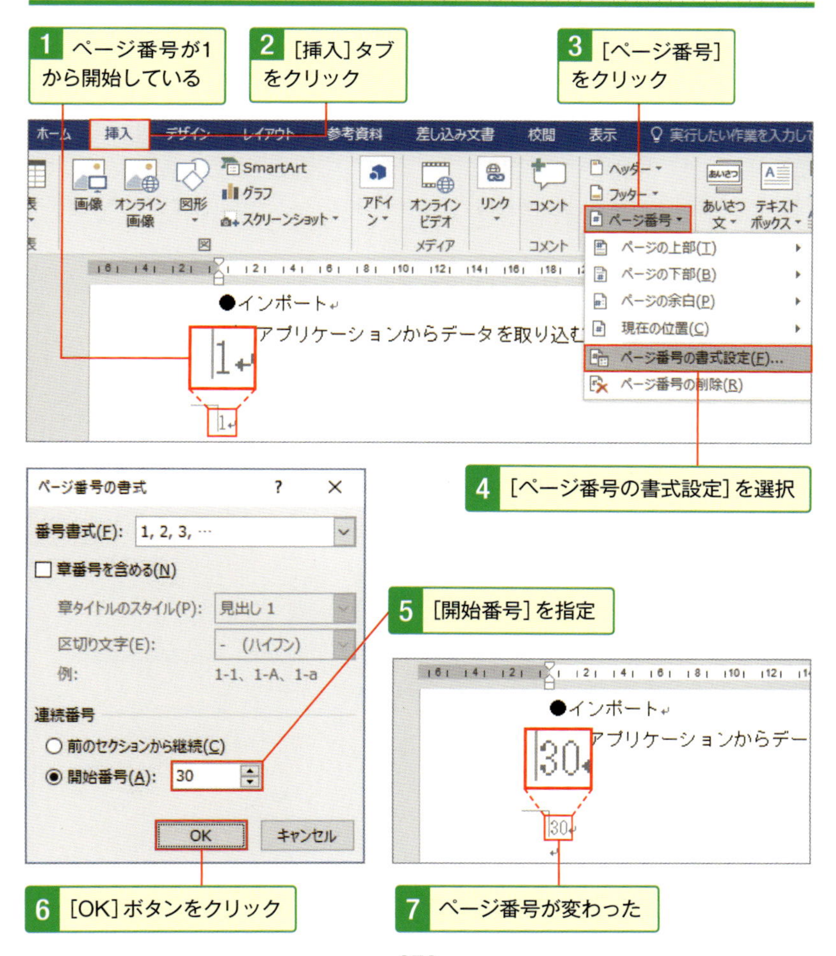
1 ページ番号が1から開始している
2 [挿入]タブをクリック
3 [ページ番号]をクリック
4 [ページ番号の書式設定]を選択
5 [開始番号]を指定
6 [OK]ボタンをクリック
7 ページ番号が変わった
ホーム
挿入
デザイン
レイアウト
参考資料
差し込み文書
校閲
表示
実行したい作業を入力して
画像
オンライン画像
図形
SmartArt
グラフ
スクリーンショット
アドイン
オンラインビデオ
リンク
コメント
ヘッダー
フッター
ページ番号
あいさつ文
テキストボックス
メディア
ページの上部(T)
ページの下部(B)
ページの余白(P)
現在の位置(C)
ページ番号の書式設定(F)...
ページ番号の削除(R)
●インポート
アプリケーションからデータを取り込む
ページ番号の書式
番号書式(F): 1, 2, 3, …
章番号を含める(N)
章タイトルのスタイル(P): 見出し 1
区切り文字(E): - (ハイフン)
例: 1-1、1-A、1-a
連続番号
前のセクションから継続(C)
開始番号(A): 30
OK
キャンセル

No.057 日付や文書名といった資料情報を全ページに表示!

日付や文書名などの情報は、ページの上下端に常に表示することができます。ページの上部に表示されるのが「ヘッダー」、下部に表示されるのが「フッター」です。ここではヘッダーに文書名を入力してみましょう。

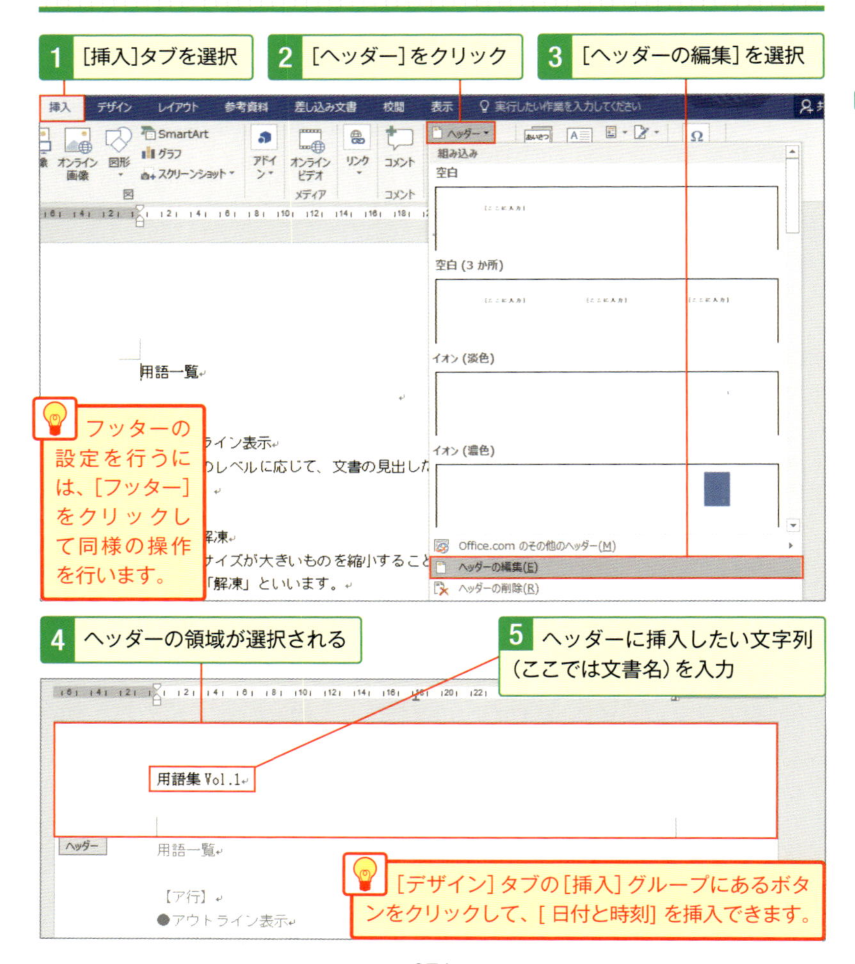

1 [挿入]タブを選択
2 [ヘッダー]をクリック
3 [ヘッダーの編集]を選択
挿入
デザイン
レイアウト
参考資料
差し込み文書
校閲
表示
実行したい作業を入力してください
SmartArt
グラフ
スクリーンショット
オンライン画像
図形
アドイン
オンラインビデオ
リンク
コメント
メディア
ヘッダー
組み込み
空白
空白 (3 か所)
イオン (淡色)
イオン (濃色)
Office.com のその他のヘッダー(M)
ヘッダーの編集(E)
ヘッダーの削除(R)
用語一覧
ライン表示
のレベルに応じて、文書の見出した
解凍
サイズが大きいものを縮小すること
「解凍」といいます。
フッターの設定を行うには、[フッター]をクリックして同様の操作を行います。
4 ヘッダーの領域が選択される
5 ヘッダーに挿入したい文字列(ここでは文書名)を入力
用語集 Vol.1
ヘッダー
用語一覧
【ア行】
●アウトライン表示
[デザイン]タブの[挿入]グループにあるボタンをクリックして、[日付と時刻]を挿入できます。

No. 058 市販の書籍のように文字列をページ番号の横に追加したい

市販の書籍でページ番号の側に書籍名や章タイトルなどが表示されているのを見たことがないでしょうか。これを「柱」といいますが、ここでは70ページで挿入したページ番号の横に任意の文字列を追加してみましょう。

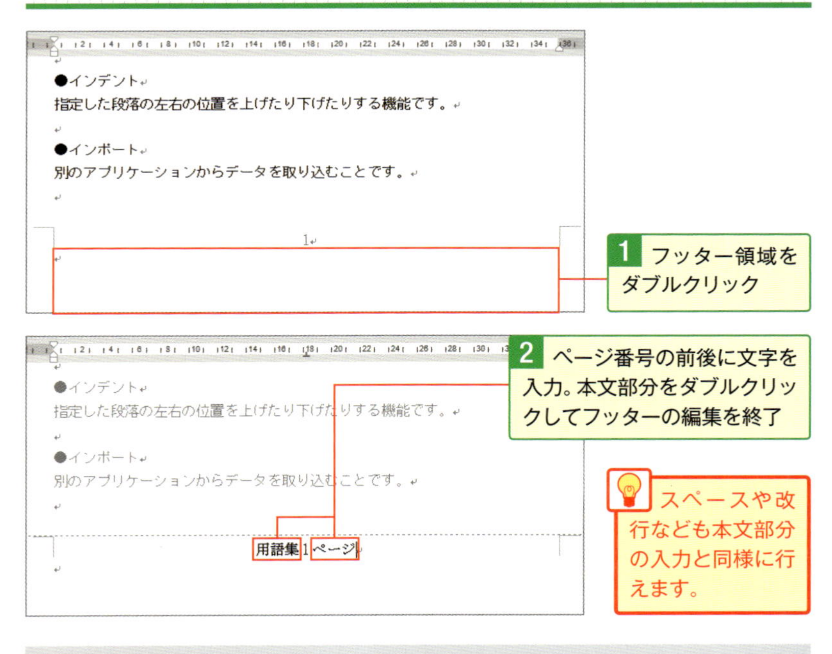

●インデント
指定した段落の左右の位置を上げたり下げたりする機能です。
●インポート
別のアプリケーションからデータを取り込むことです。
用語集 1 ページ

1 フッター領域をダブルクリック

2 ページ番号の前後に文字を入力。本文部分をダブルクリックしてフッターの編集を終了

スペースや改行なども本文部分の入力と同様に行えます。

スキルアップ ヘッダーやフッターの位置を変更するには

用紙の端からヘッダー、フッターまでの距離は変更可能です。62ページを参考に［ページ設定］ダイアログボックスを開いたら［その他］タブの❶、［用紙の端からの距離］で数値を入力しましょう❷。

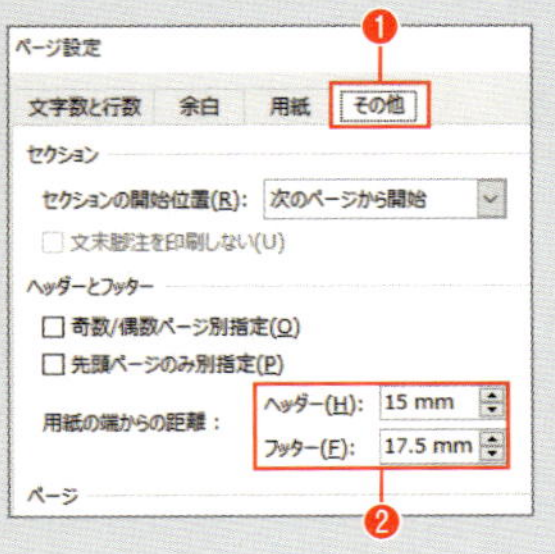

ページ設定
文字数と行数
余白
用紙
その他
セクション
セクションの開始位置(R):
次のページから開始
文末脚注を印刷しない(U)
ヘッダーとフッター
奇数/偶数ページ別指定(O)
先頭ページのみ別指定(P)
用紙の端からの距離：
ヘッダー(H):
15 mm
フッター(F):
17.5 mm
ページ

No. 059 ヘッダーやフッターに会社のロゴ画像を挿入するには

ヘッダーやフッターには画像を追加することもできます。ここでは会社のロゴ画像を挿入してみましょう。ただし主役はあくまで文書の内容なので、画像があまり目立ちすぎたりしないよう注意してください。

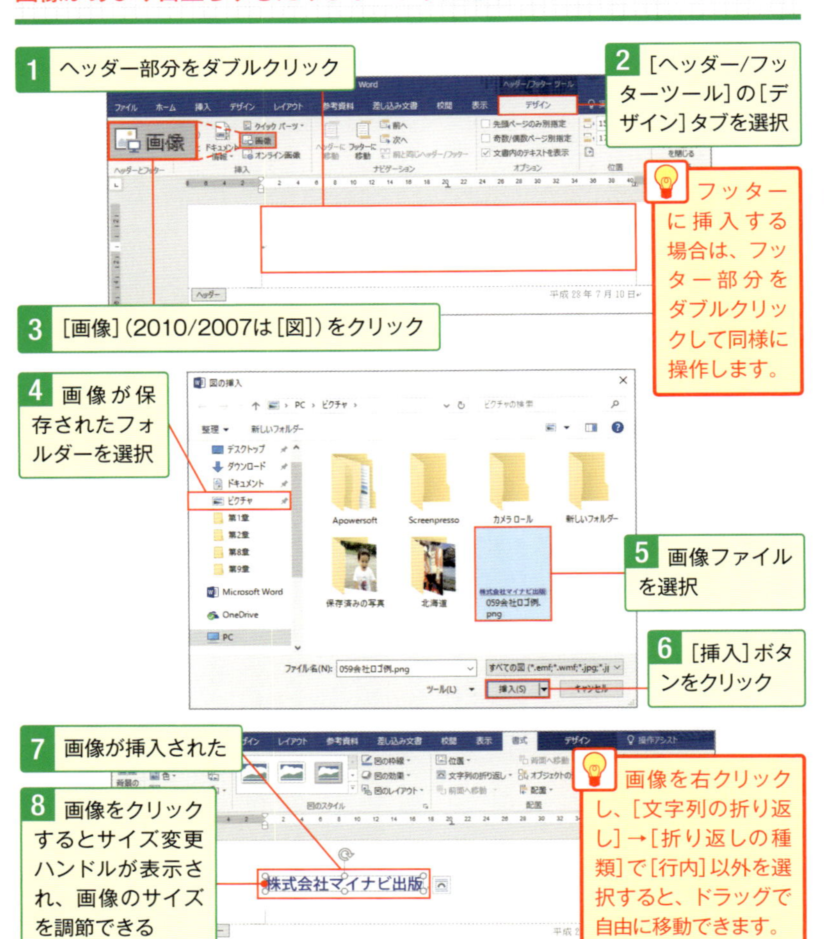
1 ヘッダー部分をダブルクリック
2 [ヘッダー/フッターツール]の[デザイン]タブを選択
フッターに挿入する場合は、フッター部分をダブルクリックして同様に操作します。
3 [画像](2010/2007は[図])をクリック
4 画像が保存されたフォルダーを選択
5 画像ファイルを選択
6 [挿入]ボタンをクリック
7 画像が挿入された
8 画像をクリックするとサイズ変更ハンドルが表示され、画像のサイズを調節できる
画像を右クリックし、[文字列の折り返し]→[折り返しの種類]で[行内]以外を選択すると、ドラッグで自由に移動できます。
画像
図の挿入
059会社ロゴ例.png
株式会社マイナビ出版

No. 060 オリジナルのヘッダーを登録! 他の文書でも使い回そう

作ったヘッダーやフッターは、別の文書でも使い回せるよう「ヘッダー・フッターギャラリー」に登録しましょう。なお、ここにはデザインされたヘッダーやフッターが既に用意されており、好みのものを利用できます。

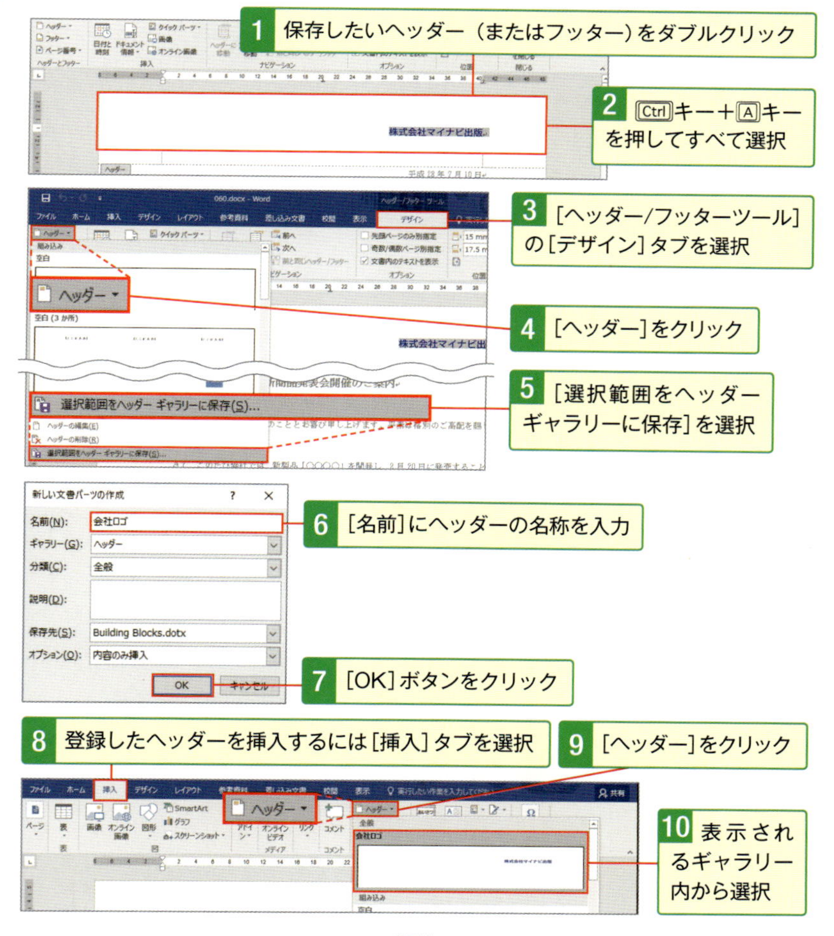
1 保存したいヘッダー（またはフッター）をダブルクリック
2 Ctrlキー+Aキーを押してすべて選択
株式会社マイナビ出版
3 [ヘッダー/フッターツール]の[デザイン]タブを選択
4 [ヘッダー]をクリック
5 [選択範囲をヘッダーギャラリーに保存]を選択
選択範囲をヘッダー ギャラリーに保存(S)...
新しい文書パーツの作成
名前(N): 会社ロゴ
ギャラリー(G): ヘッダー
分類(C): 全般
説明(D):
保存先(S): Building Blocks.dotx
オプション(O): 内容のみ挿入
OK
キャンセル
6 [名前]にヘッダーの名称を入力
7 [OK]ボタンをクリック
8 登録したヘッダーを挿入するには[挿入]タブを選択
9 [ヘッダー]をクリック
10 表示されるギャラリー内から選択
会社ロゴ

第3章

印象的なビジュアルで目を引く画像ワザ

画像はひと目で狙いが伝わりやすく、文章だけで説明するよりずっと効果的です。それだけに写真が意図と外れていたり、文書デザインに合っていなかったり、よけいな情報が写っていたりしないよう、こだわりたいところです。画像のさまざまな扱い方について見ていきましょう。

No.061 文字だけの文書では味気ない！資料画像を加えて目を引くには

撮影した写真や作成したイラストなど、画像ファイルを挿入すると、読み手の目を引けます。文字だけの文書でなかなか手にとってもらえない場合は、こうしたビジュアル要素を加えて工夫するといいでしょう。

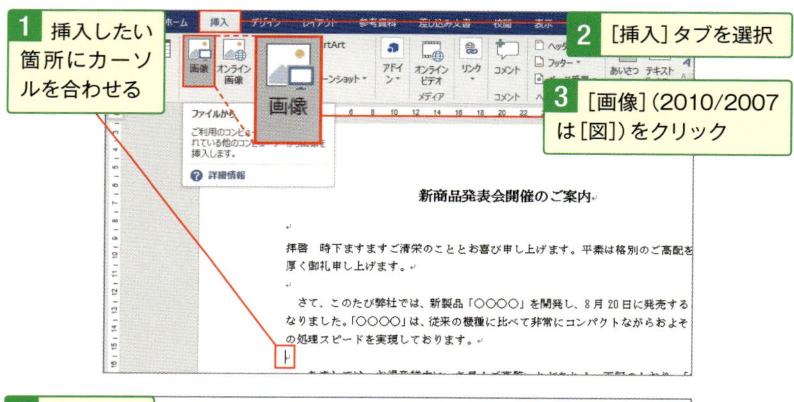
1 挿入したい箇所にカーソルを合わせる
2 ［挿入］タブを選択
3 ［画像］（2010/2007は［図］）をクリック
ホーム
挿入
デザイン
レイアウト
参考資料
差し込み文書
校閲
表示
画像
オンライン画像
ファイルから
詳細情報
新商品発表会開催のご案内
拝啓　時下ますますご清栄のこととお喜び申し上げます。平素は格別のご高配を
厚く御礼申し上げます。
さて、このたび弊社では、新製品「○○○○」を開発し、8月20日に発売する
なりました。「○○○○」は、従来の機種に比べて非常にコンパクトながらおよそ
の処理スピードを実現しております。

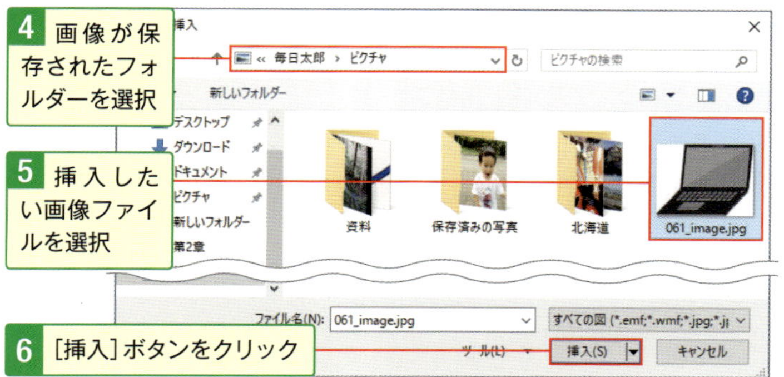
4 画像が保存されたフォルダーを選択
5 挿入したい画像ファイルを選択
6 ［挿入］ボタンをクリック
挿入
« 毎日太郎 › ピクチャ
ピクチャの検索
新しいフォルダー
デスクトップ
ダウンロード
ドキュメント
ピクチャ
新しいフォルダー
第2章
資料
保存済みの写真
北海道
061_image.jpg
ファイル名(N): 061_image.jpg
すべての図 (*.emf;*.wmf;*.jpg;*.j
ツール(L)
挿入(S)
キャンセル

スキルアップ　画像のサイズは調節が必要

デジタルカメラの写真だとサイズが大きすぎるなど、挿入する画像ファイルが必ずしも文書内で最適なサイズとは限りません。挿入後は文書内でのバランスを考え、サイズや配置を調節しましょう。

No. 062 文書内容に合った画像がないときはどこで手に入れる!?

文書中でイラストを使いたくても該当するデータを持っていない場合は、インターネット上の画像を検索して文書に挿入する機能を活用するといいでしょう。ただしライセンスには必ず準拠するようにしてください。

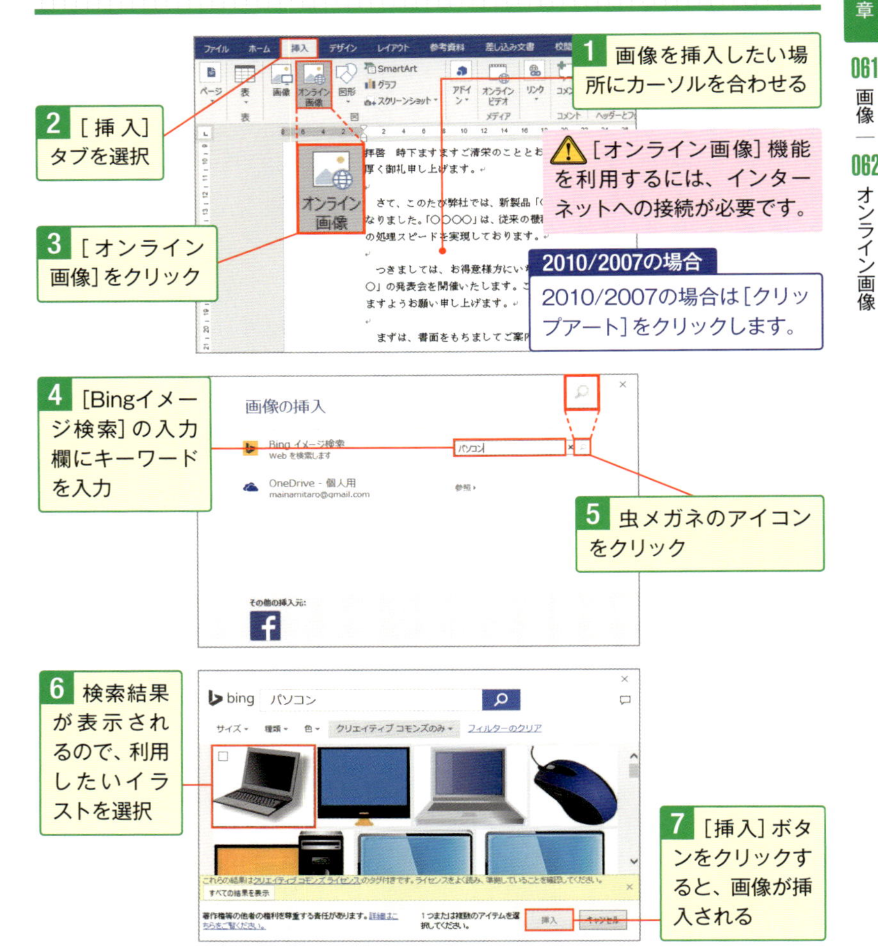
1 画像を挿入したい場所にカーソルを合わせる
2 [挿入]タブを選択
3 [オンライン画像]をクリック
[オンライン画像]機能を利用するには、インターネットへの接続が必要です。
2010/2007の場合
2010/2007の場合は[クリップアート]をクリックします。
4 [Bingイメージ検索]の入力欄にキーワードを入力
5 虫メガネのアイコンをクリック
6 検索結果が表示されるので、利用したいイラストを選択
7 [挿入]ボタンをクリックすると、画像が挿入される
画像の挿入
Bing イメージ検索
Web を検索します
パソコン
OneDrive - 個人用
その他の挿入元:
bing
パソコン
クリエイティブ コモンズのみ
フィルターのクリア
挿入
キャンセル

No. 063 文書中に挿入したあとで画像の色を変えたくなった!

文書中に画像を挿入したあとで、いまいち文書の配色と画像のカラーリングが合っていないことがあります。もし加工して見せても差し支えない画像なら、色を変えてみるといいでしょう。Word上で変更できます。

1 画像を選択
2 [図ツール]の[書式]タブを選択
3 [色](2007では[色変更])をクリック
4 利用したい色を選択
5 選択した配色に変わった

[色]をクリックし、[その他の色]を選択すると、より多くの種類の色を選択できます。

設定した色の変更を解除するには[色](2007は[色変更])をクリックし、[色変更なし]を選択します。

No. 064

画像の明るさやコントラストを写真編集ソフトを使わず調整

文書中に挿入した画像が思ったより暗かったり、ぼんやりしていたりすることもあるでしょう。Wordでは明るさやコントラストも調整できます。画像編集ソフトを別途使わずに、お手軽に補正できるのがポイントです。

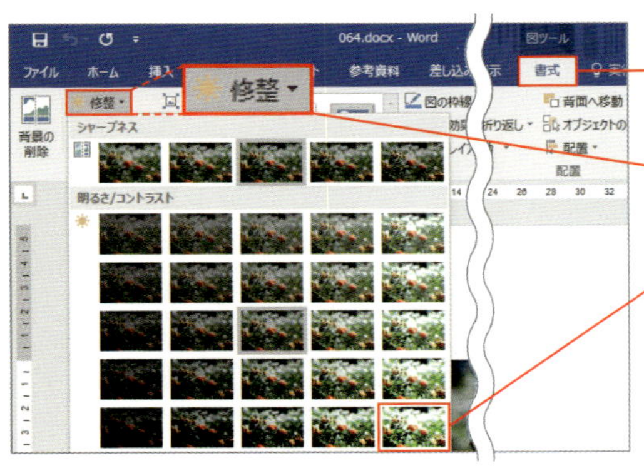
064.docx - Word
図ツール
ファイル
ホーム
挿入
参考資料
差し込み
書式
修整
背景の削除
シャープネス
明るさ/コントラスト
図の枠線
背面へ移動
オブジェクトの
配置
折り返し
配置

1 画像を選択して[図ツール]の[書式]タブを選択

2 [修整]をクリック

3 [明るさとコントラスト]の中から好みの組み合わせを選択

2007の場合

[明るさ]と[コントラスト]が別ボタンになっているので、それぞれ変更します。

⚠ 明るさ、コントラストとも[0%(標準)]を選択すると、変更前の状態に戻ります。

4 明るさとコントラストが変更される

スキルアップ

選択肢にない割合を指定するには

[図ツール]の[書式]タブで[修整](2007は[明るさ]か[コントラスト])をクリックして[図の修整オプション]を選択すると、[図の書式設定]画面が開きます。ここでは[明るさ][コントラスト]を数値で指定できます❶。

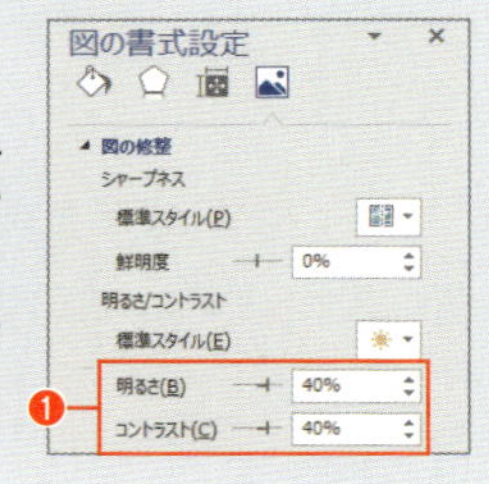
図の書式設定
図の修整
シャープネス
標準スタイル(P)
鮮明度
0%
明るさ/コントラスト
標準スタイル(E)
明るさ(B)
40%
コントラスト(C)
40%
❶

No. 065 挿入した画像の横に文字列を思い通りに配置したい!

ワンポイントで挿入した画像の横に妙にスペースが空いてしまい、見栄えが悪い場合は文字列を回り込ませるといいでしょう。初期状態では[文字列の折り返し]の設定が[行内]になっていますが、これを変更します。

1 挿入した画像の横に文字列が配置されない
2 画像を選択
3 [図ツール]の[書式]タブを選択
4 [文字列の折り返し]をクリック
5 折り返し方法を選択
行内(I)
四角形(S)
狭く(T)
内部(H)
上下(O)
背面(D)
前面(N)
なお、出欠のお知らせは、幹事：総務部
予定日時、場所は以下にご案内する通り
日　　時：4月25日　15時から
場　　所：駅前第一公園
幹事連絡先：総務部　山田（内線 1111）
6 画像の横に文字列が配置された
ここでは[四角形]を選択したので、画像を四角く囲むように文字列が回り込んでいます。

スキルアップ 文字列の折り返しの種類

初期設定のような画像の横に文字が配置されない[行内]、ここで紹介した[四角形](または[四角])、次ページで紹介する[外周]のほかにも、文字の背後に画像を配置する[背面]、文字の上に画像を乗せる[前面]などが利用できます。

No. 066 画像の輪郭に沿うようにして文章を流し込むとセンスアップ

たとえばパソコンのイラストを文書に挿入したとき、その形に合わせて文字列を回り込みできます。背景が削除されたPNG形式の画像なら設定はカンタンですが、そうでない場合は回り込ませ方を細かく調整しましょう。

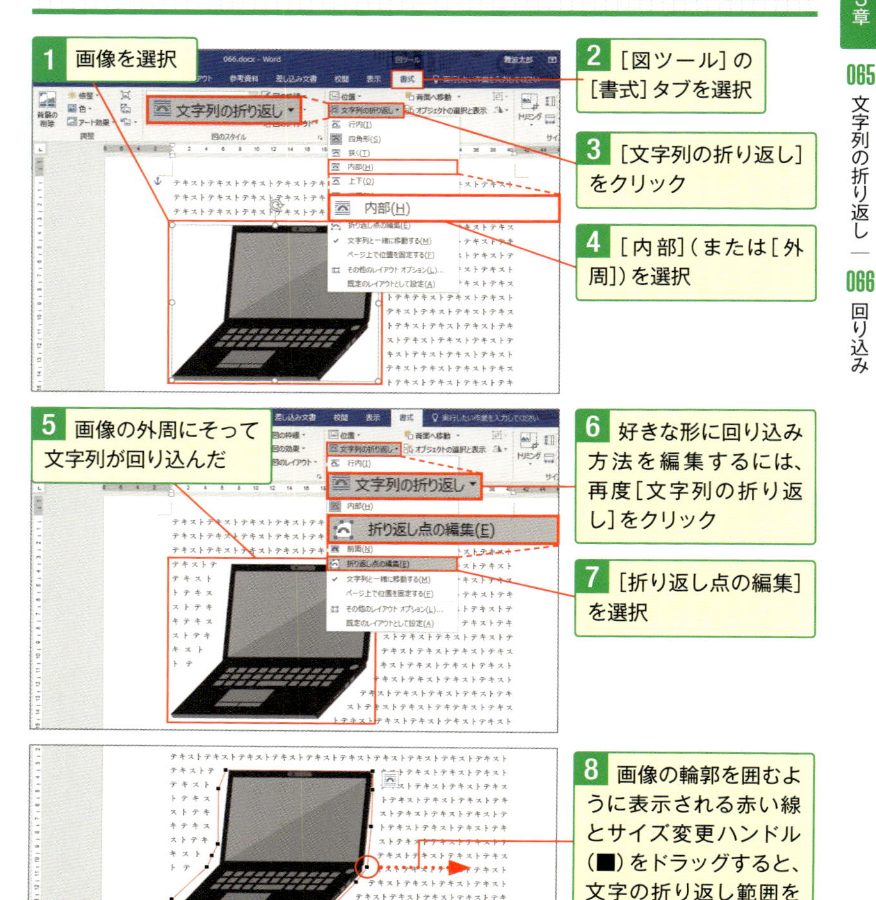
1 画像を選択
2 [図ツール]の[書式]タブを選択
3 [文字列の折り返し]をクリック
4 [内部](または[外周])を選択
文字列の折り返し
内部(H)
5 画像の外周にそって文字列が回り込んだ
6 好きな形に回り込み方法を編集するには、再度[文字列の折り返し]をクリック
7 [折り返し点の編集]を選択
折り返し点の編集(E)
8 画像の輪郭を囲むように表示される赤い線とサイズ変更ハンドル(■)をドラッグすると、文字の折り返し範囲を変更できる

No.067

回り込ませた文字列と画像の間隔は見栄えよく調整しておく

回り込ませた文字列と画像の間隔は、広すぎると間が抜けたり、狭すぎると窮屈だったりして、文書の印象がイマイチになってしまいます。ここでは思い通りの間隔になるよう、数字で指定する方法を解説しましょう。

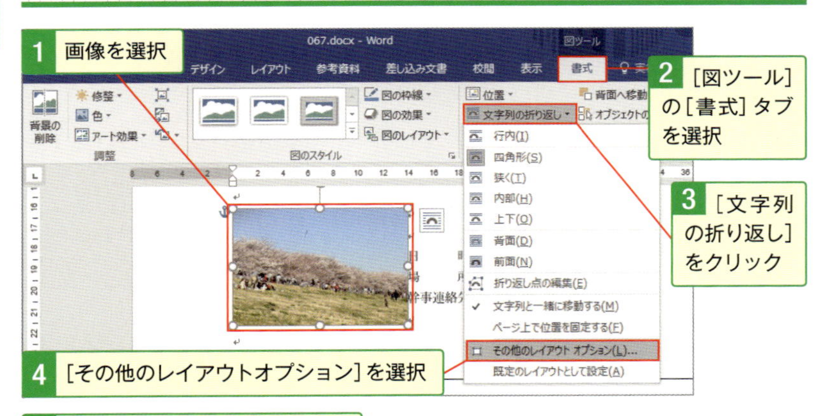
1 画像を選択
2 [図ツール]の[書式]タブを選択
3 [文字列の折り返し]をクリック
4 [その他のレイアウトオプション]を選択

5 [文字列の折り返し]タブを選択

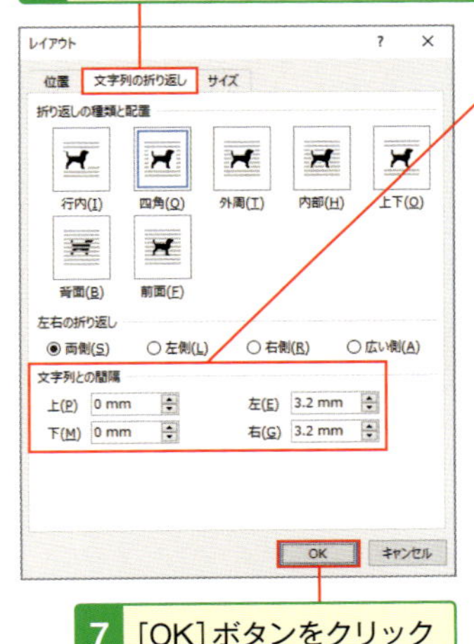
7 [OK]ボタンをクリック

6 [文字列との間隔]で上下左右の間隔をそれぞれ指定

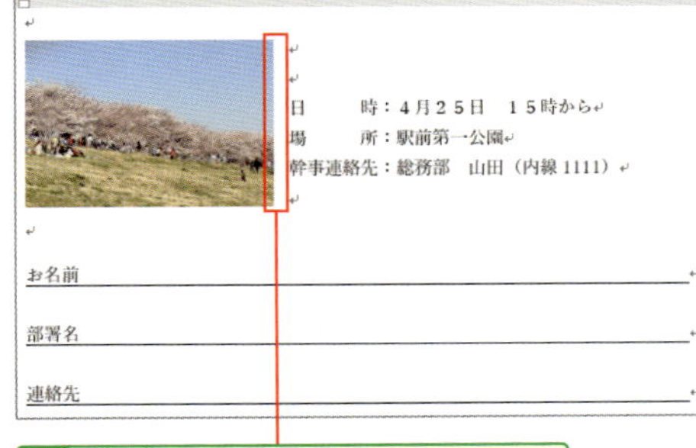
8 画像と文字列の間隔が変更された

No.068 画像の不要な部分を切り取って大切な箇所をしっかり見せたい

画像に関係のないものが写っていると、挿入した写真の意図が伝わりにくくなってしまいます。不要な部分は切り取ってしまうといいでしょう。この作業は「トリミング」と言いますが、引き締まった写真にできます。

1 画像を選択
2 [図ツール]の[書式]タブを選択
3 [トリミング]をクリック
4 四辺四隅の太線をドラッグして画像の不要部分が枠外になるよう調節
5 切り取られる部分が濃いグレーになる
6 再度[トリミング]をクリックすると画像がトリミングされる

画像を選択すると表示されるサイズ変更ハンドルで画像を拡大・縮小できます。

トラブル解決 トリミングを元に戻すには?

このトリミング機能は文書内で表示する範囲を変更しているだけで、非表示の部分が失われるわけではありません。そのため[トリミング]をクリックしたあと、ドラッグで表示範囲を元に戻せば非表示にした部分を再度表示できます。

No. 069 矢印やフキダシなど好みの形に画像を切り抜きたい

前ページでは画像を四角くトリミングしましたが、ブロック矢印やフキダシなど、さまざまな形で切り抜くこともできます。ここでは楕円形にトリミングしてみましょう。なお、Word 2007の場合は手順が異なります。

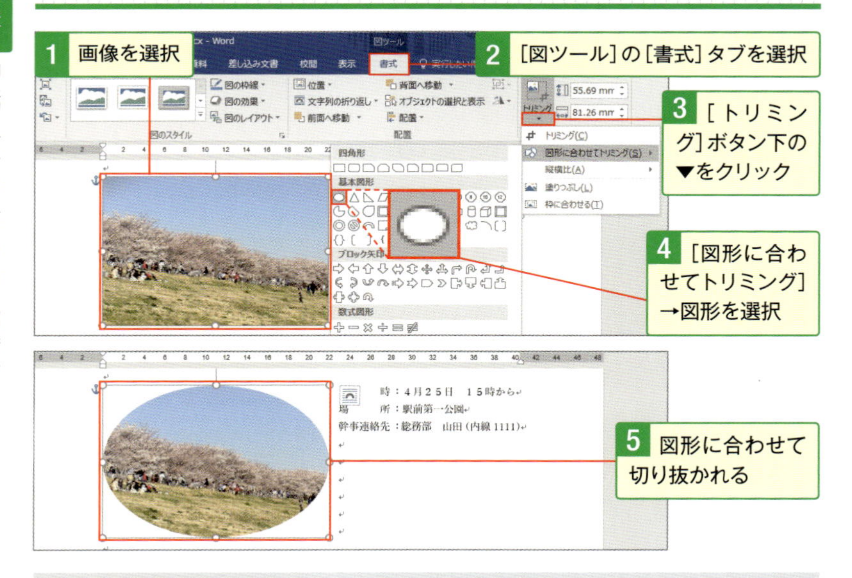
1 画像を選択
2 [図ツール]の[書式]タブを選択
3 [トリミング]ボタン下の▼をクリック
4 [図形に合わせてトリミング]→図形を選択
5 図形に合わせて切り抜かれる

スキルアップ

Word 2007で自由な形に切り抜く

Word 2007の場合はあらかじめ画像を切り抜きたい形の図形を作成し、選択します❶。[書式]タブで[図形の塗りつぶし]ボタン横の▼をクリックし❷、[図]を選択してください❸。あとは表示されたダイアログボックスで画像を挿入しましょう。

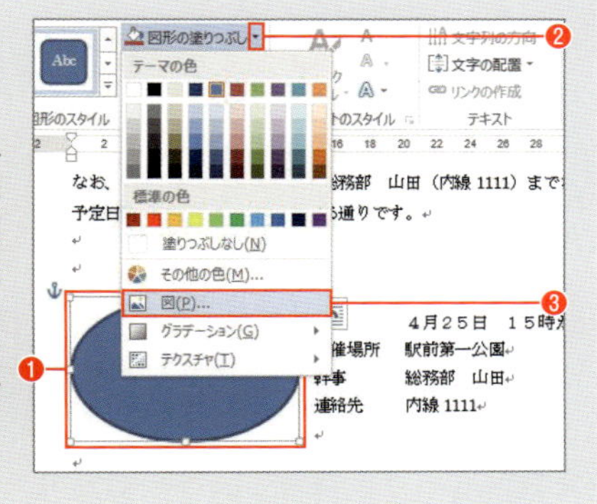
図形の塗りつぶし
テーマの色
標準の色
塗りつぶしなし(N)
その他の色(M)...
図(P)...
グラデーション(G)
テクスチャ(T)

No.070 画像を印象的に見せる! 影やぼかしの効果を施す方法

画像をただ配置するのではなくより印象的に見せるには、影やぼかしのような効果を施す手があります。なお、そうした書式設定を保ったまま画像を入れ替える方法も覚えておくといいでしょう(下のコラム参照)。

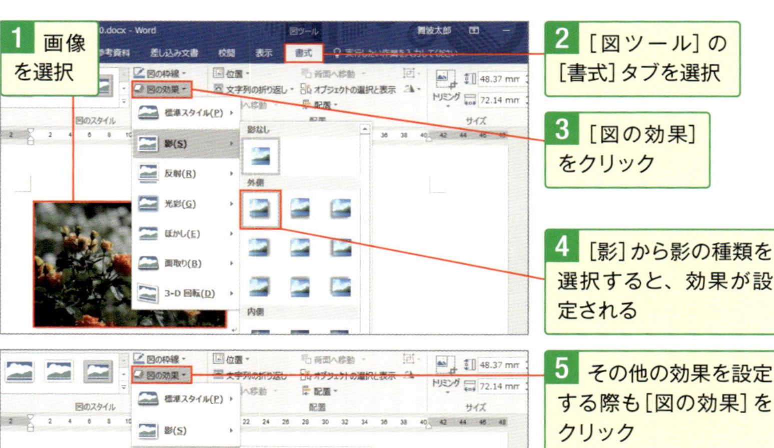
1 画像を選択
2 [図ツール]の[書式]タブを選択
3 [図の効果]をクリック
4 [影]から影の種類を選択すると、効果が設定される
5 その他の効果を設定する際も[図の効果]をクリック
6 ここでは[反射]から[反射の種類]を選択し、画像に反射の効果を設定した

スキルアップ

書式設定を保ったまま画像を変更

影やぼかしなどの設定を行ったあとでも画像を入れ替えられます。画像を選択したら❶、[書式]タブで[図の変更]ボタンをクリックしてください。あとは表示されたダイアログボックスで入れ替えたい画像を指定します。

❶
❷

No. 071

鉛筆のスケッチや水彩画など画像を絵画調にするには?

Word 2016/2013/2010では[アート効果]ボタンにより、鉛筆で描いたスケッチ調や水彩画調の効果を画像に適用できます。資料の中でそのまま掲載するのがそぐわない画像の場合に活用するといいでしょう。

1 画像を選択
2 [図ツール]の[書式]タブを選択
3 [アート効果]をクリック
4 付けたい効果(ここでは[線画])を選択
5 色鉛筆で描いたような効果が付いた
アート効果
アート効果のオプション(E)...

スキルアップ アート効果を付けた画像も色を変更できる

アート効果を付けた画像を選択し、[書式]タブで[調整]グループの[色]をクリックすると、色や彩度・トーンなどを変更できます。

No.072 画像の対象物だけを切り抜いてよけいな情報を載せない！

写真の背景を透明にして対象物を切り抜きたいことはないでしょうか。Word 2016/2013/2010には［背景の削除］機能があります。使いこなすのにコツがいりますが、ドラッグ操作を何度か試してみましょう。

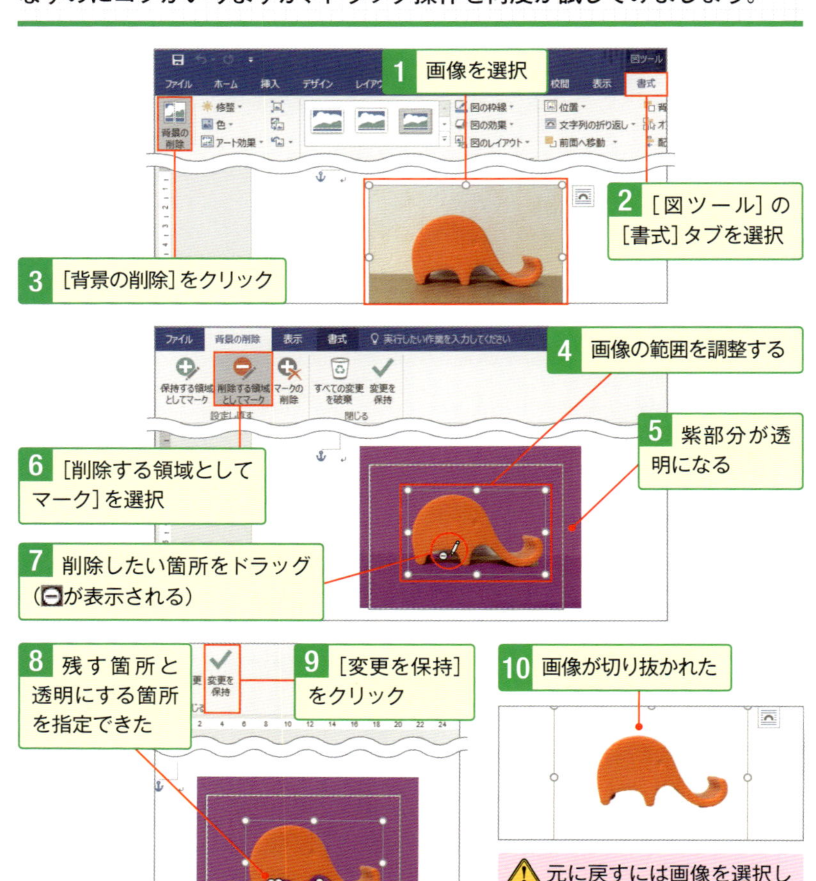

1 画像を選択
2 ［図ツール］の［書式］タブを選択
3 ［背景の削除］をクリック
4 画像の範囲を調整する
5 紫部分が透明になる
6 ［削除する領域としてマーク］を選択
7 削除したい箇所をドラッグ（⊖が表示される）
8 残す箇所と透明にする箇所を指定できた
9 ［変更を保持］をクリック
10 画像が切り抜かれた

⚠ 元に戻すには画像を選択して［背景の削除］→［全ての変更を破棄］をクリックします。

第3章

印象的なビジュアルで目を引く**画像**ワザ

No.073 切り抜いた画像の背景に好みの色を付けたいときは?

前ページで画像の背景を透明にするテクニックを紹介しましたが、切り抜いた箇所はそのままに、背景に好みの色や模様を加えることができます。Wordだけでもさまざまな画像加工ができるので、便利に活用しましょう。

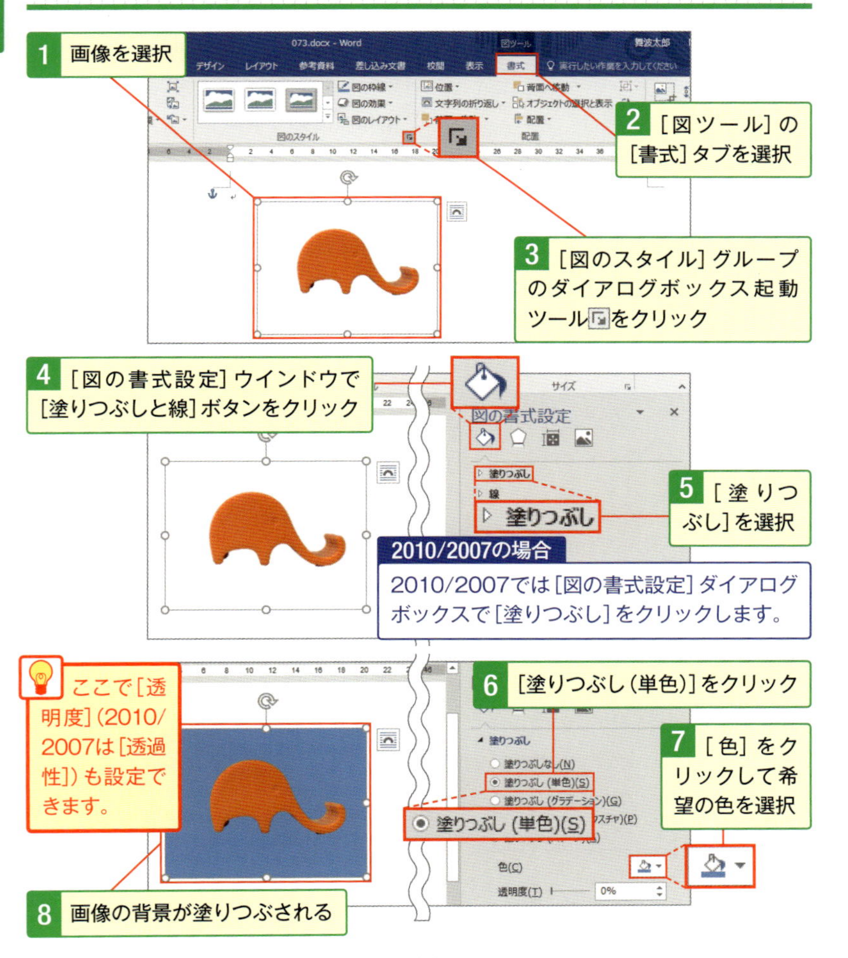

1 画像を選択
2 [図ツール]の[書式]タブを選択
3 [図のスタイル]グループのダイアログボックス起動ツールをクリック
4 [図の書式設定]ウインドウで[塗りつぶしと線]ボタンをクリック
5 [塗りつぶし]を選択
2010/2007の場合
2010/2007では[図の書式設定]ダイアログボックスで[塗りつぶし]をクリックします。
ここで[透明度](2010/2007は[透過性])も設定できます。
6 [塗りつぶし(単色)]をクリック
7 [色]をクリックして希望の色を選択
8 画像の背景が塗りつぶされる
図の書式設定
塗りつぶし
線
塗りつぶしなし(N)
塗りつぶし(単色)(S)
塗りつぶし(グラデーション)(G)
色(C)
透明度(T)
0%

No. 074

スタイルを選ぶだけで画像を素早く目立たせられる!

お手軽に見栄えのいい効果を画像に施せるなら、それに越したことはないでしょう。「クイックスタイル」を使えばフレームを追加したり、画像の形を変えたりといったスタイルを選ぶだけで適用できます。

1 画像を選択
2 [図ツール]の[書式]タブを選択
3 [クイックスタイル]ボックスの[その他]ボタンをクリック
4 任意のスタイルを選択
5 スタイルが適用された

スタイルを解除するには[書式]タブの[調整]グループにある[図のリセット]ボタンをクリックしましょう。ただしスタイル以外の変更も解除されます。

No. 075 挿入した画像を圧縮してファイルサイズを小さくする!

画像ファイルを挿入すると、文書全体のファイルサイズが大きくなってしまいます。電子メールで送る際などはサイズを圧縮して小さくしましょう。なお、操作前と後でファイルのサイズを比べると効果が実感できます。

1 画像を選択
2 [図ツール]の[書式]タブを選択
3 [図の圧縮]ボタンをクリック
4 全画像を圧縮する場合はチェックを外す
5 どれくらい圧縮するかを指定
6 [OK]ボタンをクリック
7 [上書き保存]ボタンをクリックして保存
画像の圧縮
圧縮オプション:
この画像だけに適用する(A)
図のトリミング部分を削除する(D)
解像度:
高品質: 元の画像の品質を保持(F)
HD (330 ppi): 高解像度 (HD) 表示用の高品質(H)
印刷用 (220 ppi)(P): ほとんどのプリンターと画面で優れた品質が得られます。
Web (150 ppi): Web ページやプロジェクターに最適(W)
電子メール用 (96 ppi)(E): ドキュメントのサイズを最小限に抑え、共有に適しています。
既定の解像度を適用(U)
OK
キャンセル
075.docx - Word

No.076 パソコンの画面をキャプチャ！文書内に素早く取り込もう

操作の説明などで、パソコンの画面をキャプチャしたい場面はないでしょうか。Word 2016/2013/2010は「スクリーンショット」という機能を備えており、画面のキャプチャを素早く文書中に取り込めます。

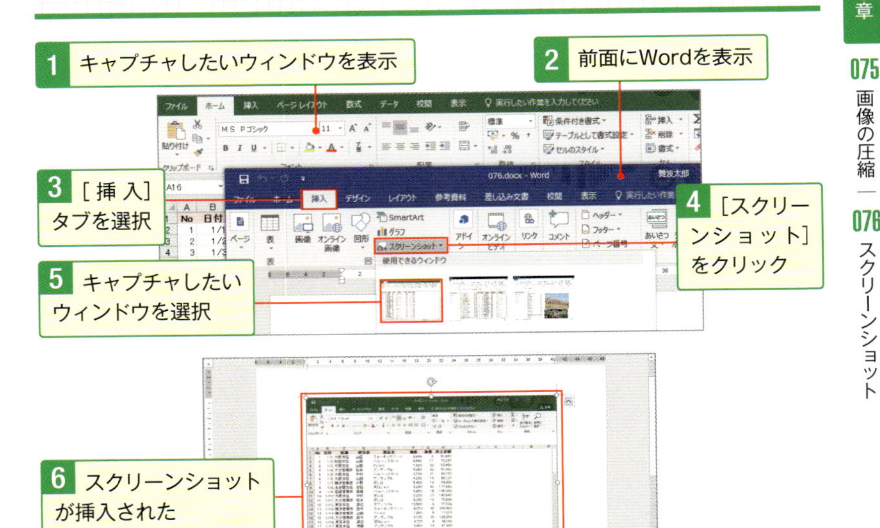
1 キャプチャしたいウィンドウを表示
2 前面にWordを表示
3 ［挿入］タブを選択
4 ［スクリーンショット］をクリック
5 キャプチャしたいウィンドウを選択
6 スクリーンショットが挿入された

トラブル解決 ウィンドウが選択できない場合は？

上の方法でキャプチャしたいウィンドウが選択できない場合は、範囲を指定してキャプチャしましょう。［スクリーンショット］をクリックしたら❶、［画面の領域］を選択します❷。あとはドラッグしてキャプチャしたい範囲を指定します❸。

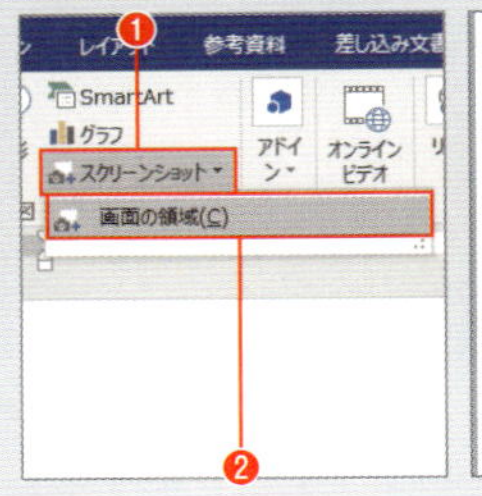
SmartArt
グラフ
スクリーンショット
画面の領域(C)

あの名著がついに復刊！
先行予約受付中！
2016年6月30日（木）ま

No.077 すべてのページに透かし文字や透かし画像を挿入するには

提出する文書で、全ページに薄く「見本」といった文字を配置したい場面はないでしょうか。Wordでは文字列か画像を文書の背景に追加できます。ここでは「見本」の文字列を例に、透かし文字を入れてみましょう。

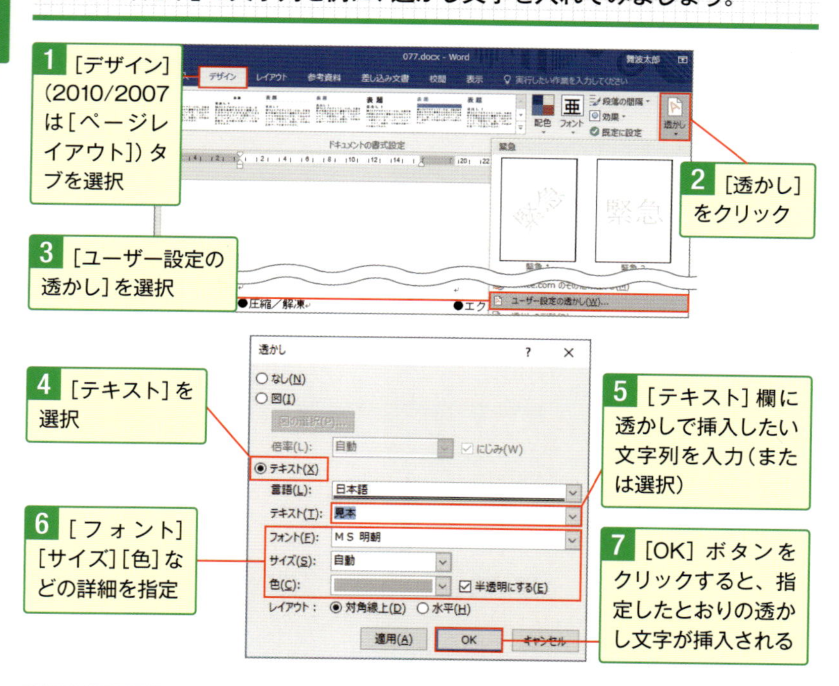
1 [デザイン](2010/2007は[ページレイアウト])タブを選択
2 [透かし]をクリック
3 [ユーザー設定の透かし]を選択
4 [テキスト]を選択
5 [テキスト]欄に透かしで挿入したい文字列を入力(または選択)
6 [フォント][サイズ][色]などの詳細を指定
7 [OK]ボタンをクリックすると、指定したとおりの透かし文字が挿入される
077.docx - Word
デザイン
レイアウト
参考資料
差し込み文書
校閲
表示
配色
フォント
段落の間隔
効果
既定に設定
透かし
ドキュメントの書式設定
緊急
ユーザー設定の透かし(W)...
透かし
なし(N)
図(I)
図の選択(P)...
倍率(L):
自動
にじみ(W)
テキスト(X)
言語(L):
日本語
テキスト(T):
見本
フォント(F):
MS 明朝
サイズ(S):
色(C):
半透明にする(E)
レイアウト:
対角線上(D)
水平(H)
適用(A)
OK
キャンセル

スキルアップ

透かし画像を挿入するには

[透かし]ダイアログボックスで[図]をクリックし❶、[図の選択]ボタンをクリックして画像ファイルを選択すると、透かし画像を挿入できます❷。

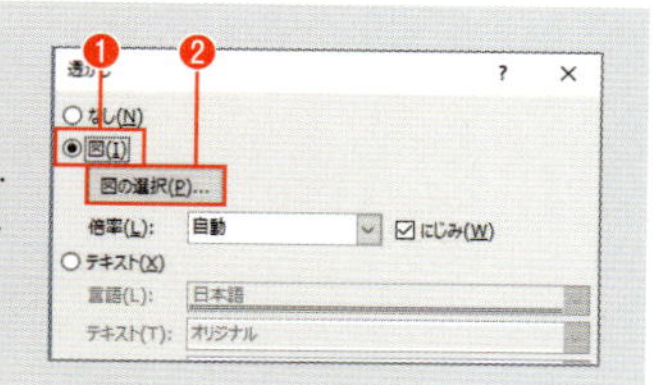
なし(N)
図(I)
図の選択(P)...
倍率(L):
自動
にじみ(W)
テキスト(X)
言語(L):
日本語
テキスト(T):
オリジナル

第4章

読み手に優しい 図形ワザで理解を促進！

込み入った内容を説明するのに図形は欠かせません。とはいえ図形の作成は構成力が求められ、意外と手間がかかるものです。つい文字での説明に頼ってしまいがちですが、伝わる図形を目指し、トライしてみましょう。既に用意されているひな形「SmartArt」を使うのも手です。

No.078 書式設定だけでは物足りない！文字列をイラスト化するには

第2章では文字列の書式をいろいろと設定しましたが、ビジネスというよりカジュアルな文書では見出しをイラスト風にして、目立たせたいこともあるでしょう。その際は「ワードアート」という機能を使います。

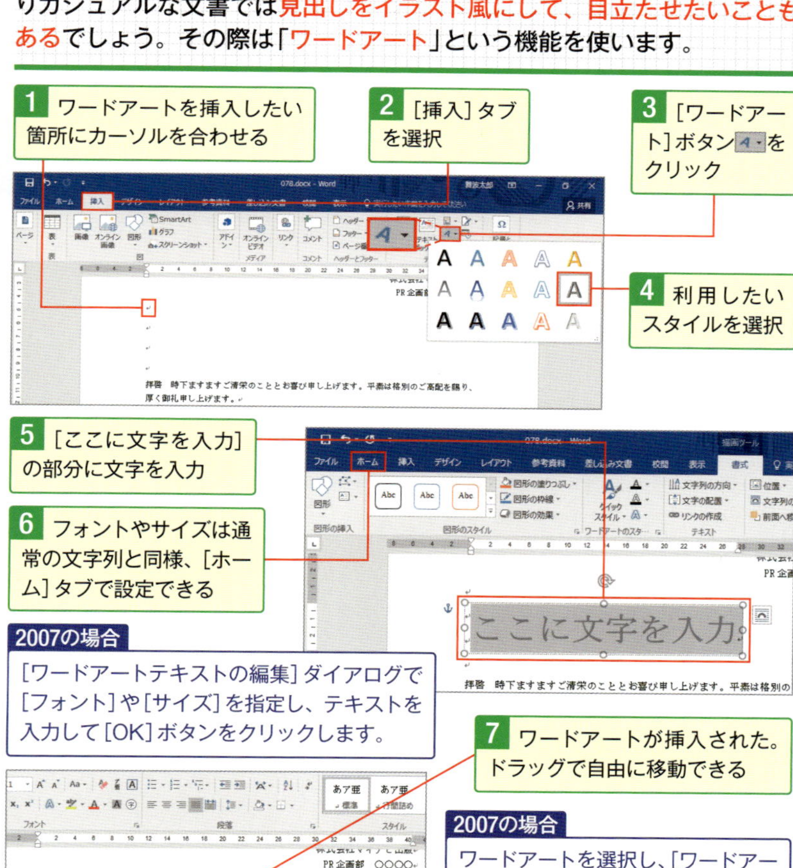
1 ワードアートを挿入したい箇所にカーソルを合わせる
2 [挿入] タブを選択
3 [ワードアート] ボタンをクリック
4 利用したいスタイルを選択
5 [ここに文字を入力] の部分に文字を入力
6 フォントやサイズは通常の文字列と同様、[ホーム] タブで設定できる
ここに文字を入力
7 ワードアートが挿入された。ドラッグで自由に移動できる
新製品発表会のご案内
拝啓　時下ますますご清栄のこととお喜び申し上げます。平素は格別のご高配を賜り、厚く御礼申し上げます。

2007の場合

[ワードアートテキストの編集] ダイアログで [フォント] や [サイズ] を指定し、テキストを入力して [OK] ボタンをクリックします。

2007の場合

ワードアートを選択し、[ワードアートツール] の [書式] タブで [文字列の折り返し] をクリック。折り返しの方法（[行内] 以外）を選択すると、ドラッグで自由に移動できます

No.079 作成済みのワードアートでも別のスタイルに変更できる

ワードアートには数多くのスタイルが用意されているので、どれを適用しようか迷ってしまいます。前ページの方法で挿入したワードアートは[クイックスタイル]で変更できるので、いろいろと試すといいでしょう。

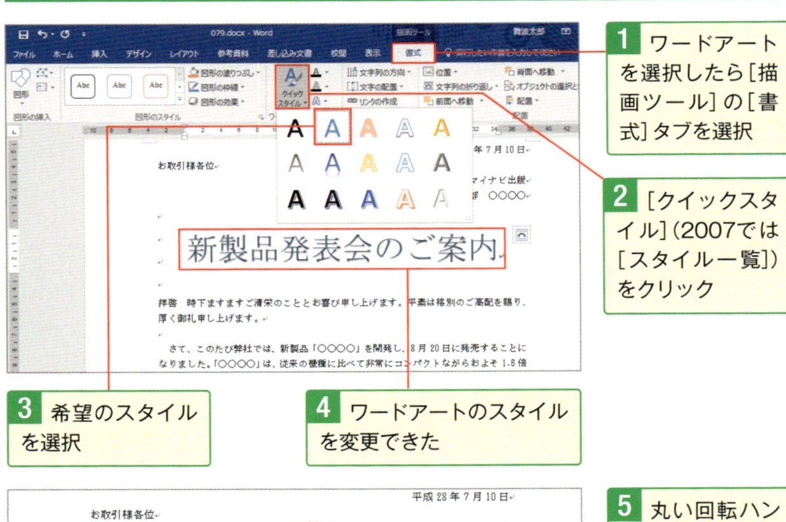

1 ワードアートを選択したら[描画ツール]の[書式]タブを選択
2 [クイックスタイル](2007では[スタイル一覧])をクリック
3 希望のスタイルを選択
4 ワードアートのスタイルを変更できた
新製品発表会のご案内

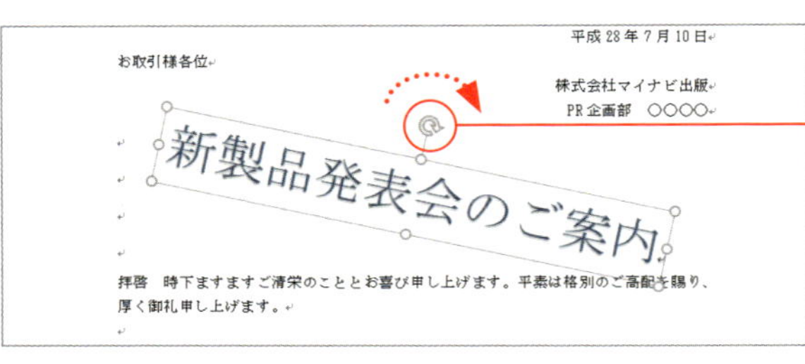

5 丸い回転ハンドルをドラッグすると、ワードアートを回転できる
平成28年7月10日
お取引様各位
株式会社マイナビ出版
PR企画部　○○○○
新製品発表会のご案内
拝啓　時下ますますご清栄のこととお喜び申し上げます。平素は格別のご高配を賜り、厚く御礼申し上げます。

スキルアップ 文字列やフォントサイズを変更するには

2016/2013/2010でフォント、サイズなどを変更するには、通常の文字列と同様の方法で行えます。2007の場合はワードアートを選択し、[書式]タブの[テキストの編集]をクリックします。[ワードアートテキストの編集]ダイアログボックスで[フォント][サイズ][テキスト]を修正し、[OK]ボタンをクリックしましょう。

No.080 ワードアートを変型したり色を変えて自分らしさを出す！

挿入したワードアートは、イラスト文字らしくさらなるカスタマイズができます。個人的な文書なら誰にも遠慮せず、全体を変型したり、文字や縁取りの色を変えたりして、とことん自分好みに仕上げてみましょう。

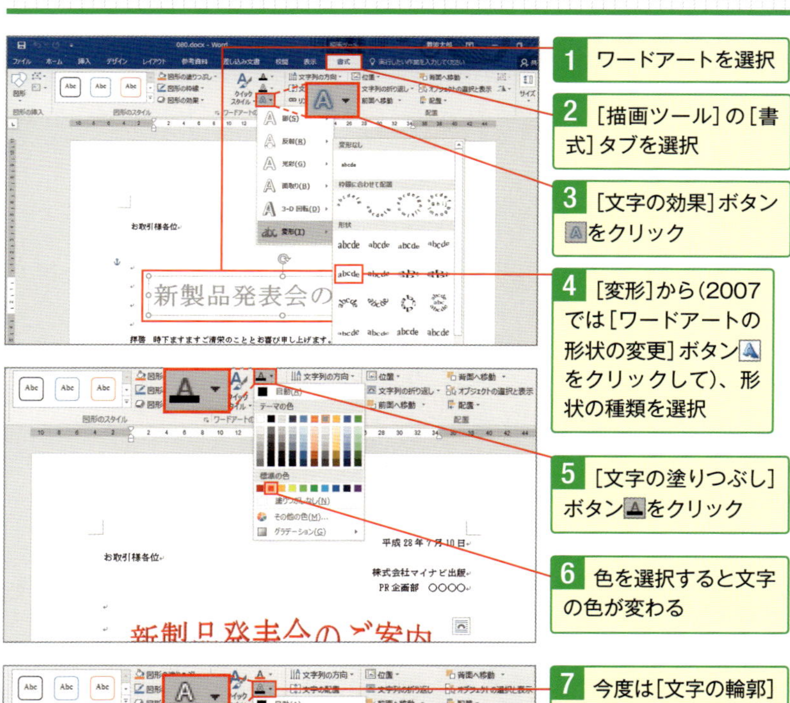
1 ワードアートを選択
2 ［描画ツール］の［書式］タブを選択
3 ［文字の効果］ボタンをクリック
4 ［変形］から（2007では［ワードアートの形状の変更］ボタンをクリックして）、形状の種類を選択
5 ［文字の塗りつぶし］ボタンをクリック
6 色を選択すると文字の色が変わる

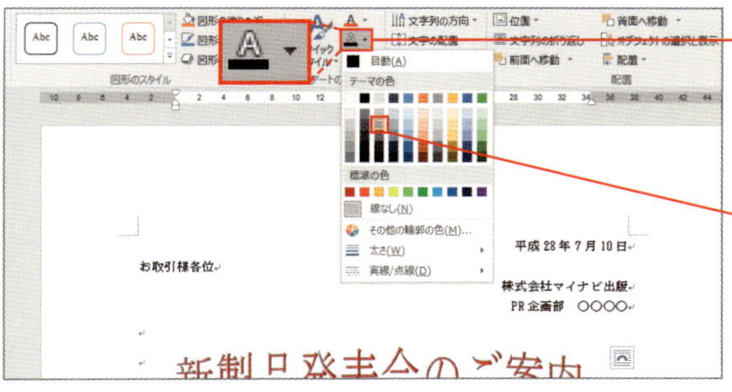

7 今度は［文字の輪郭］ボタンをクリック

8 色を選択すると文字の縁取りの色が変わる

No.081 重なった上下を入れ替えたい! 隠れた図形を前面に表示する

複数の図形を重ねた場合、あとから作成したものほど前面に配置されます。ここでは下側に隠れた画像を前面に移動してみましょう。なお、テキストボックスや画像も同様の方法で重なり順を変更できます。

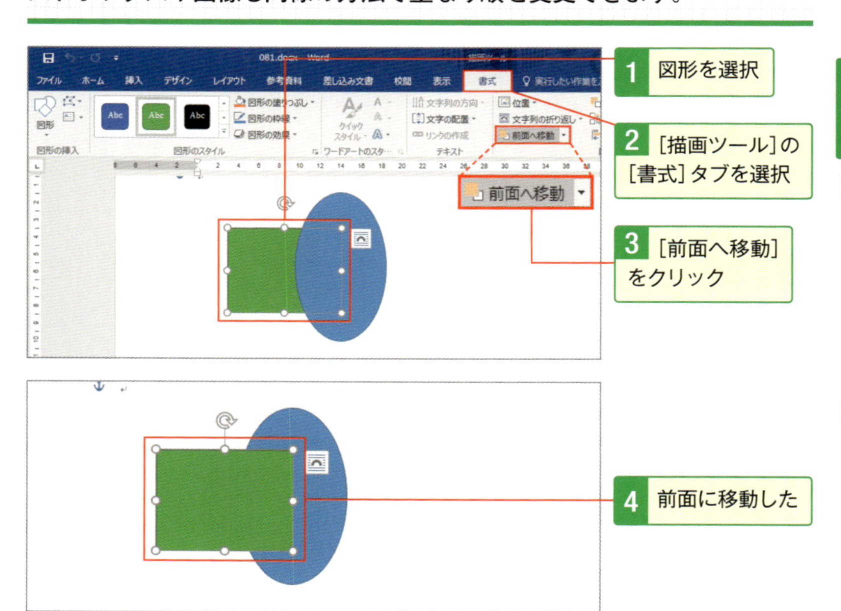
081.docx - Word
描画ツール
ファイル
ホーム
挿入
デザイン
レイアウト
参考資料
差し込み文書
校閲
表示
書式
図形の塗りつぶし
図形の枠線
図形の効果
図形の挿入
図形のスタイル
ワードアートのスタ…
テキスト
文字列の方向
文字の配置
リンクの作成
位置
文字列の折り返し
前面へ移動
1 図形を選択
2 [描画ツール]の[書式]タブを選択
3 [前面へ移動]をクリック
4 前面に移動した

スキルアップ

図形を透き通らせるには?

図形を透き通らせることも可能です。図形を選択して[書式]タブの[図形の塗りつぶし]をクリックしたら[その他の色]を選択します。ダイアログボックスで[透過性]を指定し❶、[OK]ボタンを押すと❷、図形が透き通ります❸。

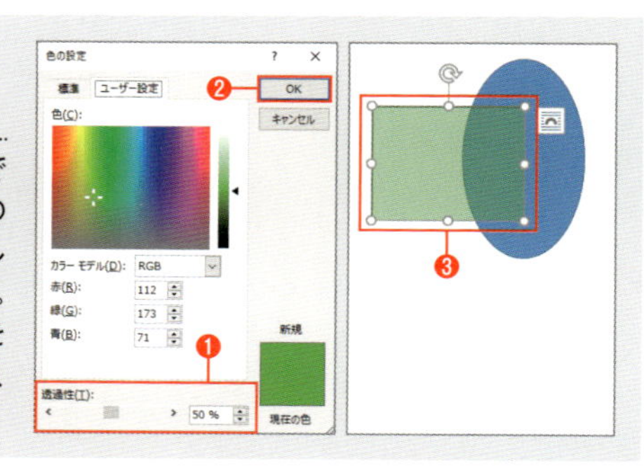
色の設定
標準
ユーザー設定
OK
キャンセル
色(C):
カラー モデル(D):
RGB
赤(R):
112
緑(G):
173
青(B):
71
新規
透過性(T):
50 %
現在の色
❶
❷
❸

No.082 複数のパーツを組み合わせた図形は描画キャンバス上で作成

地図のように複数のパーツで構成された図を作りたいなら、「描画キャンバス」上で作業するといいでしょう。ここで作成した図形はまとめて移動したり、サイズを変更したりできるので、扱いやすくなります。

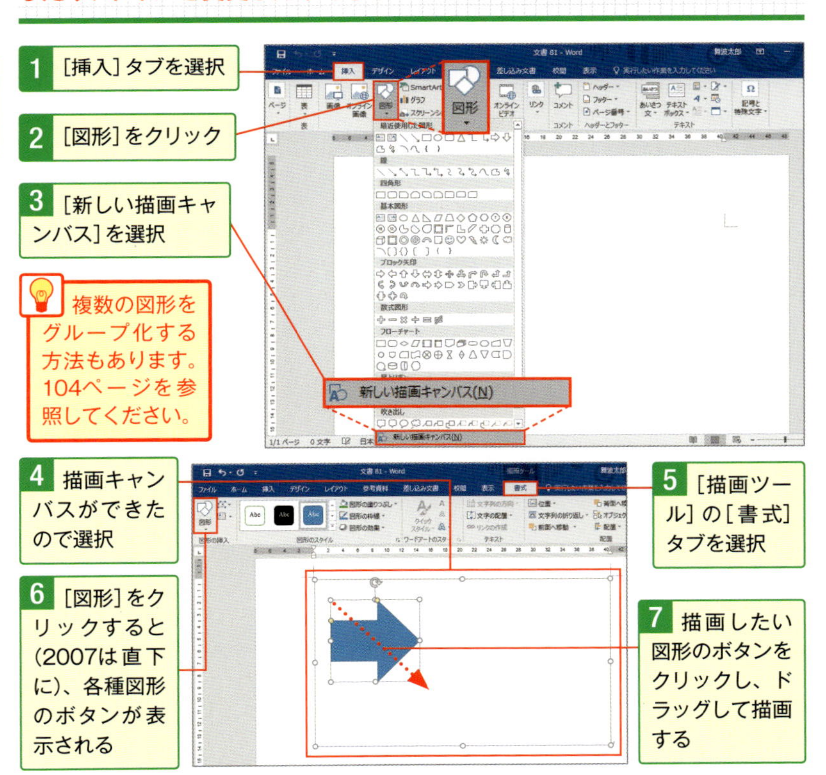
1 [挿入]タブを選択
2 [図形]をクリック
3 [新しい描画キャンバス]を選択
複数の図形をグループ化する方法もあります。104ページを参照してください。
新しい描画キャンバス(N)
4 描画キャンバスができたので選択
5 [描画ツール]の[書式]タブを選択
6 [図形]をクリックすると(2007は直下に)、各種図形のボタンが表示される
7 描画したい図形のボタンをクリックし、ドラッグして描画する

スキルアップ 描画キャンバスのサイズ変更や削除

描画キャンバスをクリックして選択し、表示されるサイズ変更ハンドル(太線)をドラッグするとサイズを調節できます。なお、枠線部分をクリックして描画キャンバスを選択し、Deleteキーを押すと削除できます。

No.083

太さだけでも印象が変わる! 図形の線を細かくカスタマイズ

ここでは作成した図形の線の太さ、色、種類を変更してみます。シャープに見せたいなら細めに、親しみを持たせたいなら太めにするなど、線の太さだけでも印象が変わるので、こだわってみるといいでしょう。

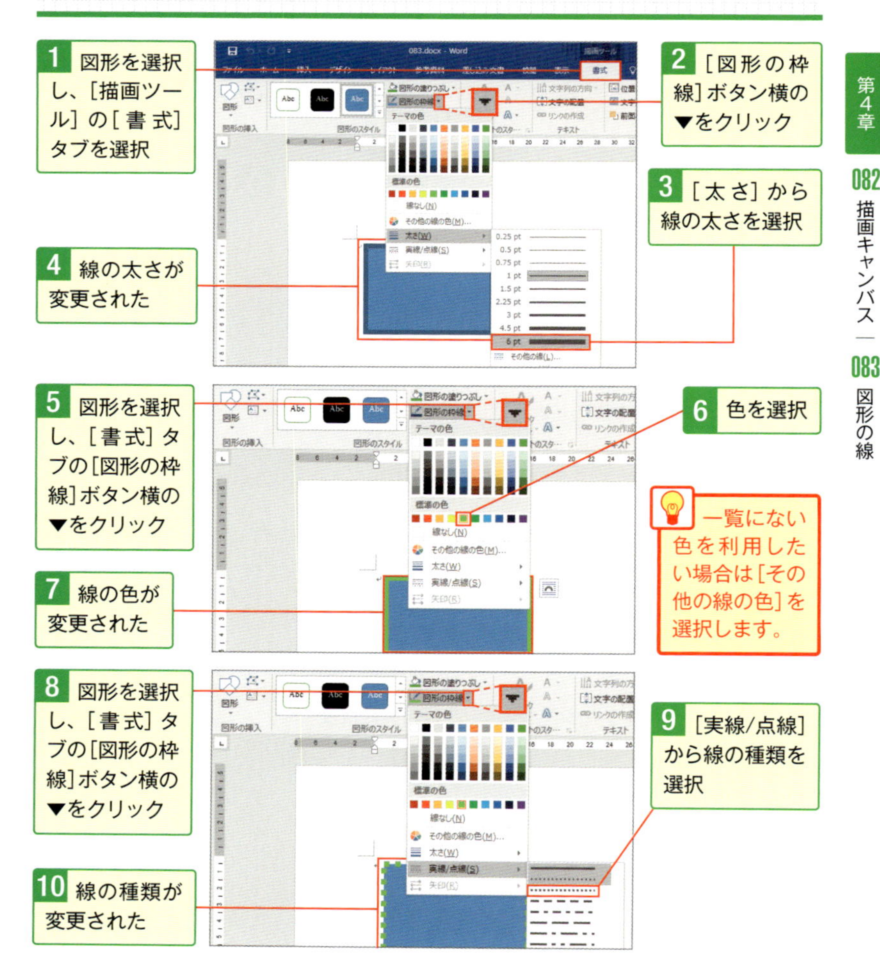

1 図形を選択し、[描画ツール]の[書式]タブを選択
2 [図形の枠線]ボタン横の▼をクリック
3 [太さ]から線の太さを選択
4 線の太さが変更された
5 図形を選択し、[書式]タブの[図形の枠線]ボタン横の▼をクリック
6 色を選択
7 線の色が変更された
8 図形を選択し、[書式]タブの[図形の枠線]ボタン横の▼をクリック
9 [実線/点線]から線の種類を選択
10 線の種類が変更された

一覧にない色を利用したい場合は[その他の線の色]を選択します。

No.084 好みのスタイルを選んで図形の見た目を素早く整える

図形にもいくつかの書式設定を組み合わせたクイックスタイルが数多く用意されています。選択するだけで見栄えよくできるので、どのようなデザインにするか迷ったら、活用してみるといいでしょう。

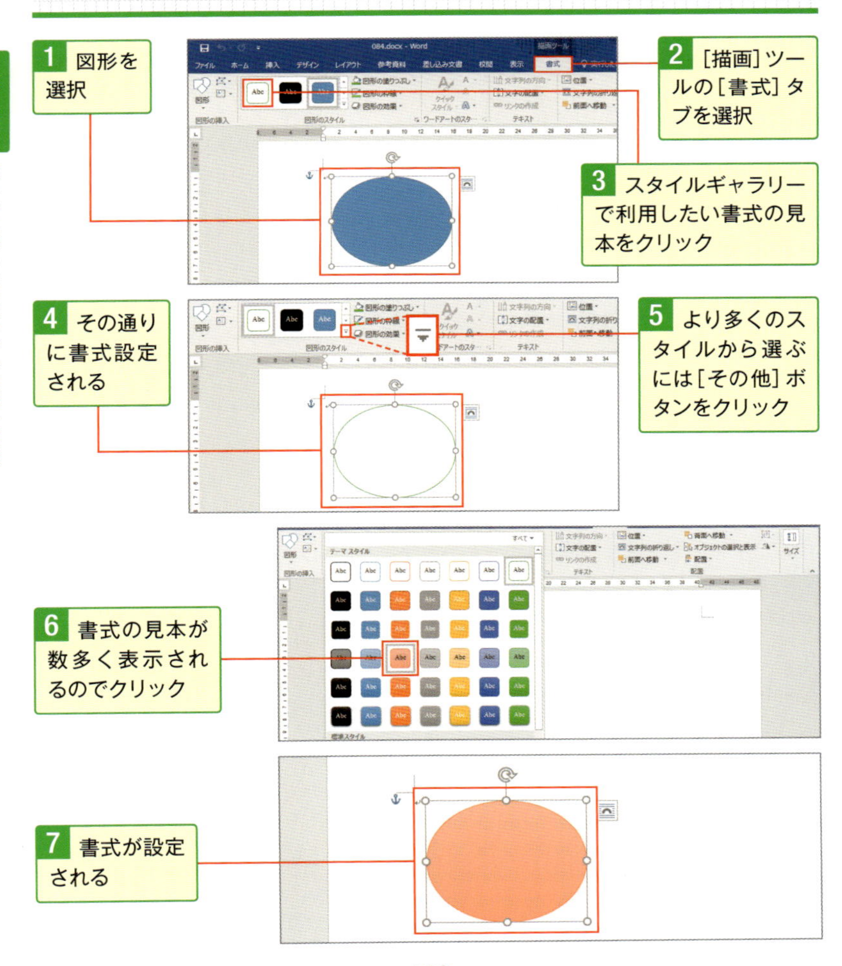
1 図形を選択
2 [描画]ツールの[書式]タブを選択
3 スタイルギャラリーで利用したい書式の見本をクリック
4 その通りに書式設定される
5 より多くのスタイルから選ぶには[その他]ボタンをクリック
6 書式の見本が数多く表示されるのでクリック
7 書式が設定される

No. 085

左右反対に作成してしまった図形の向きを変えるには?

図形を作成していて、左右の向きを変えたくなった場合は［回転］ボタンを使います。上下の向きも変えられるほか、任意の角度に回転させられます。このテクニックは画像に対しても使えるので覚えておきましょう。

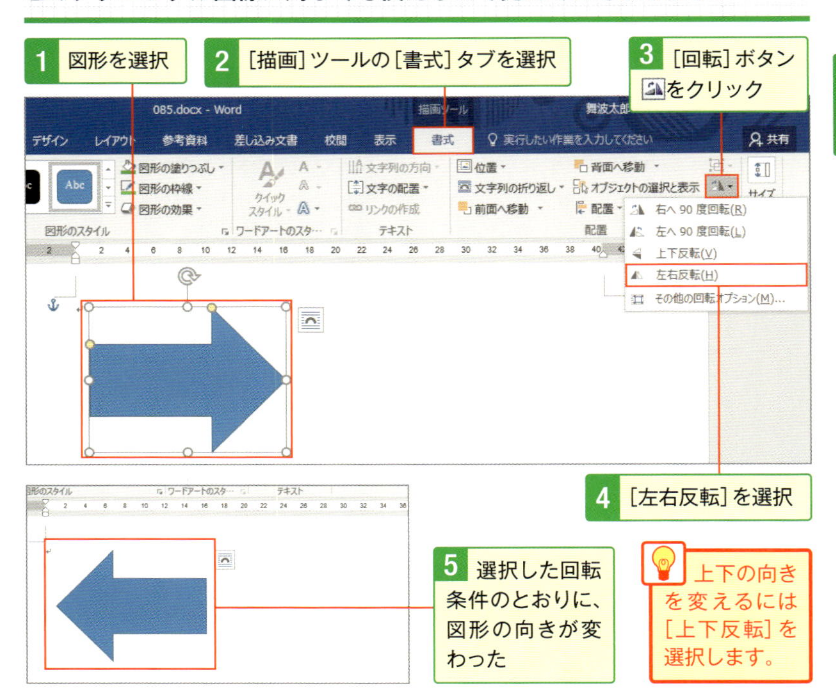

1 図形を選択
2 ［描画］ツールの［書式］タブを選択
3 ［回転］ボタン をクリック
4 ［左右反転］を選択
5 選択した回転条件のとおりに、図形の向きが変わった
085.docx - Word
描画ツール
舞波太郎
デザイン
レイアウト
参考資料
差し込み文書
校閲
表示
書式
実行したい作業を入力してください
共有
図形の塗りつぶし
図形の枠線
図形の効果
図形のスタイル
クイックスタイル
ワードアートのスタ…
文字列の方向
文字の配置
リンクの作成
テキスト
位置
文字列の折り返し
前面へ移動
背面へ移動
オブジェクトの選択と表示
配置
サイズ
右へ 90 度回転(R)
左へ 90 度回転(L)
上下反転(V)
左右反転(H)
その他の回転オプション(M)...

上下の向きを変えるには［上下反転］を選択します。

スキルアップ

数値を指定して図形を回転させるには

［回転］ボタンをクリックし、［その他の回転オプション］を選択すると、右のダイアログボックスが表示されます。［回転］の［回転角度］で任意の度数を指定すると、図形を回転できます❶。

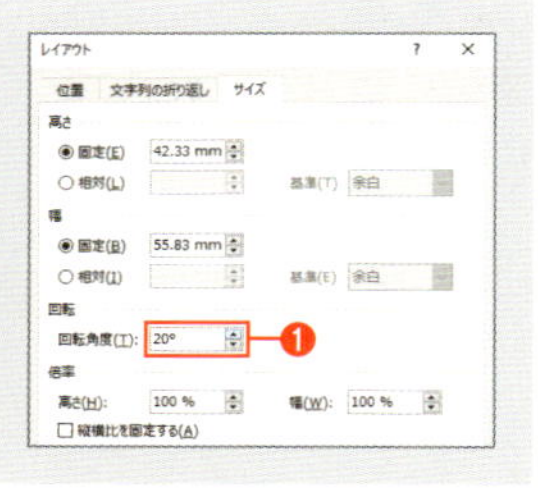

レイアウト
位置
文字列の折り返し
サイズ
高さ
固定(E)
42.33 mm
相対(L)
基準(T)
余白
幅
固定(B)
55.83 mm
相対(I)
基準(E)
余白
回転
回転角度(T):
20°
倍率
高さ(H):
100 %
幅(W):
100 %
縦横比を固定する(A)

No. 086

立体にしたりぼかしたり！図形にさまざまな効果を適用

Word 2016/2013/2010では、立体やぼかしといったさまざまな効果を図形に適用できます。図形が味気なく思えた際にこうした機能を活用するといいでしょう。Word 2007の場合は下のコラムを参照してください。

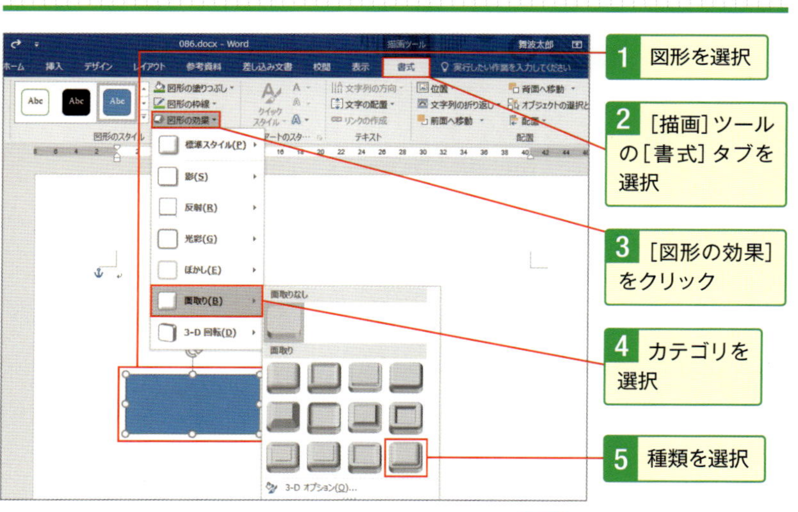
1 図形を選択
2 ［描画］ツールの［書式］タブを選択
3 ［図形の効果］をクリック
4 カテゴリを選択
5 種類を選択

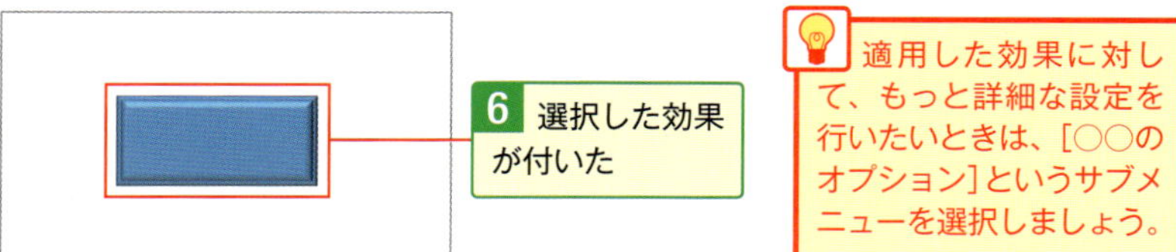
6 選択した効果が付いた

適用した効果に対して、もっと詳細な設定を行いたいときは、［○○のオプション］というサブメニューを選択しましょう。

スキルアップ

Word 2007で図形を立体化する

Word 2007では図形を選択し❶、［書式］タブの［3-D効果］を選択すると❷、3Dの種類を選んで適用できます❸。

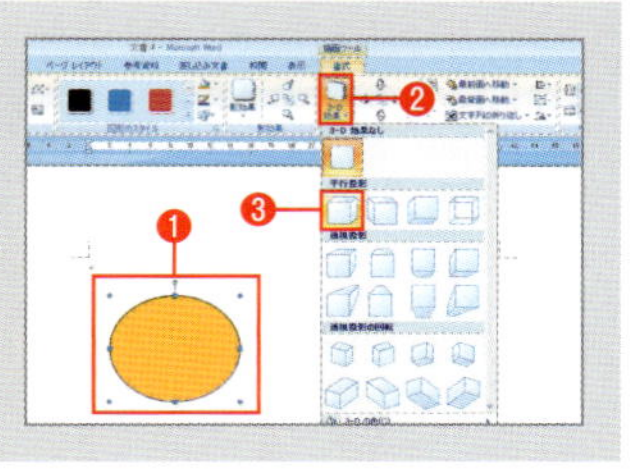

No. 087 印象のいい図形に仕上がる! 縦横の位置をキレイに整列

複数の図形を並べたときに縦や横の位置が不揃いだと、いいかげんな印象を持たれます。だいたいの位置を目で見て揃えるのではなく[配置]を使って整列させましょう。見栄えのいい文書にするには必須の作業です。

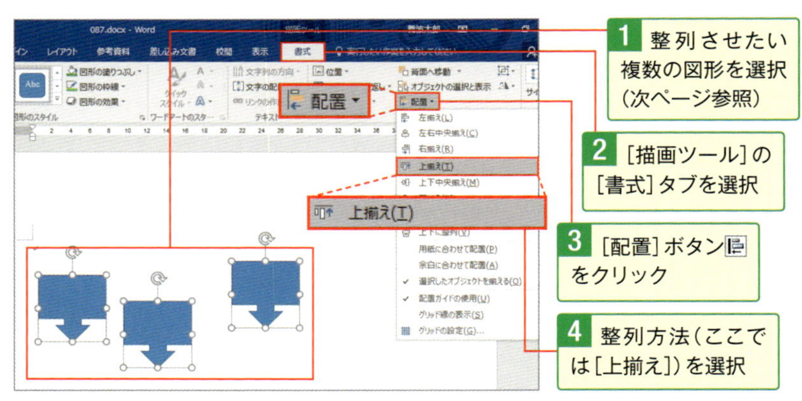

1 整列させたい複数の図形を選択(次ページ参照)

2 [描画ツール]の[書式]タブを選択

3 [配置]ボタンをクリック

4 整列方法(ここでは[上揃え])を選択

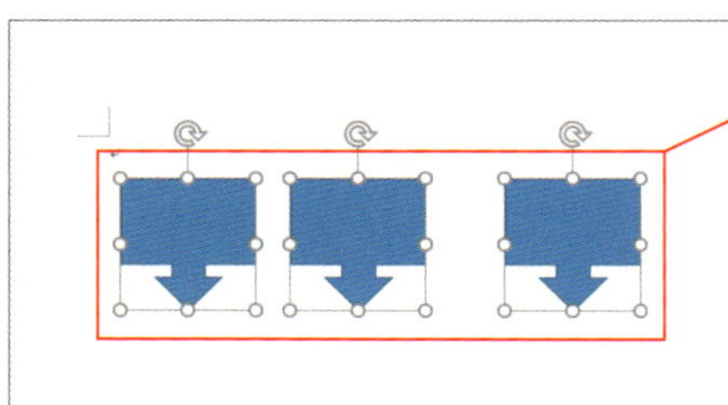

5 選択した整列の方法通りに図形が並ぶ

上揃えにしたあと、再度[配置]ボタンをクリックして[左右に整列]を選択すると、選択した図形が等間隔に並びます。

スキルアップ グリッド線を利用する

何らかの図形を選択し、[書式]タブの[配置]ボタンをクリックして[グリッド線の表示]を選択すると、グリッド線が表示されます。線に図形が吸着するので、配置を整えたいときに役立ちます。グリッド線を消すには[配置]ボタンから[グリッド線の表示]を選択してオフにします。

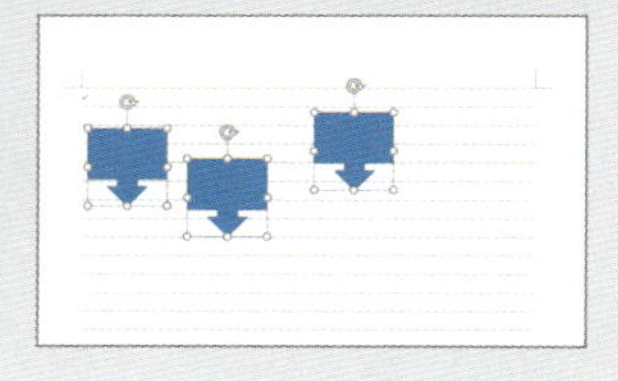

No.088 まとめて操作できるように図形が完成したらグループ化!

複数のパーツを組み合わせた図形が完成したら[グループ化]を実行するといいでしょう。1つの図形として扱えるので、まとめてサイズを変えたり移動したりする際に、パーツをひとつひとつ選択せずに済みます。

1 Shiftキーを押しながら図形をクリックし、複数の図形を選択

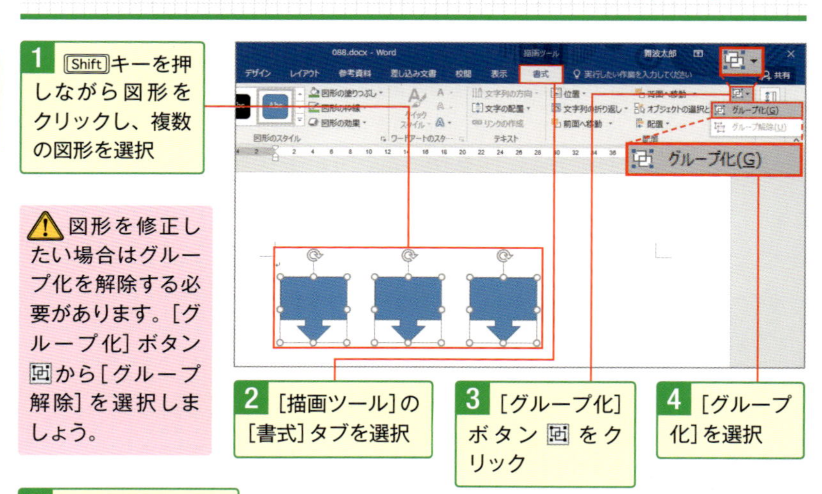

088.docx - Word
描画ツール
書式
グループ化(G)
グループ解除(U)

2 [描画ツール]の[書式]タブを選択

3 [グループ化]ボタンをクリック

4 [グループ化]を選択

⚠ 図形を修正したい場合はグループ化を解除する必要があります。[グループ化]ボタンから[グループ解除]を選択しましょう。

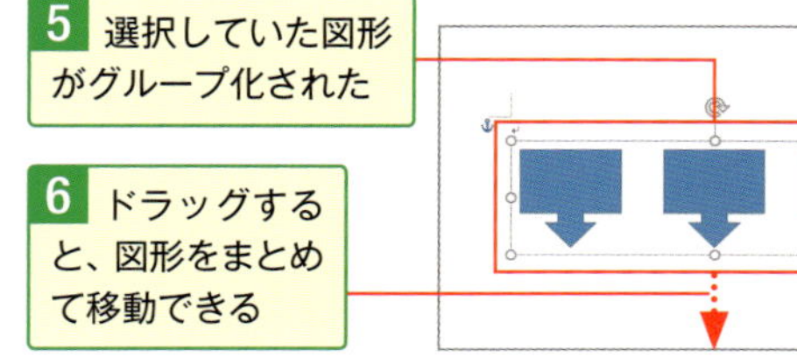

5 選択していた図形がグループ化された

6 ドラッグすると、図形をまとめて移動できる

💡 98ページで解説した描画キャンバスも複数のパーツを扱うのに便利な機能です。

スキルアップ

複数の図形をドラッグでまとめて選択する

[ホーム]タブの[選択]をクリックして❶、[オブジェクトの選択]を選択すると❷、対象となるすべての図形を囲むようにドラッグして複数の図形を選択できるようになります。

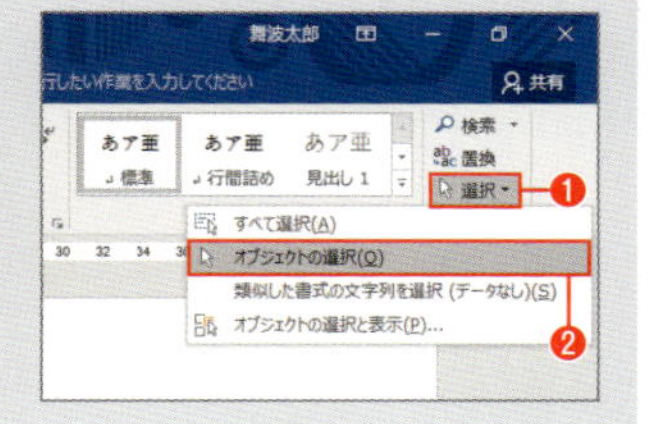

検索
置換
選択
すべて選択(A)
オブジェクトの選択(O)
類似した書式の文字列を選択 (データなし)(S)
オブジェクトの選択と表示(P)...

No.089 会話風にすれば読んでくれる!? フキダシに文字列を入力する

難解な内容でもフキダシに文字列を入力すると、意外と読んでもらいやすいもの。ビジネス文書では使う場面を選ぶかもしれませんが、必ず覚えておきたい手法です。ちょっとした補足を加えるのにも向いています。

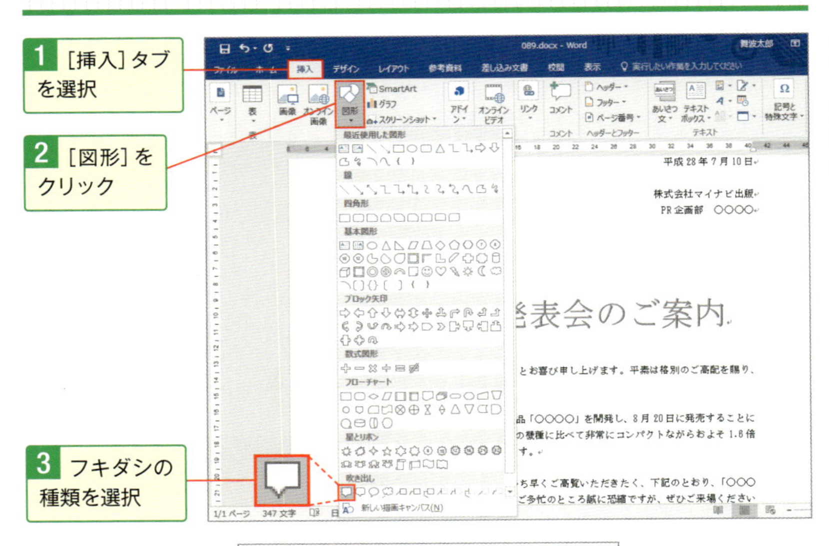
1 ［挿入］タブを選択
2 ［図形］をクリック
3 フキダシの種類を選択
089.docx - Word
ファイル
ホーム
挿入
デザイン
レイアウト
参考資料
差し込み文書
校閲
表示
SmartArt
グラフ
スクリーンショット
最近使用した図形
線
四角形
基本図形
ブロック矢印
数式図形
フローチャート
星とリボン
吹き出し
新しい描画キャンバス(N)
平成 28 年 7 月 10 日
株式会社マイナビ出版
PR 企画部　○○○○
表会のご案内
1/1 ページ
347 文字

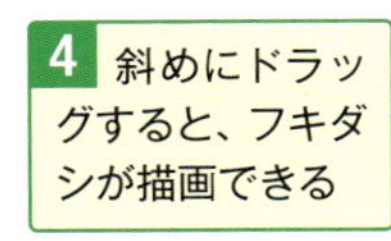
4 斜めにドラッグすると、フキダシが描画できる

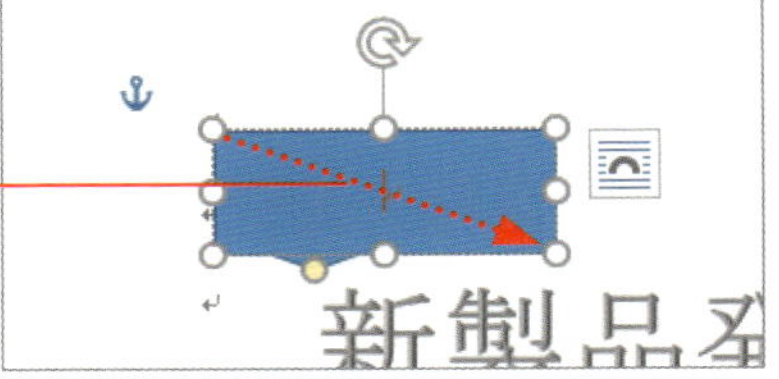
新製品発

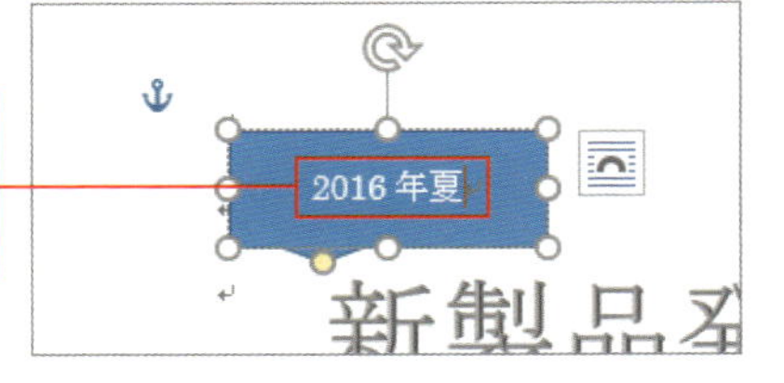
5 図形内でカーソルが点滅するので、文字列を入力
2016 年夏
新製品発

⚠ 入力する文字列はあまり長くならないようにしましょう。読みづらくなります。

No.
090

先端の向きを変えるには? フキダシの見た目を整えよう

前ページで作成したフキダシは、テキストの配置方法や、フキダシの先端の方向、縦書き/横書きなどを設定できます。Word 2016/2013と2010/2007では操作方法が若干異なるので、注意してください。

1 フキダシを選択したら[描画ツール]の[書式]タブを選択

2 [図形スタイル]グループのダイアログボックス起動ツールをクリック

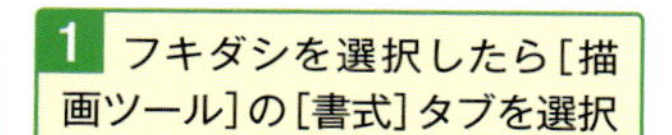

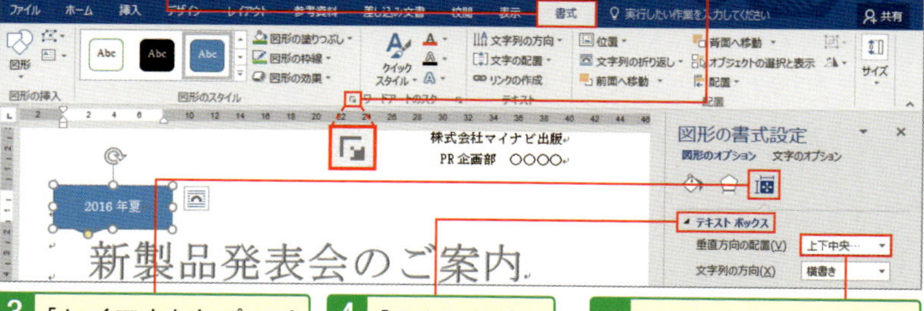
ファイル
ホーム
挿入
デザイン
レイアウト
参考資料
差し込み文書
校閲
表示
書式
実行したい作業を入力してください
共有
図形
図形の挿入
Abc
図形の塗りつぶし
図形の枠線
図形の効果
図形のスタイル
クイック スタイル
ワードアートのスタ...
文字列の方向
文字の配置
リンクの作成
テキスト
位置
文字列の折り返し
前面へ移動
背面へ移動
オブジェクトの選択と表示
配置
サイズ
株式会社マイナビ出版
PR 企画部 ○○○○
2016 年夏
新製品発表会のご案内
図形の書式設定
図形のオプション
文字のオプション
テキスト ボックス
垂直方向の配置(V)
上下中央...
文字列の方向(X)
横書き

3 [レイアウトとプロパティー]ボタンをクリック

4 [テキストボックス]をクリック

5 [垂直方向の配置]を設定

2010/2007の場合

2010は[図形の書式設定](2007は[オートシェイプの書式設定])ダイアログボックスで[テキストボックス]をクリックします。

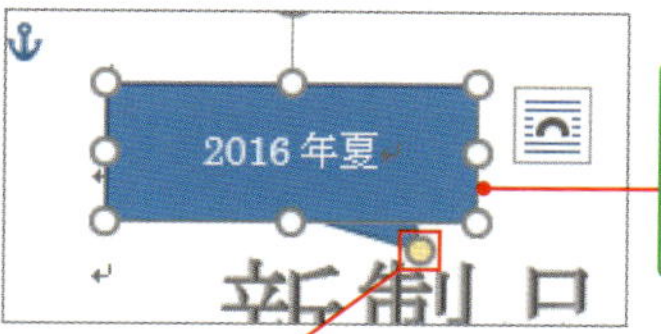
2016 年夏
新製品

6 フキダシの向きを変えるには枠線をクリック

7 黄色いサイズ変更ハンドルをドラッグして先端の向きを変更できる

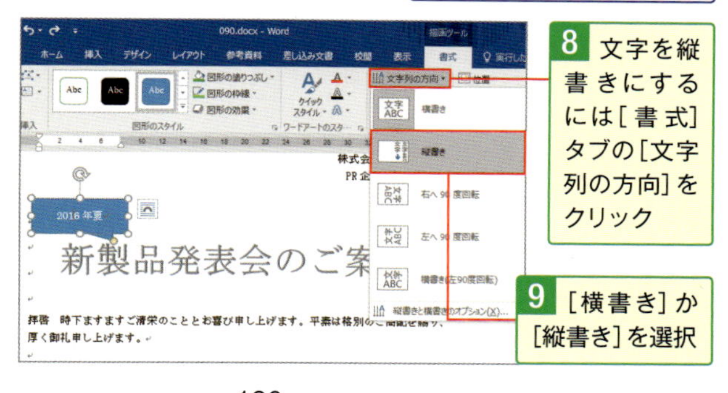
090.docx - Word
描画ツール
ホーム
挿入
デザイン
レイアウト
参考資料
差し込み文書
校閲
表示
書式
図形の塗りつぶし
図形の枠線
図形の効果
図形のスタイル
クイック スタイル
ワードアートのスタ...
文字列の方向
位置
横書き
縦書き
右へ 90 度回転
左へ 90 度回転
横書き(左90度回転)
縦書きと横書きのオプション(X)...
株式会
PR 企
2016 年夏
新製品発表会のご案
拝啓 時下ますますご清栄のこととお喜び申し上げます。平素は格別の
厚く御礼申し上げます。

8 文字を縦書きにするには[書式]タブの[文字列の方向]をクリック

9 [横書き]か[縦書き]を選択

No.091 通常の図形に文字列を入力して説明を加えたい！

フキダシに文字列を入力できることは解説しましたが、通常の図形でも可能です。文字列はテキストボックス（63ページ参照）と同じように書式設定できます。Word 2007については下のコラムを参照しましょう。

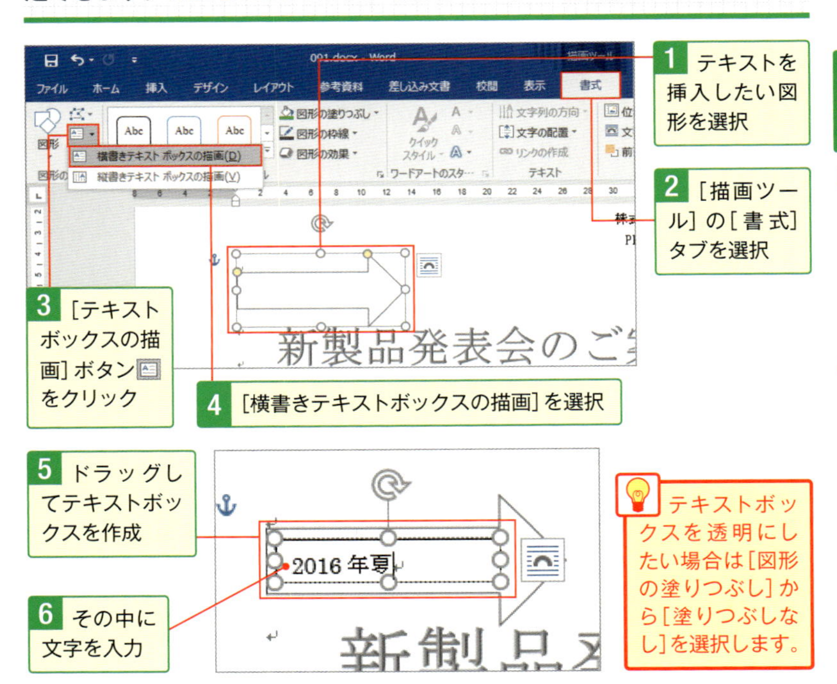

1 テキストを挿入したい図形を選択
2 ［描画ツール］の［書式］タブを選択
3 ［テキストボックスの描画］ボタンをクリック
4 ［横書きテキストボックスの描画］を選択
5 ドラッグしてテキストボックスを作成
6 その中に文字を入力
ファイル
ホーム
挿入
デザイン
レイアウト
参考資料
差し込み文書
校閲
表示
書式
横書きテキスト ボックスの描画(D)
縦書きテキスト ボックスの描画(V)
図形の塗りつぶし
図形の枠線
図形の効果
文字列の方向
文字の配置
リンクの作成
テキスト
2016 年夏
新製品発表会のご

テキストボックスを透明にしたい場合は［図形の塗りつぶし］から［塗りつぶしなし］を選択します。

スキルアップ

2007では図形をテキストボックス化する

2007ではテキストを挿入したい図形を選択し❶、［書式］タブを選択して❷、［テキストの編集］ボタンをクリックします❸。テキスト入力用のカーソルが点滅するので文字を入力しましょう。

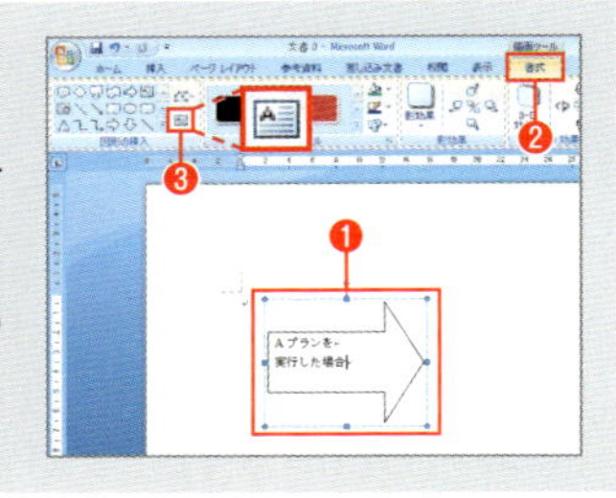

Aプランを
実行した場合

No.092

込み入った図形はどうする!? 組織図を素早く作成する方法

シンプルな図形ならともかく、Wordで複雑な図形を作成するにはコツや根気が必要です。「SmartArt」なら用意された図形を編集するだけで、複雑な図が作成できます。ここでは組織図を例に解説していきましょう。

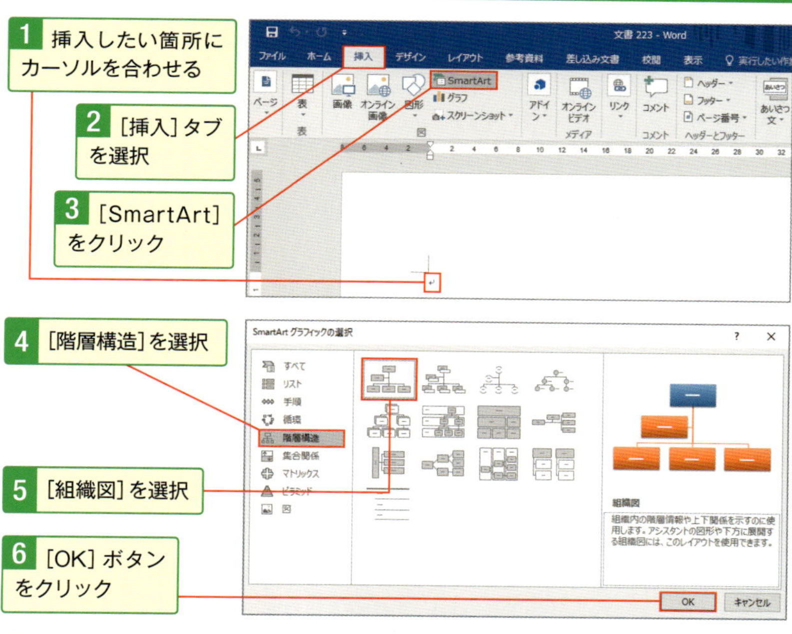
1 挿入したい箇所にカーソルを合わせる
2 [挿入]タブを選択
3 [SmartArt]をクリック
4 [階層構造]を選択
5 [組織図]を選択
6 [OK]ボタンをクリック
文書 223 - Word
ファイル
ホーム
挿入
デザイン
レイアウト
参考資料
差し込み文書
校閲
表示
SmartArt
グラフ
スクリーンショット
SmartArt グラフィックの選択
すべて
リスト
手順
循環
階層構造
集合関係
マトリックス
ピラミッド
図
組織図
組織内の階層情報や上下関係を示すのに使用します。アシスタントの図形や下方に展開する組織図には、このレイアウトを使用できます。
OK
キャンセル

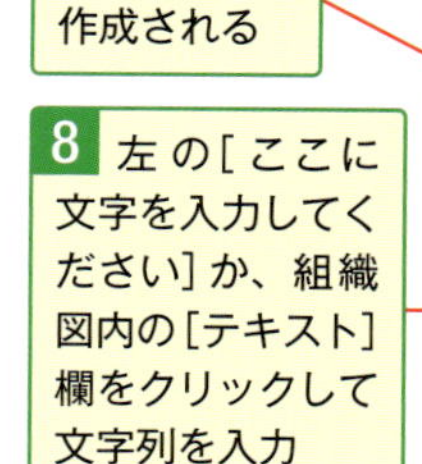
7 組織図が作成される
8 左の[ここに文字を入力してください]か、組織図内の[テキスト]欄をクリックして文字列を入力

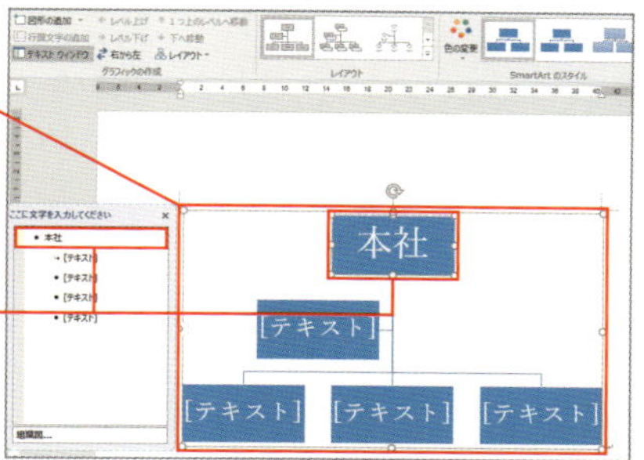
ここに文字を入力してください
本社
[テキスト]
[テキスト]
[テキスト]
[テキスト]

2007の場合

左辺中央の矢印をクリックし、[ここに文字を入力してください]の[テキスト]欄に文字を入力します。

No.093 組織図に図形を追加して我が社の部門構成を再現！

前ページでは組織図の作り方を解説しましたが、自分の会社の部門構成を再現するには、図形を追加する必要も出てきます。「SmartArt」ならそうした操作もカンタンに行えるので、ぜひ使いこなしましょう。

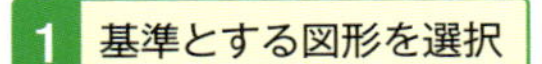

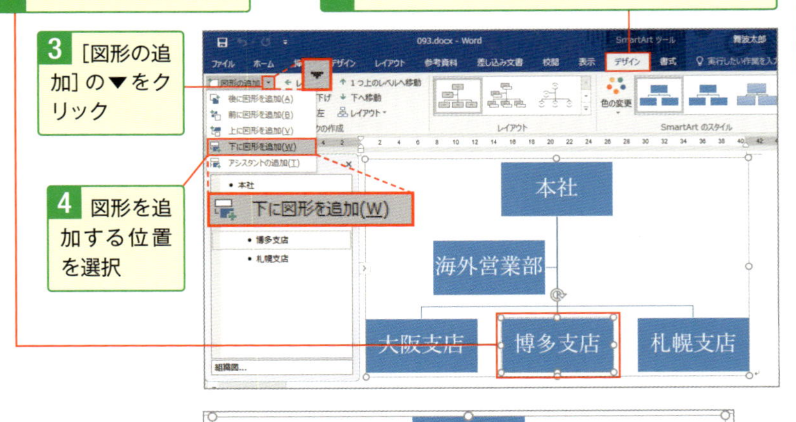

1 基準とする図形を選択
2 [SmartArtツール]の[デザイン]タブを選択
3 [図形の追加]の▼をクリック
4 図形を追加する位置を選択
下に図形を追加(W)
本社
海外営業部
大阪支店
博多支店
札幌支店

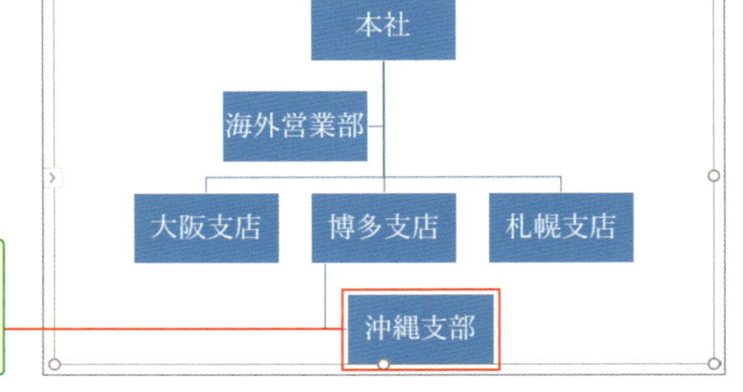

本社
海外営業部
大阪支店
博多支店
札幌支店
沖縄支部
5 指定した位置に新しい図形が挿入される

スキルアップ 不要な図形は削除できる

不要な図形はクリックして選択し、Deleteキーを押して削除しましょう。自身で追加した図形だけでなく、組織図の作成時にもともとあった図形も削除できます。

No.094

インパクトある図形を作るなら写真と組み合わせてみよう

「SmartArt」では写真を組み合わせることもできます。手順は長いですが難しい操作ではありません。画像の挿入後は図形のサイズに合わせて画像の縦横比が変わっていたりするので、忘れずにこれを正しましょう。

「SmartArt」に写真を挿入する

1 [SmartArtグラフィックの選択]画面(108ページ参照)で[図]を選択

2 [図レイアウト]をダブルクリック

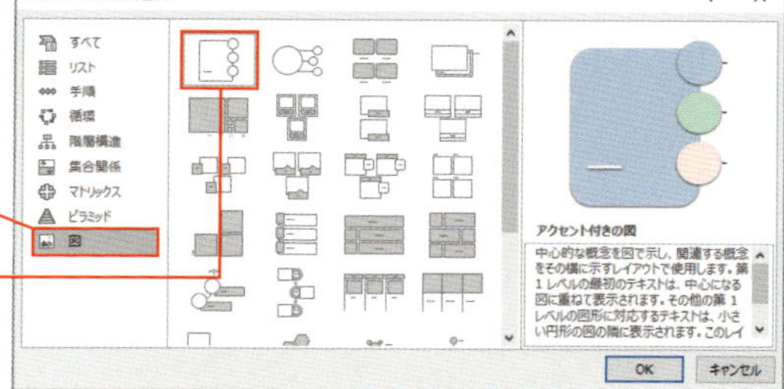

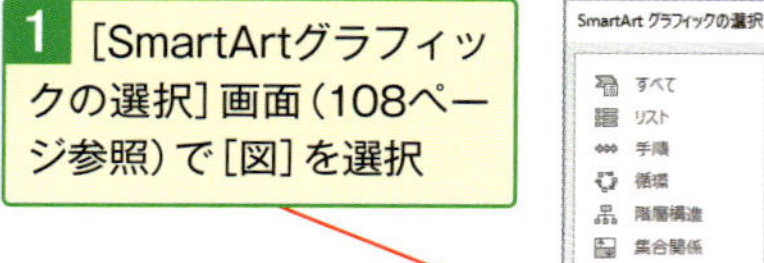

3 ここ をクリック

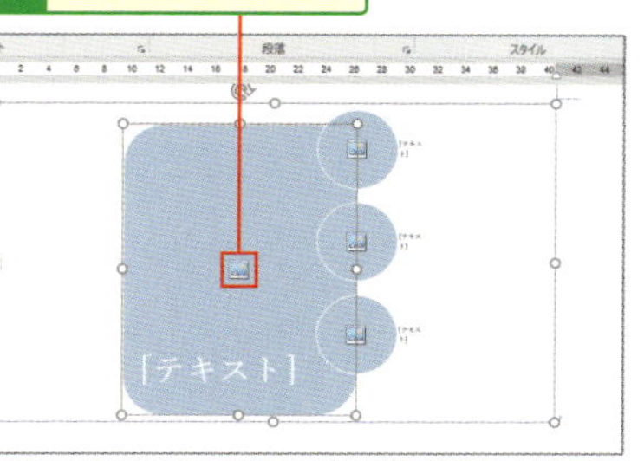

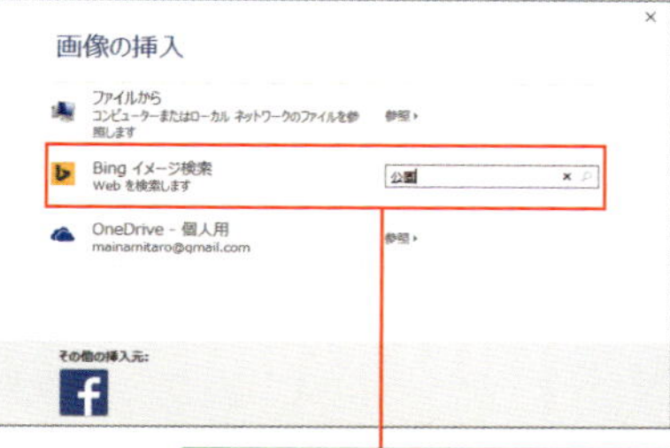

4 ここでは「Bingイメージ検索」で写真をオンラインで検索(77ページ参照)

5 画像を選択

6 [挿入]ボタンをクリックすると画像が挿入される

挿入した画像の配置を調整する

1 挿入された画像を選択

2 [図ツール]の[書式]タブを選択

3 [トリミング]下の▼をクリック

4 [塗りつぶし]を選択

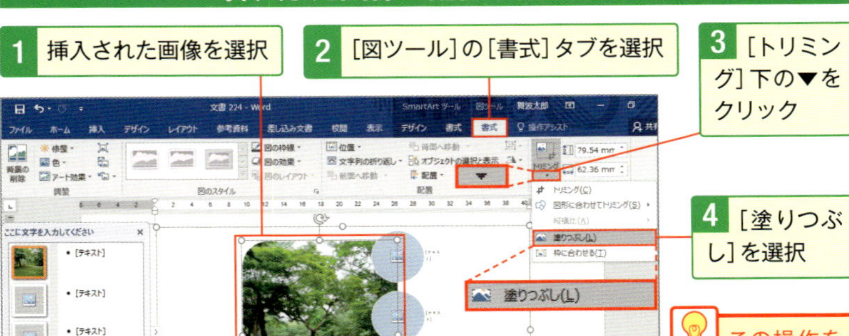

塗りつぶし(L)

この操作を行うと、画像の縦横比が正しくなります。

5 画像をドラッグして表示領域を調整

6 [トリミング]ボタンをクリック

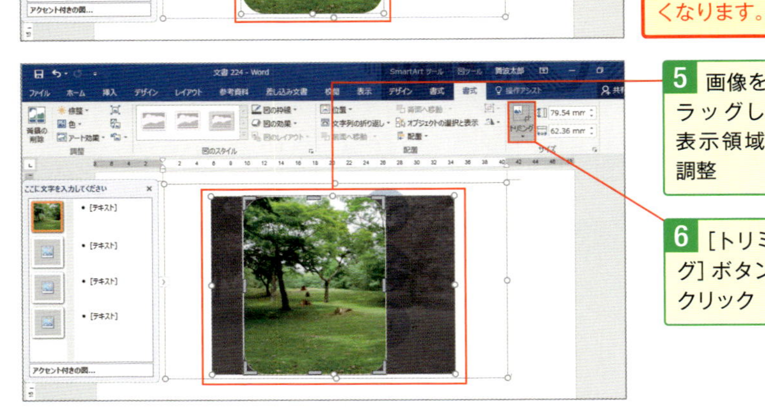

7 画像の調整が確定

8 ほかの文字や画像も挿入

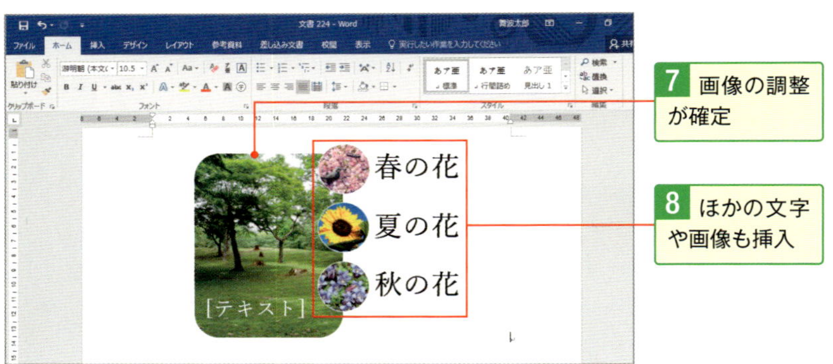

春の花
夏の花
秋の花
[テキスト]

No. 095 作成した組織図を社風に合ったデザインに変えられる？

組織図（108ページ参照）などはさりげなく色遣いをコーポレートカラーに合わせたりすると、上司の印象がいいかもしれません。「SmartArt」の図形は難しい操作を行わずにまとめてデザインを変えられます。

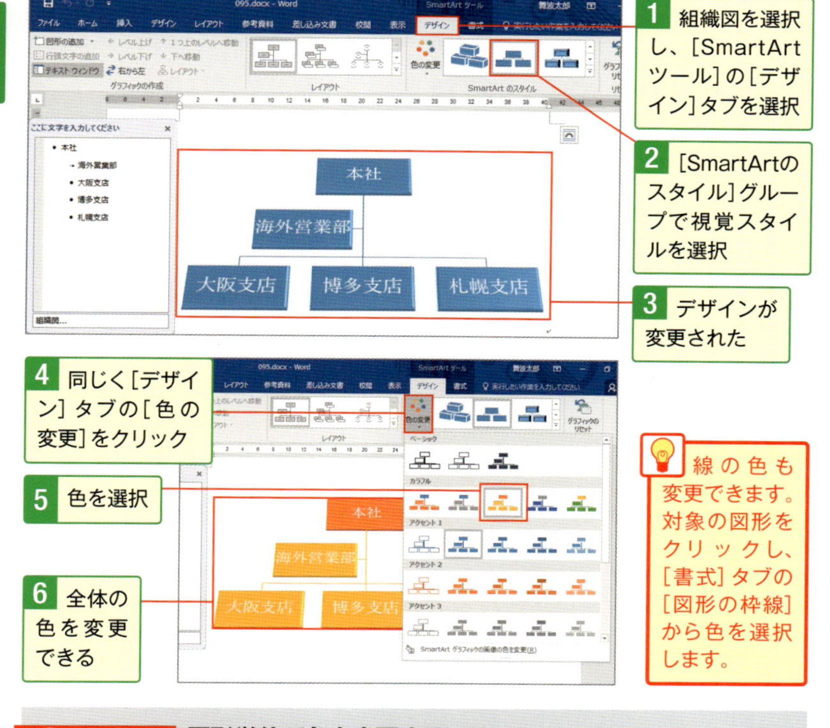

1 組織図を選択し、[SmartArtツール]の[デザイン]タブを選択
2 [SmartArtのスタイル]グループで視覚スタイルを選択
3 デザインが変更された
4 同じく[デザイン]タブの[色の変更]をクリック
5 色を選択
6 全体の色を変更できる
本社
海外営業部
大阪支店
博多支店
札幌支店

線の色も変更できます。対象の図形をクリックし、[書式]タブの[図形の枠線]から色を選択します。

スキルアップ 図形単位で色を変更するには

組織図は図形単位で色の指定を行うことも可能です。対象とする図形だけをクリックして選択し、[書式]タブの[図形の塗りつぶし]をクリックして、色を選択しましょう。なお、この[書式]タブには図形の枠線や文字についてなど、書式のさまざまな設定が用意されています。

第5章

表＆グラフの活用ワザで説得力がアップ

テキストだけで作られた文書は、あまり好意的に手に取ってもらえないものです。ここまで画像や図形で読み手の目を引くスキルを紹介してきましたが、表やグラフも文書を構成する大切な要素。これらを上手に活用すると、資料に説得力が生まれます。積極的に使いこなしていきましょう。

No.096

データを入力したあとでも文字列を表に変換したい!

Word文書に表を挿入したいとき、Excelのデータを流用する方も多いでしょう。とはいえWordも表の作成機能を備えており、実践で十分活用できます。Tabキーで区切った文字列を手軽に表に変換可能です。

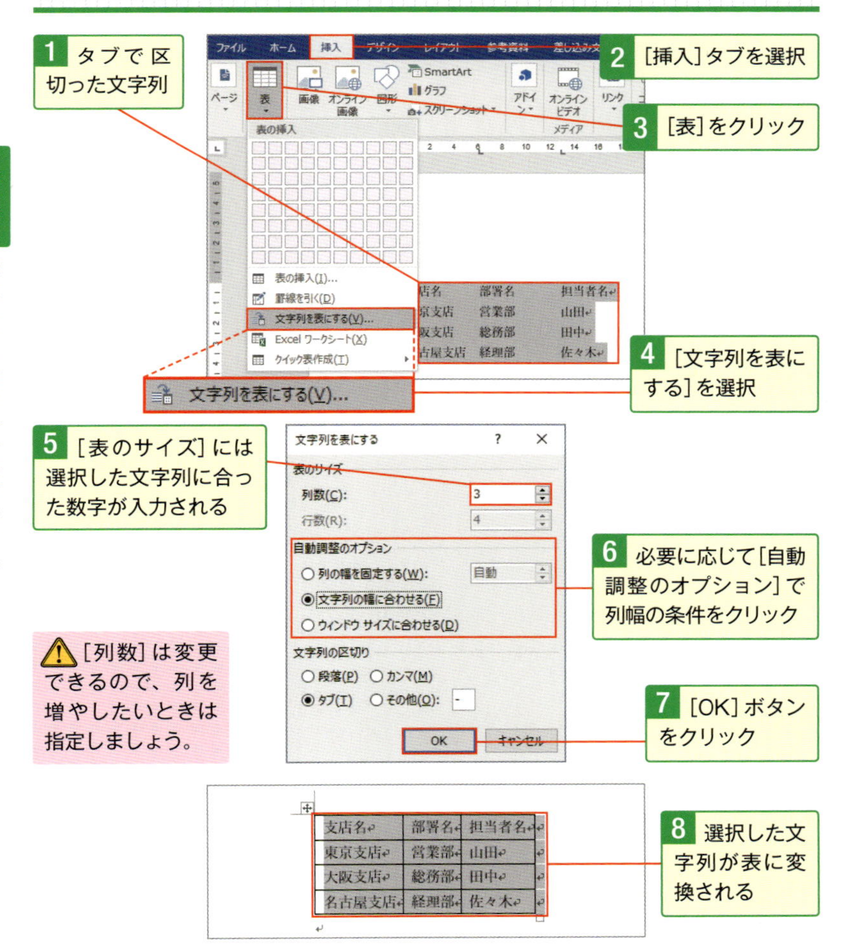

1 タブで区切った文字列
2 [挿入] タブを選択
3 [表] をクリック
4 [文字列を表にする] を選択
5 [表のサイズ] には選択した文字列に合った数字が入力される
6 必要に応じて [自動調整のオプション] で列幅の条件をクリック
7 [OK] ボタンをクリック
8 選択した文字列が表に変換される
ファイル
ホーム
挿入
表
表の挿入
表の挿入(I)...
罫線を引く(D)
文字列を表にする(V)...
Excel ワークシート(X)
クイック表作成(T)
文字列を表にする
表のサイズ
列数(C):
3
行数(R):
4
自動調整のオプション
列の幅を固定する(W):
自動
文字列の幅に合わせる(F)
ウィンドウ サイズに合わせる(D)
文字列の区切り
段落(P)
カンマ(M)
タブ(T)
その他(O):
OK
キャンセル
支店名
部署名
担当者名
東京支店
営業部
山田
大阪支店
総務部
田中
名古屋支店
経理部
佐々木

⚠ [列数] は変更できるので、列を増やしたいときは指定しましょう。

No.097

ひと手間で見栄えがよくなる！行の高さや列の幅を揃えよう

前ページの方法で作成した表は、すべてのセルが同じ大きさになっています。見栄えを整えるためにも、隣接する行・列の高さや幅を揃えましょう。セル幅を文字の量に合わせることもできます（下のコラム参照）。

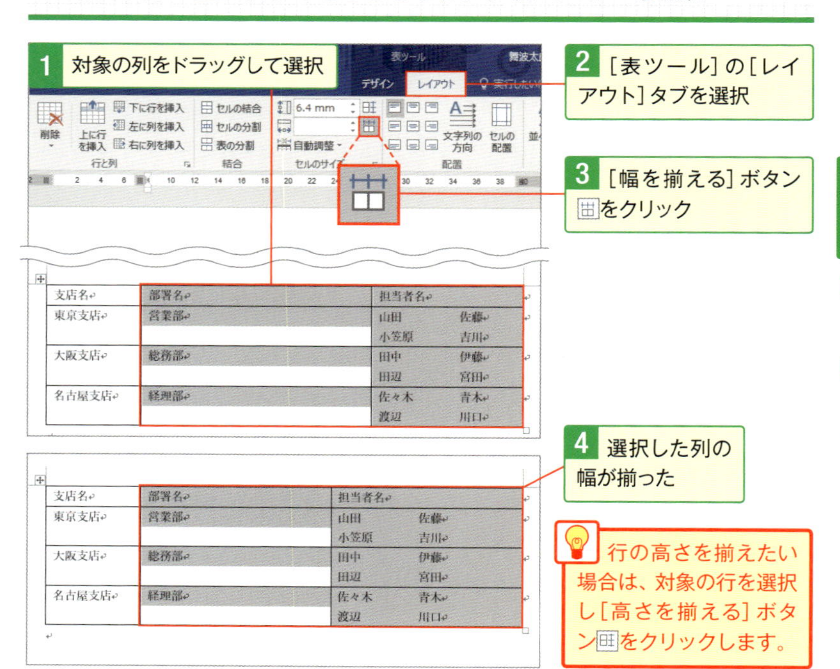

1 対象の列をドラッグして選択
2 ［表ツール］の［レイアウト］タブを選択
3 ［幅を揃える］ボタンをクリック
4 選択した列の幅が揃った
表ツール
デザイン
レイアウト
削除
上に行を挿入
下に行を挿入
左に列を挿入
右に列を挿入
セルの結合
セルの分割
表の分割
6.4 mm
自動調整
文字列の方向
セルの配置
行と列
結合
セルのサイズ
配置
支店名
部署名
担当者名
東京支店
営業部
山田
佐藤
小笠原
吉川
大阪支店
総務部
田中
伊藤
田辺
宮田
名古屋支店
経理部
佐々木
青木
渡辺
川口

行の高さを揃えたい場合は、対象の行を選択し［高さを揃える］ボタンをクリックします。

スキルアップ

文字の量に合わせて列幅を調節する

表内をクリックし、［レイアウト］タブを選択します❶。［自動調整］をクリックして❷、［文字列の幅に合わせる］を選択すると、文字量の多いセルに合わせて幅が自動調節されます❸。

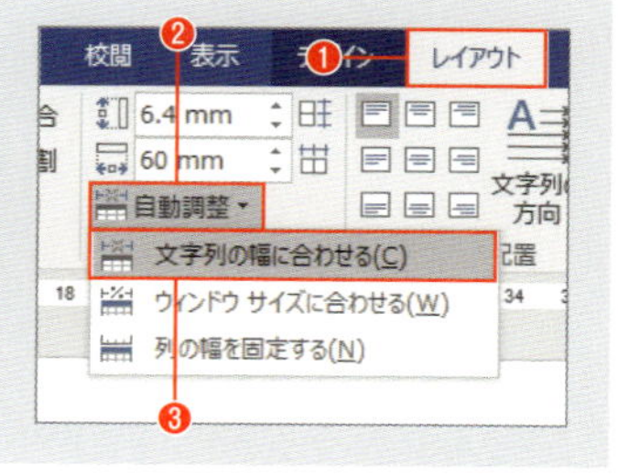

校閲
表示
レイアウト
6.4 mm
60 mm
自動調整
文字列の幅に合わせる(C)
ウィンドウ サイズに合わせる(W)
列の幅を固定する(N)
文字列の方向
配置

No. 098 意外とカンタンにできる!? 行や列を思い通りに移動したい

表を作成したあとでも列や行はドラッグ操作で手軽に移動できます。まずは列を移動する方法から見ていきましょう。その際は移動先の列幅に変わってしまうので、またサイズを調整し直してください。

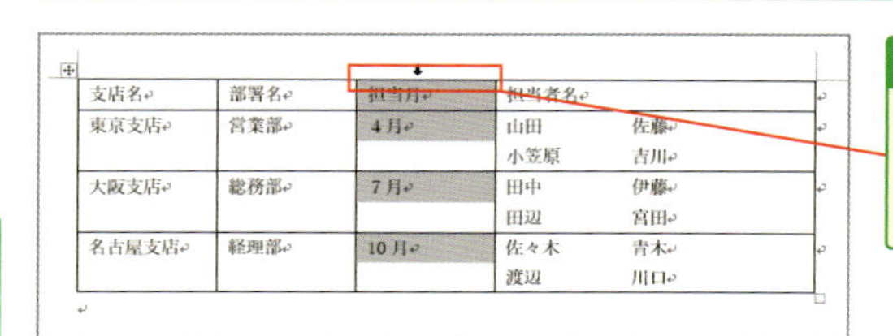
支店名
部署名
担当月
担当者名
東京支店
営業部
4月
山田
佐藤
小笠原
吉川
大阪支店
総務部
7月
田中
伊藤
田辺
宮田
名古屋支店
経理部
10月
佐々木
青木
渡辺
川口

1 列の1番上の罫線（ポインターが黒い矢印に変わるところ）をクリックし、列全体を選択

2 選択した列内を移動したい位置までドラッグ&ドロップ

3 列が移動した

列の幅は、移動先の列と同じ幅になります。

スキルアップ 行を移動するには

対象の行の左側の空白をクリック（または行をドラッグ）して行全体を選択し❶、移動したい位置までドラッグ&ドロップします❷。

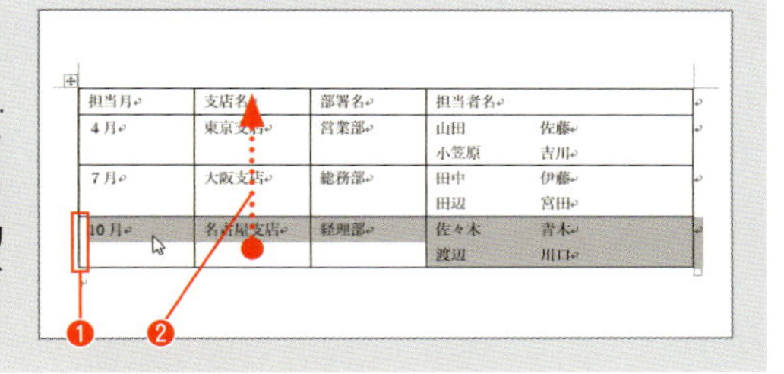
担当月
支店名
部署名
担当者名
4月
東京支店
営業部
山田
佐藤
小笠原
吉川
7月
大阪支店
総務部
田中
伊藤
田辺
宮田
10月
名古屋支店
経理部
佐々木
青木
渡辺
川口
❶
❷

No.099 入力するデータが増えた……列や行を追加して対処しよう

既に作成した表にデータを加えたくなった場合、表を作り直す必要はありません。あとからでも行や列を追加できるので、操作を確認しておきましょう。削除する方法は下のコラムを参照してください。

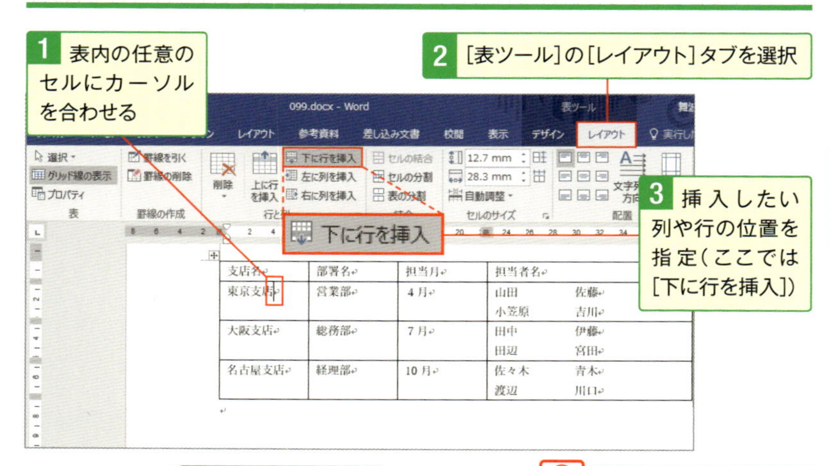

1 表内の任意のセルにカーソルを合わせる
2 [表ツール]の[レイアウト]タブを選択
3 挿入したい列や行の位置を指定(ここでは[下に行を挿入])
099.docx - Word
表ツール
レイアウト
参考資料
差し込み文書
校閲
表示
デザイン
下に行を挿入
左に列を挿入
右に列を挿入
上に行を挿入
削除
セルの結合
セルの分割
表の分割
自動調整
12.7 mm
28.3 mm
支店名
部署名
担当月
担当者名
東京支店
営業部
4月
山田
佐藤
小笠原
吉川
大阪支店
総務部
7月
田中
伊藤
田辺
宮田
名古屋支店
経理部
10月
佐々木
青木
渡辺
川口

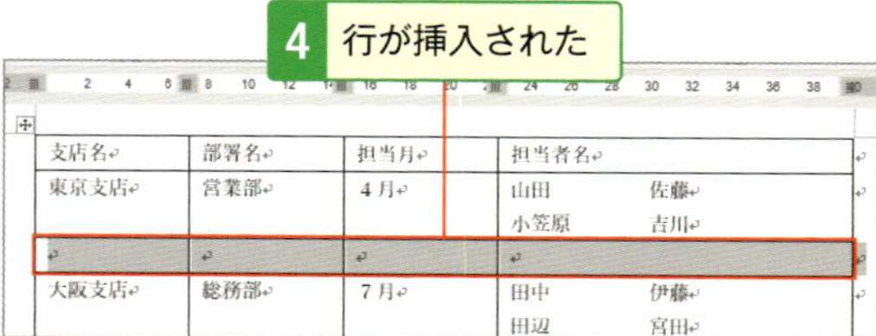

4 行が挿入された
支店名
部署名
担当月
担当者名
東京支店
営業部
4月
山田
佐藤
小笠原
吉川
大阪支店
総務部
7月
田中
伊藤
田辺
宮田

Word 2016では列を挿入したい箇所にある罫線の上部にポインターを合わせ、表示される⊕アイコンをクリックして挿入する方法もあります。

スキルアップ

行や列を削除するには

たとえば列を削除するには行内にポインターを合わせ❶、[表ツール]の[レイアウト]タブで[削除]をクリックしたら❷、[列の削除]を選択します❸。行の場合は[行の削除]を選択しましょう。

No. 100

セルを結合・分割すれば複雑なレイアウトの表が完成！

より凝ったレイアウトの表を作成する際は、複数のセルを1つに結合したり、1つのセルを複数に分割したりする場面が出てきます。これらの操作を駆使して、思い通りの表に整えていくといいでしょう。

セルを結合するには

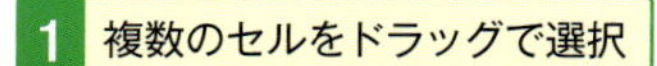
1 複数のセルをドラッグで選択

2 ［表ツール］の［レイアウト］タブを選択

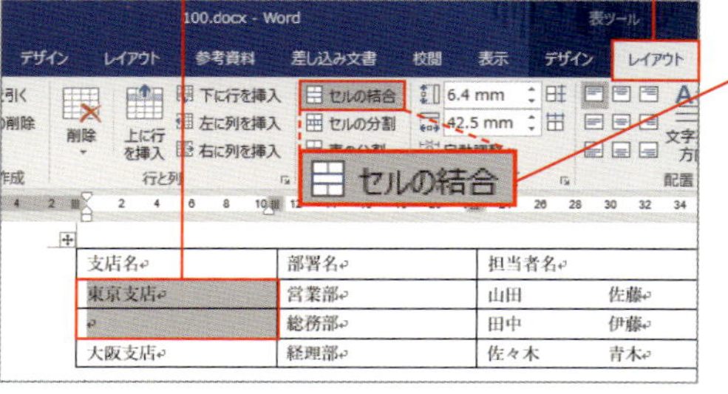
100.docx - Word
表ツール
デザイン
レイアウト
参考資料
差し込み文書
校閲
表示
デザイン
レイアウト
削除
上に行を挿入
下に行を挿入
左に列を挿入
右に列を挿入
行と列
セルの結合
セルの分割
6.4 mm
42.5 mm
配置
セルの結合
支店名
部署名
担当者名
東京支店
営業部
山田
佐藤
総務部
田中
伊藤
大阪支店
経理部
佐々木
青木

3 ［セルの結合］をクリック

4 セルが結合された

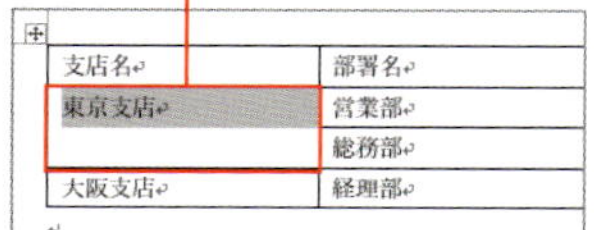
支店名
部署名
東京支店
営業部
総務部
大阪支店
経理部

セルを分割するには

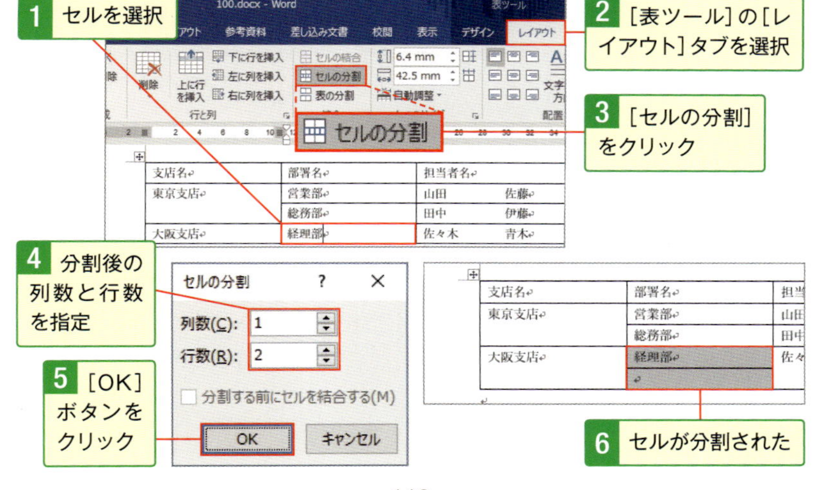
1 セルを選択
100.docx - Word
表ツール
参考資料
差し込み文書
校閲
表示
デザイン
レイアウト
2 ［表ツール］の［レイアウト］タブを選択
削除
上に行を挿入
下に行を挿入
左に列を挿入
右に列を挿入
行と列
セルの結合
セルの分割
表の分割
6.4 mm
42.5 mm
自動調整
配置
セルの分割
3 ［セルの分割］をクリック
支店名
部署名
担当者名
東京支店
営業部
山田
佐藤
総務部
田中
伊藤
大阪支店
経理部
佐々木
青木
4 分割後の列数と行数を指定
セルの分割
列数(C): 1
行数(R): 2
分割する前にセルを結合する(M)
5 ［OK］ボタンをクリック
OK
キャンセル
支店名
部署名
東京支店
営業部
総務部
大阪支店
経理部
6 セルが分割された

第5章 表&グラフの活用ワザで説得力がアップ

No.101 セルに網かけや色を付けるとタイトル行がしっかり目立つ!

表のタイトル行や計算結果のセルなどは、見た目を変えて差別化を図るといいでしょう。表の内容がより整理されて伝わります。ここではセルに網かけを加えてみます。色を付ける方法は下のコラムを参照してください。

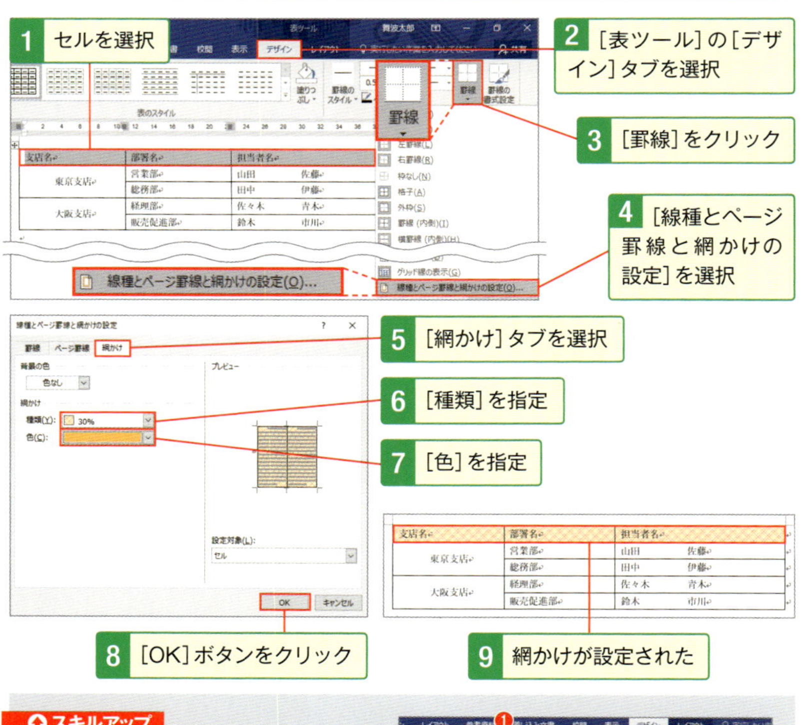
1 セルを選択
2 [表ツール]の[デザイン]タブを選択
3 [罫線]をクリック
4 [線種とページ罫線と網かけの設定]を選択
5 [網かけ]タブを選択
6 [種類]を指定
7 [色]を指定
8 [OK]ボタンをクリック
9 網かけが設定された
罫線
線種とページ罫線と網かけの設定(O)...
支店名
部署名
担当者名
東京支店
営業部
総務部
大阪支店
経理部
販売促進部
山田
佐藤
田中
伊藤
佐々木
青木
鈴木
市川

スキルアップ

セルに色を塗るには?

任意のセルに色を塗るにはセルを選択し❶、[表ツール]の[デザイン]タブで[塗りつぶし]の▼をクリックします❷。あとは好みの色を選びましょう❸。

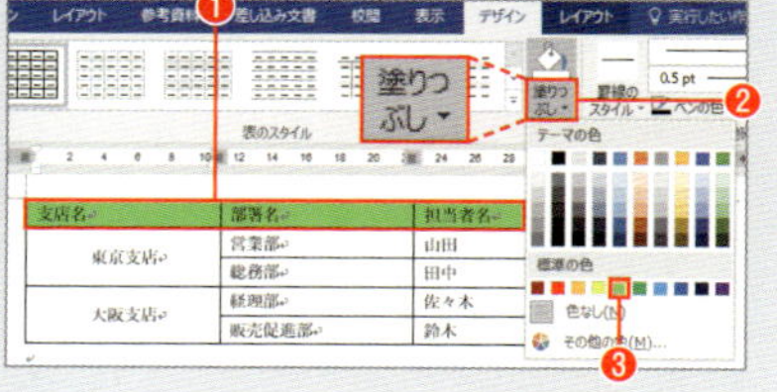
塗りつぶし
テーマの色
標準の色
色なし(N)
その他の色(M)...

No.102

表の体裁を整えるなら必須! 罫線を削除するにはどうする?

表の罫線はもちろん削除することができます。その際はクリックして罫線を消去していきますが、ドラッグ操作で四角く囲うと、罫線だけでなく入力された文字列も削除されるので、上手に使い分けるといいでしょう。

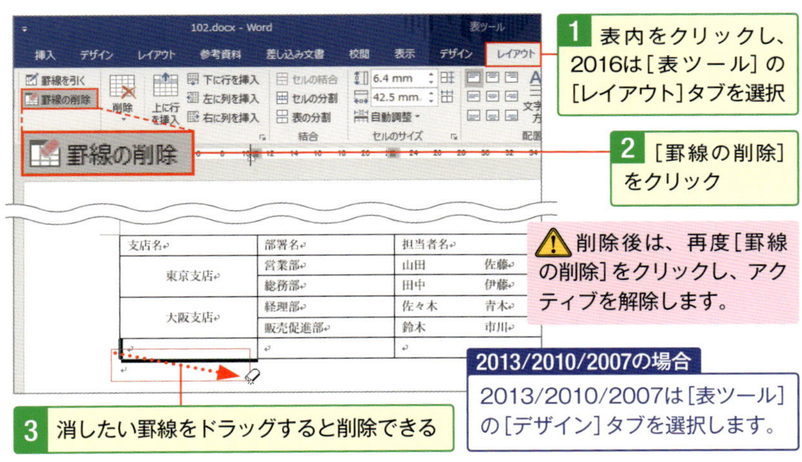

102.docx - Word
表ツール
挿入
デザイン
レイアウト
参考資料
差し込み文書
校閲
表示
デザイン
レイアウト
罫線を引く
罫線の削除
削除
上に行を挿入
下に行を挿入
左に列を挿入
右に列を挿入
セルの結合
セルの分割
表の分割
結合
6.4 mm
42.5 mm
自動調整
セルのサイズ
配置
罫線の削除
支店名
部署名
担当者名
東京支店
営業部
総務部
山田
佐藤
田中
伊藤
大阪支店
経理部
販売促進部
佐々木
青木
鈴木
市川

1 表内をクリックし、2016は[表ツール]の[レイアウト]タブを選択

2 [罫線の削除]をクリック

⚠ 削除後は、再度[罫線の削除]をクリックし、アクティブを解除します。

3 消したい罫線をドラッグすると削除できる

2013/2010/2007の場合

2013/2010/2007は[表ツール]の[デザイン]タブを選択します。

スキルアップ

表内の文字をまとめて削除する

表にポインターを合わせると表示される[表の移動ハンドル]をクリックすると❶、表全体を素早く選択可能です❷。この状態で Delete キーを押すと、表内のすべての文字をまとめて削除できます。

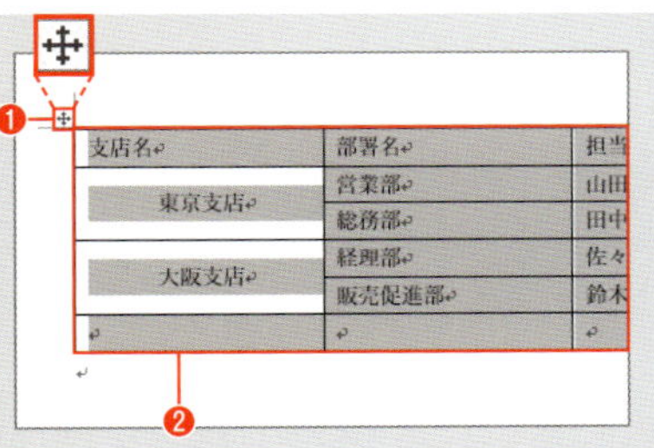

支店名
部署名
東京支店
営業部
総務部
大阪支店
経理部
販売促進部

スキルアップ

表自体を削除するには

表内をクリックし、[レイアウト]タブの[削除]をクリックして[表の削除]を選択すると、表自体を削除できます。また、表全体を選択した状態で Backspace キーを押しても表の削除が可能です。

No. 103 表組みが不要になった場合はさっさと元の文字列に戻そう

表組みである必要がなくなった場合は、元の文字列に素早く変換することができます。[表の解除] ダイアログボックスではテキストを区切る際に使う文字も指定できるので、また表を作りたくなっても安心です。

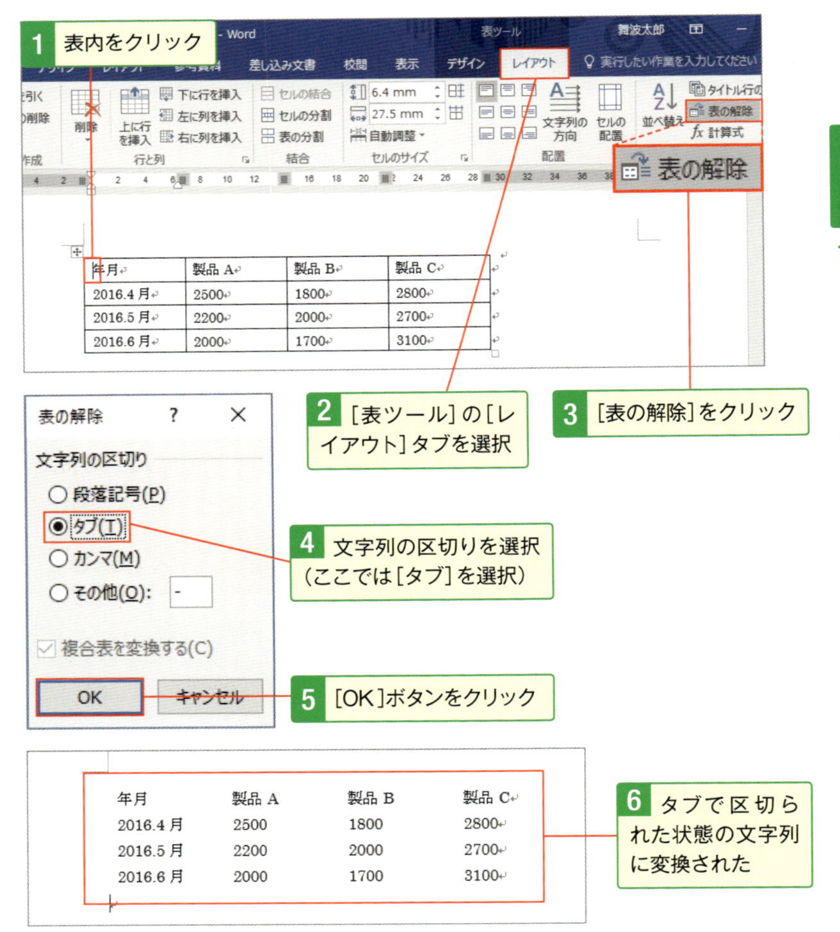

1 表内をクリック
2 [表ツール] の [レイアウト] タブを選択
3 [表の解除] をクリック
4 文字列の区切りを選択(ここでは [タブ] を選択)
5 [OK] ボタンをクリック
6 タブで区切られた状態の文字列に変換された
表の解除
文字列の区切り
段落記号(P)
タブ(T)
カンマ(M)
その他(O):
複合表を変換する(C)
OK
キャンセル
年月 製品 A 製品 B 製品 C
2016.4 月 2500 1800 2800
2016.5 月 2200 2000 2700
2016.6 月 2000 1700 3100

No.104 表の見た目はWordにおまかせ! しっかり整えて先方にアピール

表を作成したあとイチからデザインを整えるより、見栄えのいい表のフォーマットを適用した方が時短につながります。ここでは［クイック表作成］でスタイルを選択し、デザインが施された表を作ってみましょう。

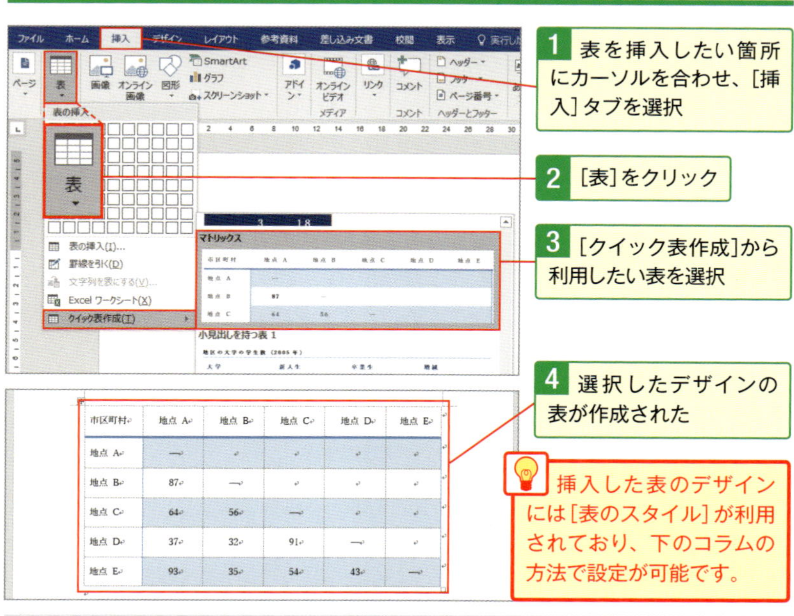
ファイル
ホーム
挿入
デザイン
レイアウト
参考資料
差し込み文書
校閲
表示
表
表の挿入
表の挿入(I)...
罫線を引く(D)
Excel ワークシート(X)
クイック表作成(T)
マトリックス
小見出しを持つ表 1
市区町村
地点 A
地点 B
地点 C
地点 D
地点 E
87
64
56
37
32
91
93
35
54
43

1 表を挿入したい箇所にカーソルを合わせ、［挿入］タブを選択

2 ［表］をクリック

3 ［クイック表作成］から利用したい表を選択

4 選択したデザインの表が作成された

挿入した表のデザインには［表のスタイル］が利用されており、下のコラムの方法で設定が可能です。

スキルアップ
表のスタイルを利用してデザインをすばやく変える

表内をクリックして選択し、［表ツール］の［デザイン］タブで希望のスタイルをクリックすると❶、表に反映されます❷。こうして設定したスタイルは、次ページの要領でアレンジできます。

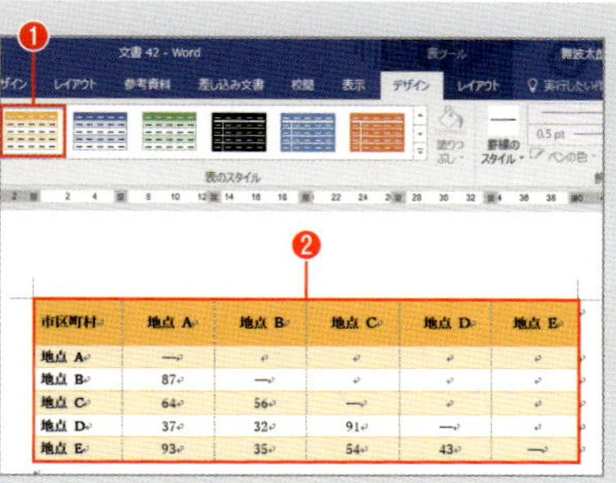
文書 42 - Word
表のスタイル
市区町村
地点 A
地点 B
地点 C
地点 D
地点 E

No. 105

表全体を移動して文書内のちょうどいい場所に配置しよう

作成した表は文書内で自由に移動できます。[表の移動ハンドル]をドラッグすればいいだけなので、レイアウトのバランスを考えつつ、好みの場所に動かしましょう。設定で配置を指定することもできます。

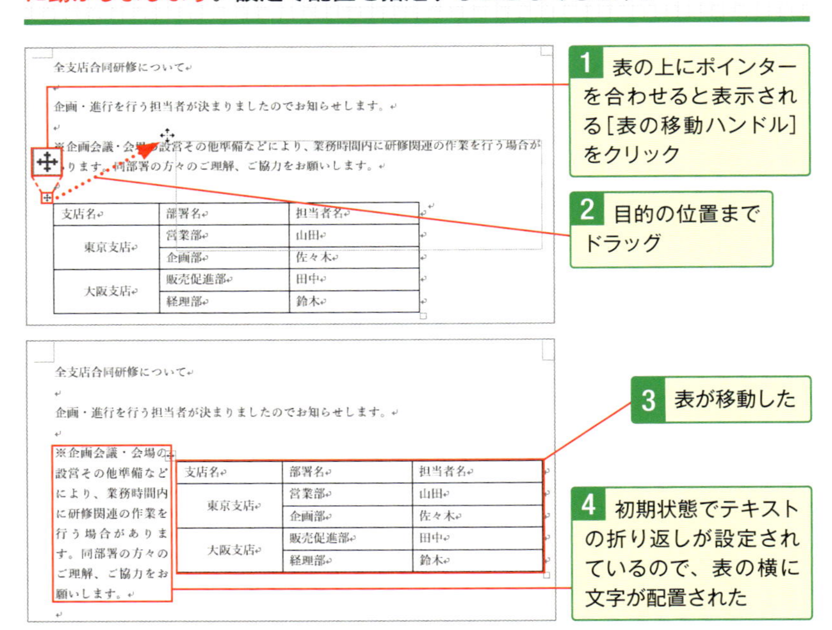

全支店合同研修について
企画・進行を行う担当者が決まりましたのでお知らせします。
※企画会議・会場の設営その他準備などにより、業務時間内に研修関連の作業を行う場合があります。同部署の方々のご理解、ご協力をお願いします。
支店名
部署名
担当者名
東京支店
営業部
山田
企画部
佐々木
大阪支店
販売促進部
田中
経理部
鈴木
1 表の上にポインターを合わせると表示される[表の移動ハンドル]をクリック
2 目的の位置までドラッグ
3 表が移動した
4 初期状態でテキストの折り返しが設定されているので、表の横に文字が配置された

スキルアップ

標準的な配置を選択して設定するには

表内をクリックし、[表ツール]の[レイアウト]タブで[プロパティ]を選択して[表のプロパティ]ダイアログボックスを表示します。[表]タブでは❶、[配置]の選択や❷、[文字列の折り返し]の指定が可能です❸。

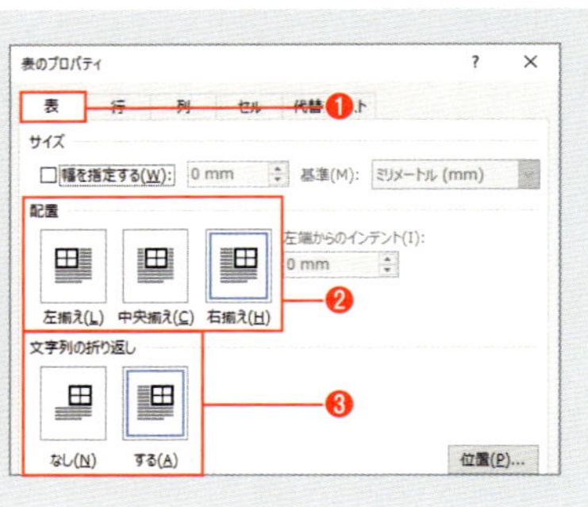

表のプロパティ
表
行
列
セル
代替テキスト
サイズ
幅を指定する(W):
0 mm
基準(M):
ミリメートル (mm)
配置
左揃え(L)
中央揃え(C)
右揃え(H)
左端からのインデント(I):
0 mm
文字列の折り返し
なし(N)
する(A)
位置(P)...

第5章

104 クイック表作成 ― 105 表の移動

No.106 何ページにもまたがる表だと内容が見にくくなってしまう

何ページにもまたがる縦に長い表は、スクロールしているうちにどの列が何を表しているのかわからなくなってしまいます。表のタイトル行が各ページの先頭に表示されれば、情報をより追いやすくなるでしょう。

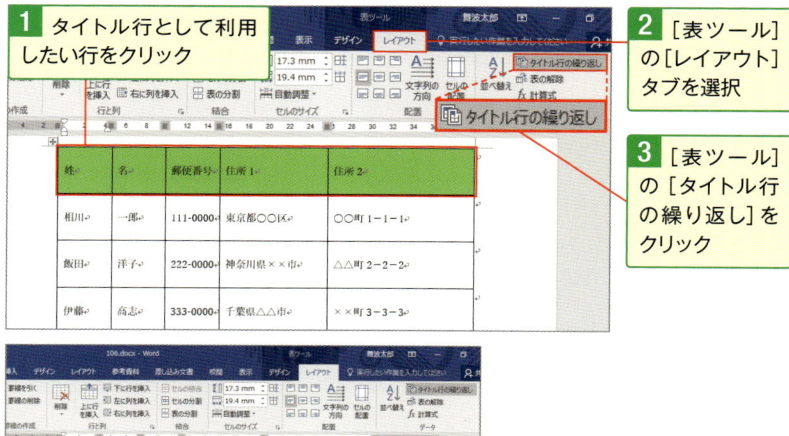
1 タイトル行として利用したい行をクリック
2 ［表ツール］の［レイアウト］タブを選択
3 ［表ツール］の［タイトル行の繰り返し］をクリック
表ツール
舞波太郎
表示
デザイン
レイアウト
17.3 mm
19.4 mm
右に列を挿入
表の分割
自動調整
文字列の方向
セルの配置
並べ替え
タイトル行の繰り返し
表の解除
計算式
行と列
結合
セルのサイズ
配置
姓
名
郵便番号
住所1
住所2
相川
一郎
111-0000
東京都○○区
○○町1-1-1
飯田
洋子
222-0000
神奈川県××市
△△町2-2-2
伊藤
高志
333-0000
千葉県△△市
××町3-3-3

4 2ページ目以降にも自動的にタイトル行が表示される

⚠ この設定を解除するには、対象のタイトル行をクリックし、再度［タイトル行の繰り返し］をクリックします。

トラブル解決 手動で改ページしたページにはタイトル行を表示できない

［タイトル行の繰り返し］機能でタイトル行が表示できるのは、自動的に改ページが行われて追加されたページのみです。［挿入］タブの［ページ区切り］などを利用して手動で改ページを行った場合は利用できません。

No.
107
意外と悩む!? 作成した表を上下2つに分ける方法

作成した表を上下2つに分割したいとき、意外と操作で悩む方が多いようです。それには[表の分割]を使います。表を分けると間に空行が入るので、あとは2つ目の表にタイトルを付けたりするといいでしょう。

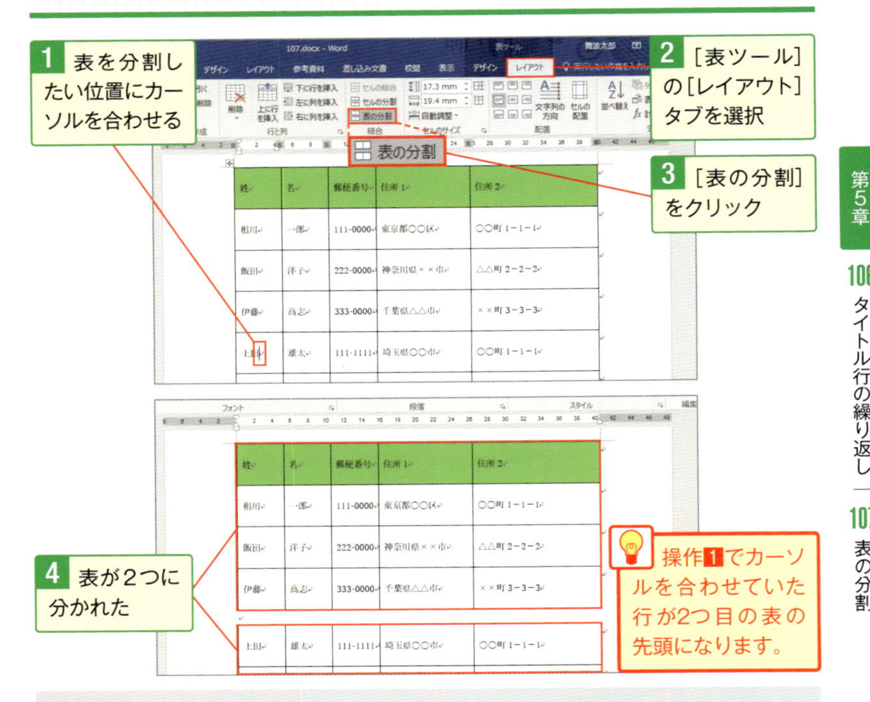

1 表を分割したい位置にカーソルを合わせる
2 [表ツール]の[レイアウト]タブを選択
3 [表の分割]をクリック
表の分割
4 表が2つに分かれた
操作1でカーソルを合わせていた行が2つ目の表の先頭になります。

トラブル解決

分割した表を1つに戻すには?

表と表の間の行にカーソルを合わせ❶、Deleteキーを押して段落を削除すると、元通り1つの表になります。

No.108

文書上でカンタンな計算を実行! 売上の合計を求めるには

Word文書でも表内の数値を使ってカンタンな計算が可能です。Excelほど自在に計算できるわけではないですが、合計を求める程度なら素早く行えます。なお、計算の対象となるのは半角の数字のみです。

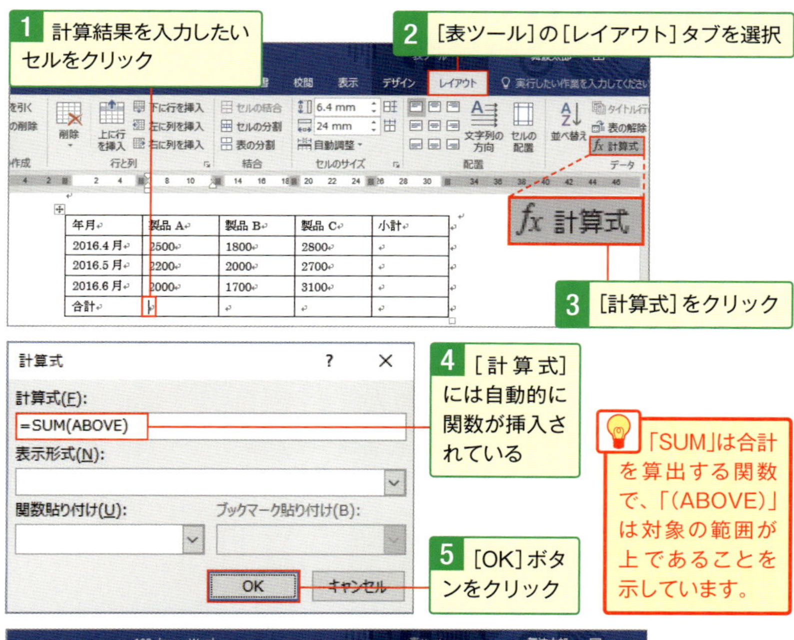

1 計算結果を入力したいセルをクリック
2 [表ツール]の[レイアウト]タブを選択
校閲
表示
デザイン
レイアウト
実行したい作業を入力してください
削除
上に行を挿入
下に行を挿入
左に列を挿入
右に列を挿入
行と列
セルの結合
セルの分割
表の分割
結合
6.4 mm
24 mm
自動調整
セルのサイズ
文字列の方向
セルの配置
配置
並べ替え
タイトル行
表の解除
fx 計算式
データ
年月
製品 A
製品 B
製品 C
小計
2016.4 月
2500
1800
2800
2016.5 月
2200
2000
2700
2016.6 月
2000
1700
3100
合計
fx 計算式
3 [計算式]をクリック
計算式
計算式(F):
=SUM(ABOVE)
表示形式(N):
関数貼り付け(U):
ブックマーク貼り付け(B):
OK
キャンセル
4 [計算式]には自動的に関数が挿入されている
5 [OK]ボタンをクリック
「SUM」は合計を算出する関数で、「(ABOVE)」は対象の範囲が上であることを示しています。

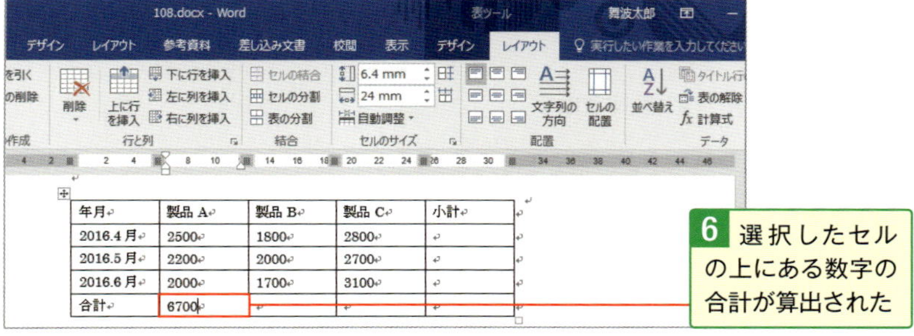

108.docx - Word
表ツール
舞波太郎
デザイン
レイアウト
参考資料
差し込み文書
校閲
表示
デザイン
レイアウト
実行したい作業を入力してください
年月
製品 A
製品 B
製品 C
小計
2016.4 月
2500
1800
2800
2016.5 月
2200
2000
2700
2016.6 月
2000
1700
3100
合計
6700
6 選択したセルの上にある数字の合計が算出された

No. 109

Excelのさまざまな機能を拝借! Word上でワークシートを作成

Word上でExcelを呼び出し、ワークシートを作成できます。このワークシートの編集時は上部のリボンがExcelのものに代わるため、多機能なExcelが持つ機能をそのまま利用できるのがポイントです。

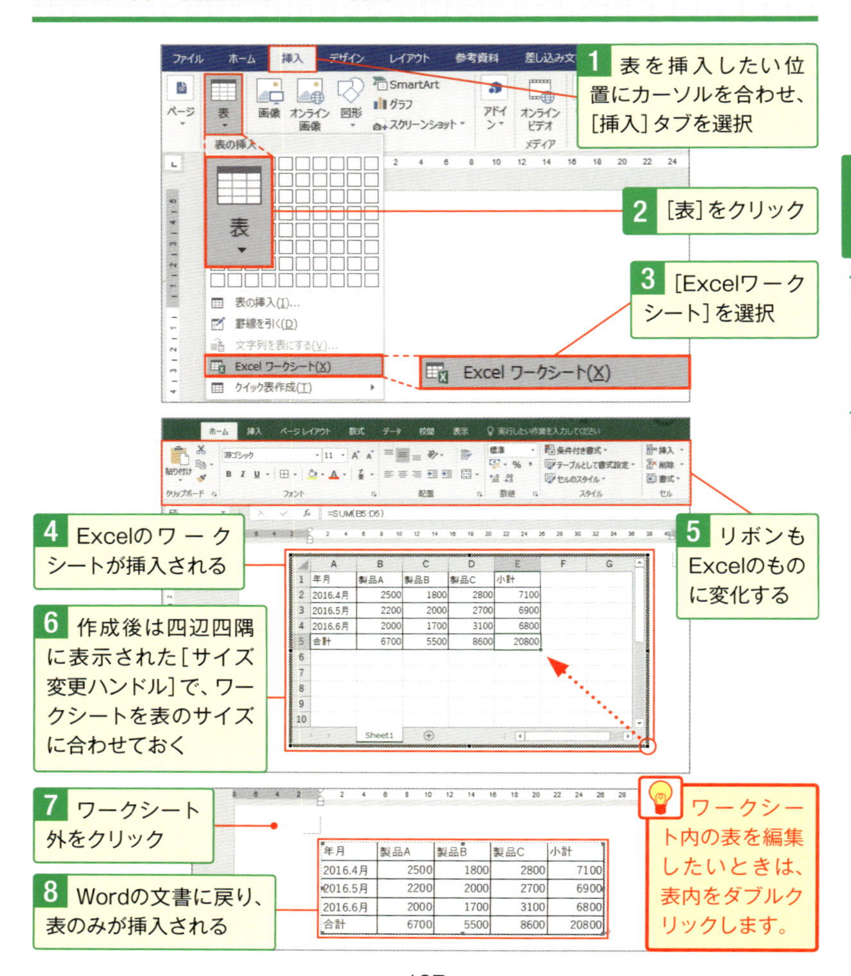

1 表を挿入したい位置にカーソルを合わせ、[挿入]タブを選択
2 [表]をクリック
3 [Excelワークシート]を選択
Excel ワークシート(X)
4 Excelのワークシートが挿入される
5 リボンもExcelのものに変化する
6 作成後は四辺四隅に表示された[サイズ変更ハンドル]で、ワークシートを表のサイズに合わせておく
7 ワークシート外をクリック
8 Wordの文書に戻り、表のみが挿入される
ワークシート内の表を編集したいときは、表内をダブルクリックします。

年月	製品A	製品B	製品C	小計
2016.4月	2500	1800	2800	7100
2016.5月	2200	2000	2700	6900
2016.6月	2000	1700	3100	6800
合計	6700	5500	8600	20800

No. 110

あのExcelの表が使いたい！そのままWordに貼り付けよう

Excelで作った表をWord文書で使うには、コピー&ペーストすればOKです。ただし以降はWordの表として扱われるため、Excel側のデータを修正してもWord文書には反映されません（下のコラム参照）。

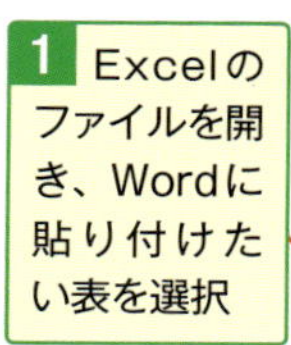

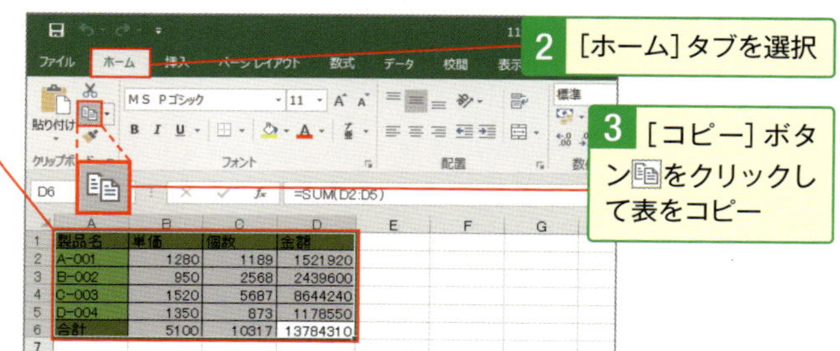

1 Excelのファイルを開き、Wordに貼り付けたい表を選択
2 ［ホーム］タブを選択
3 ［コピー］ボタンをクリックして表をコピー

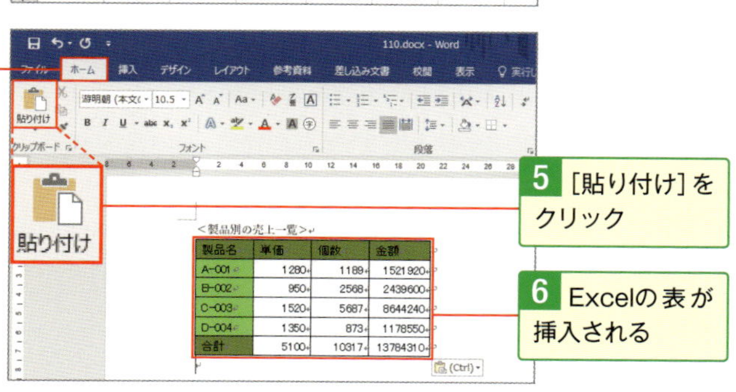

4 Word文書で表を貼り付けたい位置にカーソルを合わせ、［ホーム］タブを選択
5 ［貼り付け］をクリック
6 Excelの表が挿入される

製品名	単価	個数	金額
A-001	1280	1189	1521920
B-002	950	2568	2439600
C-003	1520	5687	8644240
D-004	1350	873	1178550
合計	5100	10317	13784310

トラブル解決 Excelファイルと連動させるには

元のExcelファイルを修正した際にWord文書にも反映させるには、貼り付け後に［貼り付けのオプション］ボタン（Ctrl）をクリックし❶、［リンク（元の書式を保持）］ボタン（2007では［元の形式を保持してExcelにリンクする］）を選択しましょう❷。

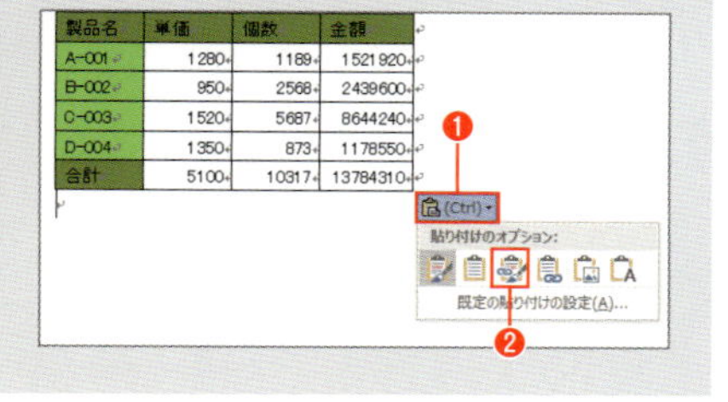

貼り付けのオプション:
既定の貼り付けの設定(A)...

No.111

数字から意味を読み取るにはまずグラフを作るのがセオリー

データを集計しただけの表では、単なる数字の集まりになってしまいます。グラフにすることで、そこから何らかの意味を読み取りやすくなるでしょう。Wordにはグラフを作成する機能があるので使い方を見ていきます。

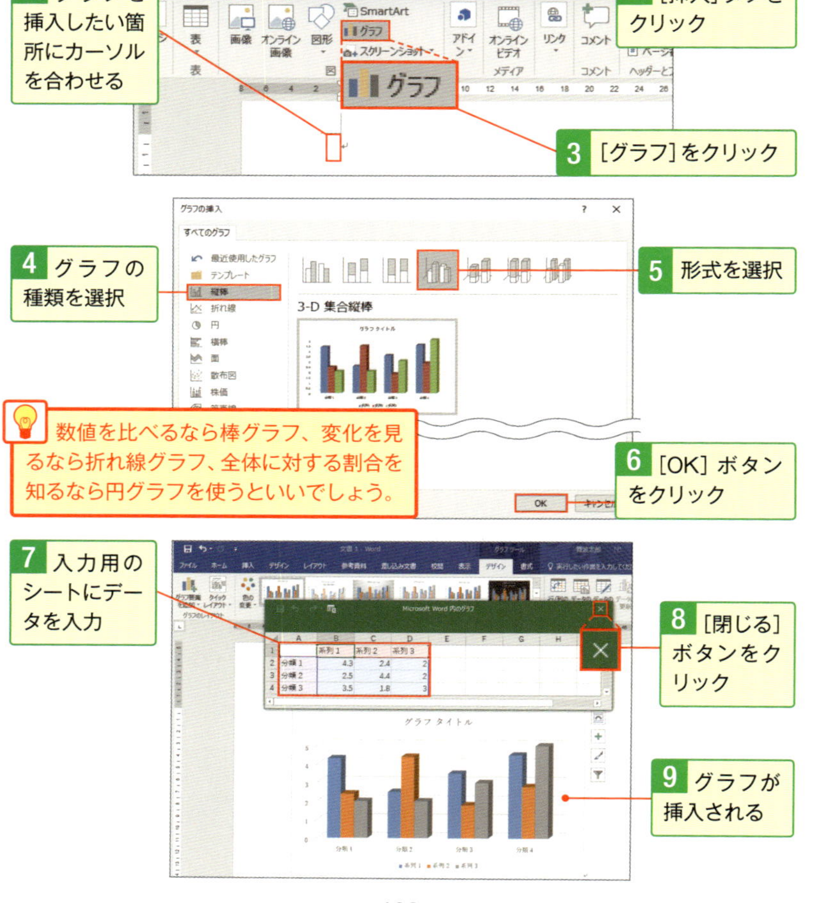

1 グラフを挿入したい箇所にカーソルを合わせる
2 [挿入] タブをクリック
3 [グラフ] をクリック
4 グラフの種類を選択
5 形式を選択
6 [OK] ボタンをクリック
7 入力用のシートにデータを入力
8 [閉じる] ボタンをクリック
9 グラフが挿入される

数値を比べるなら棒グラフ、変化を見るなら折れ線グラフ、全体に対する割合を知るなら円グラフを使うといいでしょう。

No.112

作ったグラフのデザインを素早くレベルアップする!

作成したばかりのグラフは、よく言えばシンプル、悪く言えば地味……。そんなときは用意されているレイアウトやスタイルを使ってみましょう。素早く適用できるので、お手軽に見栄えをレベルアップできます。

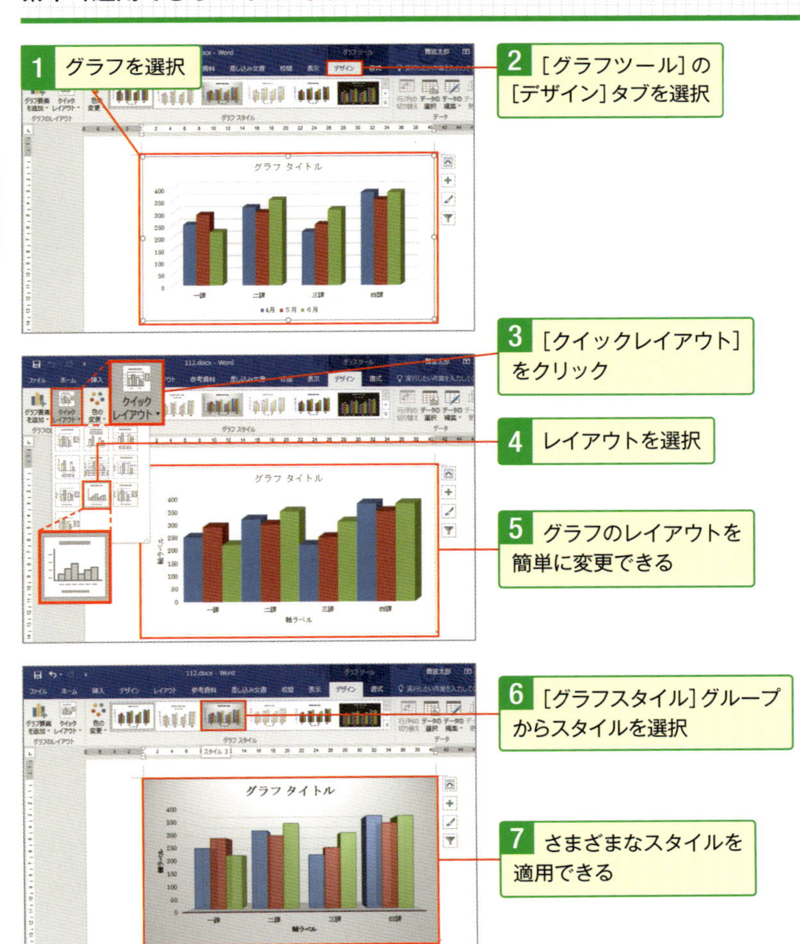

1 グラフを選択
2 [グラフツール]の[デザイン]タブを選択
グラフ タイトル
3 [クイックレイアウト]をクリック
クイック レイアウト
4 レイアウトを選択
5 グラフのレイアウトを簡単に変更できる
6 [グラフスタイル]グループからスタイルを選択
7 さまざまなスタイルを適用できる

No. 113 グラフのデータに間違いが！Excel操作でササッと修正

作成したグラフのデータに誤りがあった場合でも、ワークシートを表示すれば、あとはExcelと同様の手慣れた操作で修正が可能です。変更を加えると随時グラフに反映されるので、修正結果もすぐに把握できます。

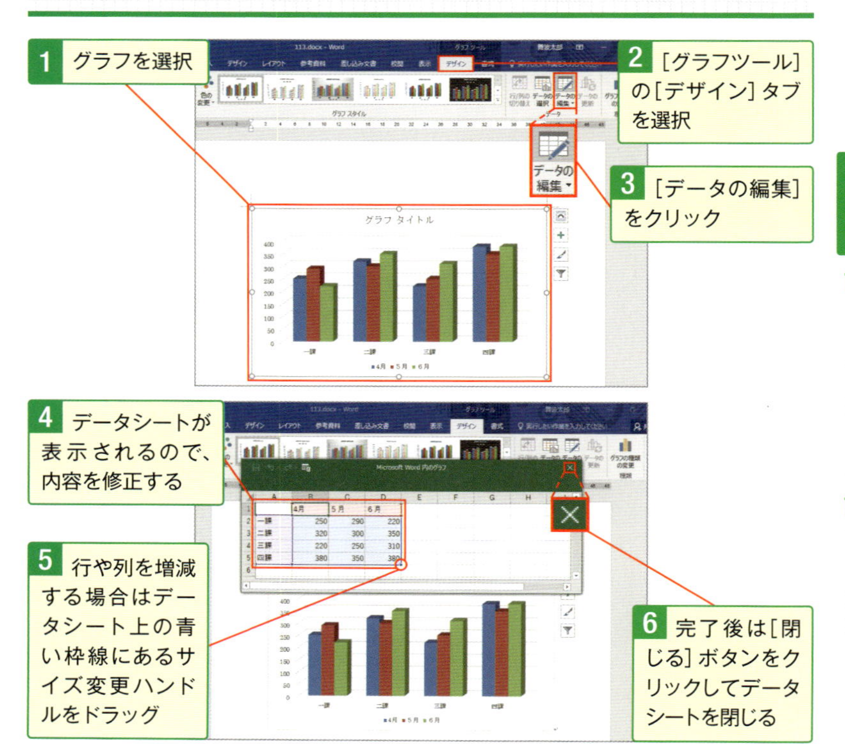

1 グラフを選択
2 ［グラフツール］の［デザイン］タブを選択
3 ［データの編集］をクリック
データの編集
グラフ タイトル
4 データシートが表示されるので、内容を修正する
5 行や列を増減する場合はデータシート上の青い枠線にあるサイズ変更ハンドルをドラッグ
6 完了後は［閉じる］ボタンをクリックしてデータシートを閉じる

	4月	5月	6月
一課	250	290	220
二課	320	300	350
三課	220	250	310
四課	380	350	380

スキルアップ グラフの種類を変更するには

グラフの種類を変更するには対象のグラフを選択し、［グラフツール］の［デザイン］タブを選択します。［グラフの種類の変更］をクリックして［グラフの種類の変更］ダイアログボックスを表示したら、グラフの種類や形式を選択して［OK］ボタンをクリックしましょう。

No. 114 Excelのグラフを使うにはそのまま貼り付けてOK!

Excelのグラフを Word文書で使いたいときは、表のときと同じくコピーして貼り付ければOKです。Excel側のグラフを修正した際にWord文書にも反映させるには128ページのコラムを参考にしてください。

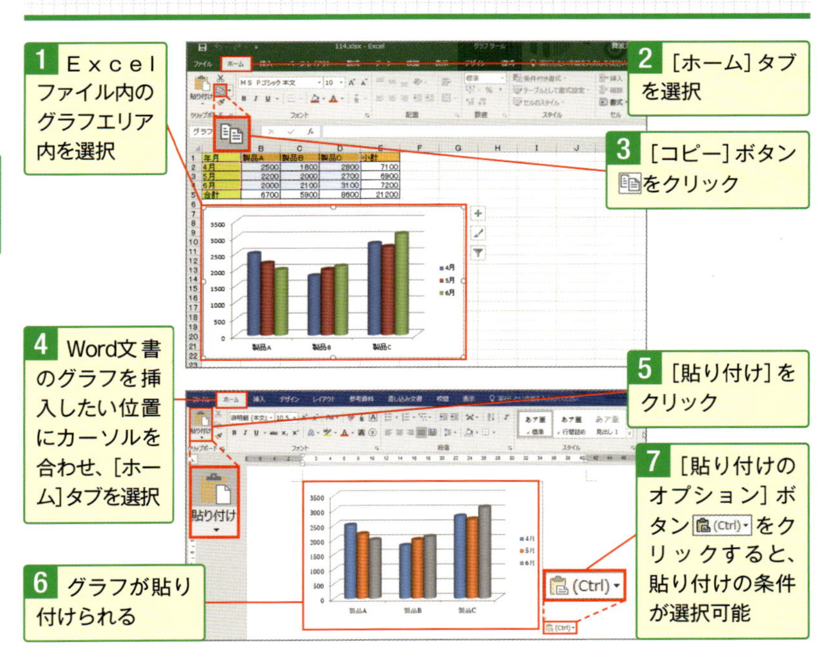
1 Excelファイル内のグラフエリア内を選択
2 [ホーム]タブを選択
3 [コピー]ボタンをクリック
4 Word文書のグラフを挿入したい位置にカーソルを合わせ、[ホーム]タブを選択
5 [貼り付け]をクリック
6 グラフが貼り付けられる
7 [貼り付けのオプション]ボタン (Ctrl) をクリックすると、貼り付けの条件が選択可能
貼り付け
(Ctrl)

スキルアップ 書式の変更もできる

Excelから貼り付けたグラフも、Wordで作成したグラフと同じように書式の設定が可能です。[グラフツール]の[デザイン]タブで[グラフのスタイル]を利用し❶、色を変更するといったこともできます❷。ただし[貼り付けのオプション]から[図として貼り付け]を選択した場合は、グラフとしての編集は行えません。

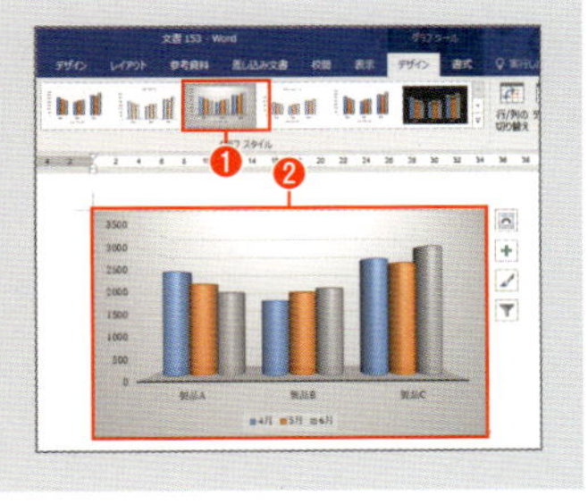

第6章

長文作成で威力を発揮する効率ワザ

何十～何百ページにもなる長いレポートを作る際は、特に整合性を取るのが大変です。全体の構成を整えたり、表記の揺れを解消したり、章番号や図番号を振り直したりといった作業は、できるだけ時短で行いたいところ。通常の文書作成とはまた違ったノウハウがあるのです。

No.115 あとあと便利! ページ数の多い文書は見出しを設定するべし

論文のようなページ数の多い文書の場合は、章のタイトル、見出し、本文といった階層を意識してスタイルを設定しましょう。あとでまとめて書式を変更できたり、目的の見出しに素早く移動できたりして便利です。

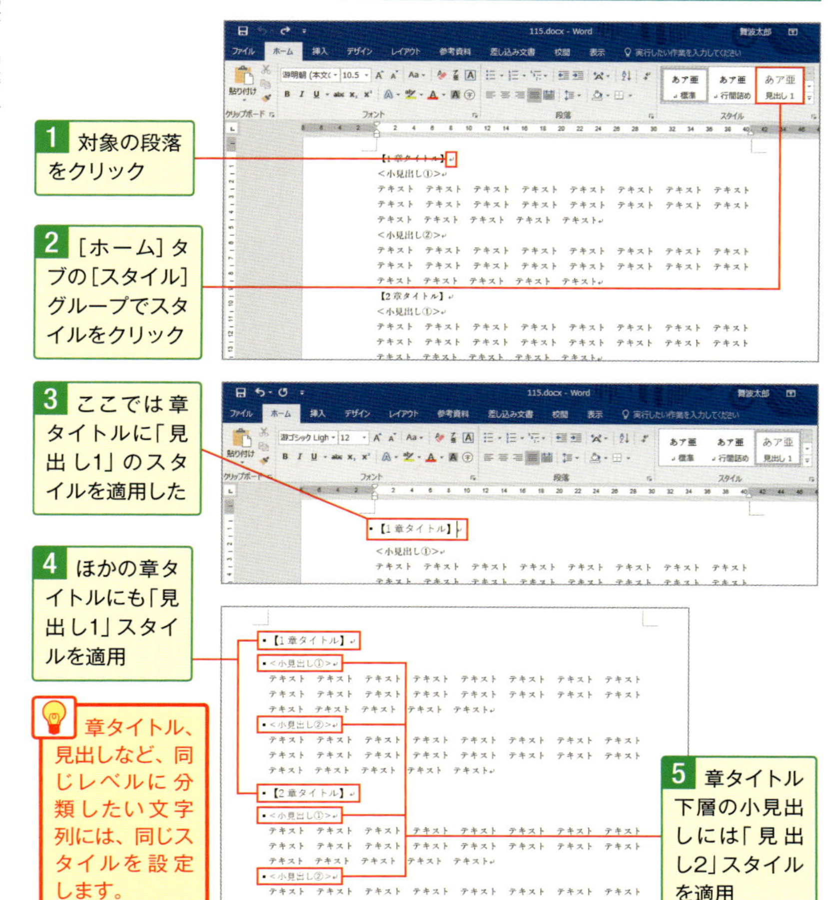
1 対象の段落をクリック
2 [ホーム] タブの [スタイル] グループでスタイルをクリック
3 ここでは章タイトルに「見出し1」のスタイルを適用した
4 ほかの章タイトルにも「見出し1」スタイルを適用
5 章タイトル下層の小見出しには「見出し2」スタイルを適用
【1章タイトル】
<小見出し①>
<小見出し②>
【2章タイトル】
テキスト

章タイトル、見出しなど、同じレベルに分類したい文字列には、同じスタイルを設定します。

No.116 スクロール操作は面倒なので目的の見出しに素早くジャンプ

見出しスタイルを設定しておくと文書全体の階層構造がよくわかります。Word 2016/2013/2010で使える機能ですが、構成の見直しに役立つほか、目的の見出しにスピーディに移動できるのもメリットです。

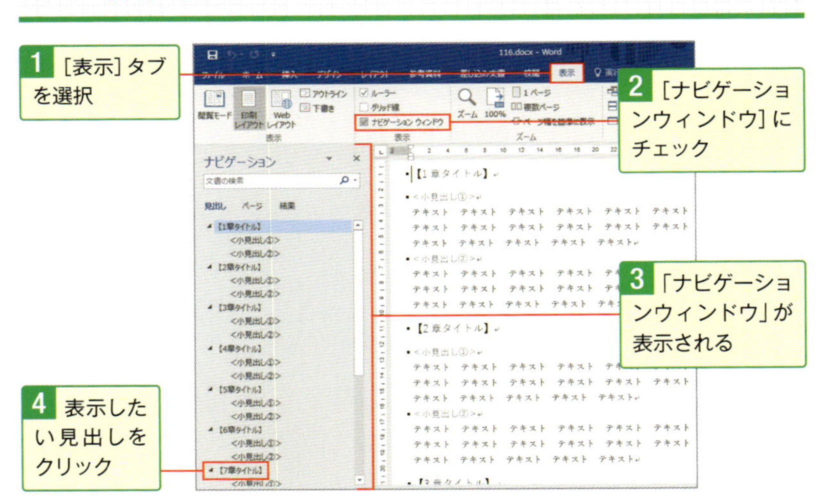
1 ［表示］タブを選択
2 ［ナビゲーションウィンドウ］にチェック
3 「ナビゲーションウィンドウ」が表示される
4 表示したい見出しをクリック
116.docx - Word
ファイル
ホーム
挿入
デザイン
レイアウト
参考資料
差し込み文書
校閲
表示
閲覧モード
印刷レイアウト
Webレイアウト
アウトライン
下書き
ルーラー
グリッド線
ナビゲーション ウィンドウ
ズーム
100%
1ページ
複数ページ
ナビゲーション
文書の検索
見出し
ページ
結果
【1章タイトル】
<小見出し①>
<小見出し②>
【2章タイトル】
【3章タイトル】
【4章タイトル】
【5章タイトル】
【6章タイトル】
【7章タイトル】
【1章タイトル】
テキスト
【2章タイトル】

5 目的の見出しに移動した

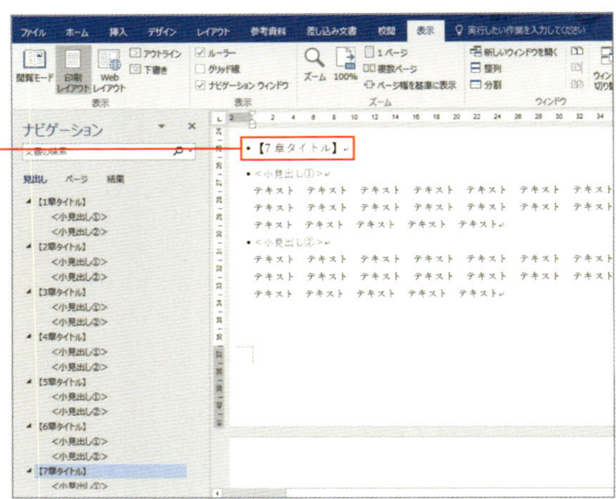
ファイル
ホーム
挿入
デザイン
レイアウト
参考資料
差し込み文書
校閲
表示
実行したい作業を入力してください
新しいウィンドウを開く
整列
分割
ウィンドウ
ナビゲーション
文書の検索
見出し
ページ
結果
【1章タイトル】
<小見出し①>
<小見出し②>
【2章タイトル】
【3章タイトル】
【4章タイトル】
【5章タイトル】
【6章タイトル】
【7章タイトル】
【7章タイトル】
テキスト

「ナビゲーションウィンドウ」に表示されるのは「見出し」スタイル（前ページ参照）を適用したものを含む、アウトラインレベル（137ページ参照）を設定した段落です。

No.117 段落ごと躊躇なく入れ替え！文書の構成を思い切り見直そう

文書の構成を見直していると、ときには内容を大きく入れ替えたくなります。Word 2016/2013/2010はドラッグで移動できるのがポイント。「ナビゲーションウィンドウ」を使うので、事前に見出しの設定は必須です。

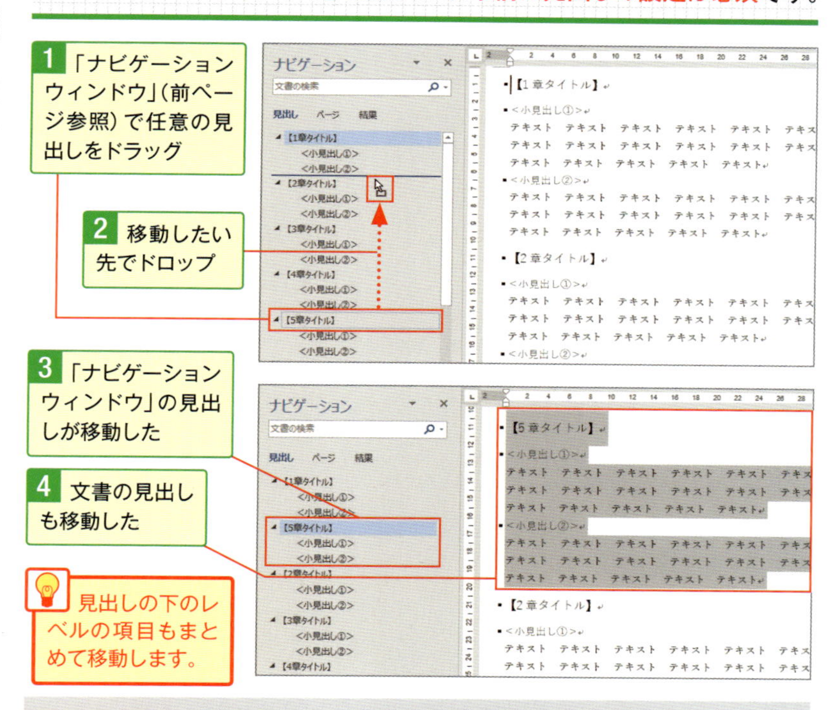
1 「ナビゲーションウィンドウ」（前ページ参照）で任意の見出しをドラッグ
2 移動したい先でドロップ
3 「ナビゲーションウィンドウ」の見出しが移動した
4 文書の見出しも移動した
見出しの下のレベルの項目もまとめて移動します。
ナビゲーション
文書の検索
見出し
ページ
結果
【1章タイトル】
【2章タイトル】
【3章タイトル】
【4章タイトル】
【5章タイトル】

スキルアップ 「ナビゲーションウィンドウ」で検索！

「ナビゲーションウィンドウ」の検索欄にキーワードを入力すると❶、その文書内の検索語に色が付きます❷。「ナビゲーションウィンドウ」内の見出しにも色が付きます❸。

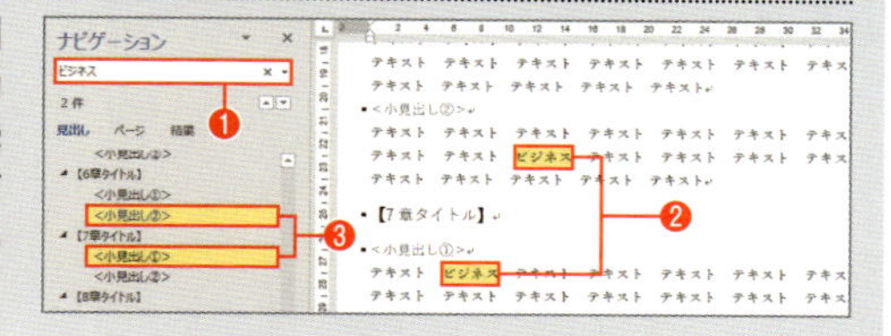
ナビゲーション
ビジネス
2件
【6章タイトル】
【7章タイトル】
【8章タイトル】

No. 118 アウトライン表示で長文の作成にひたすら向き合う

「アウトライン」という表示を使うと、より長文が見やすくなるほか、階層の整理がスムーズに行えます。ここまで設定してきたスタイルには「アウトラインレベル」という階層が関連していることを覚えておきましょう。

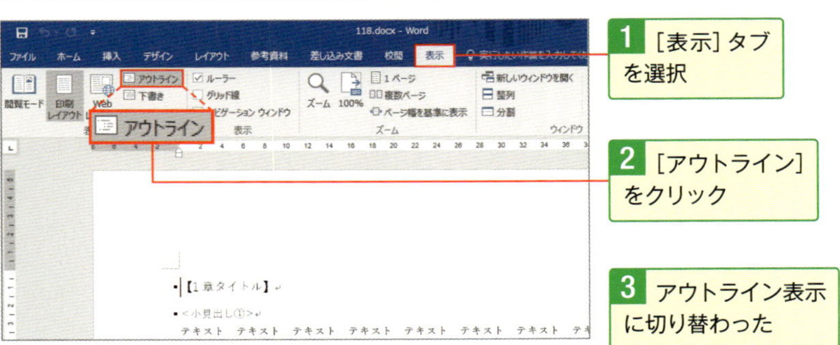
1 [表示] タブを選択
2 [アウトライン] をクリック
アウトライン

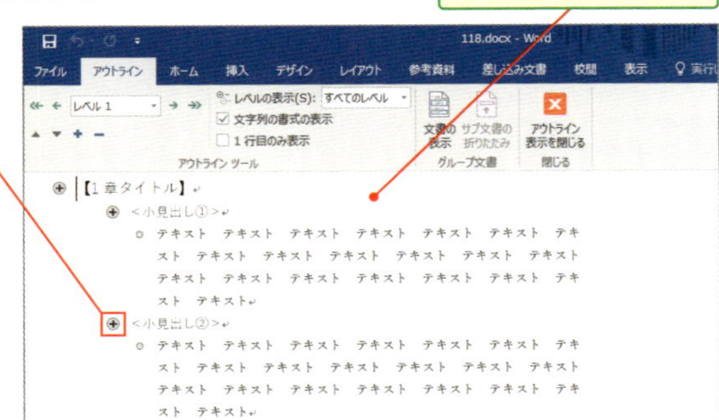
3 アウトライン表示に切り替わった
4 ⊕の部分をダブルクリックすると下の階層が折りたたまれる

⚠表示形式を元の印刷レイアウトモードに戻すには[表示]タブで[印刷レイアウト]をクリックします。

スキルアップ

アウトラインレベルを理解しよう!

文字列が階層別に表示されるのは、見出しスタイルに「アウトラインレベル」が設定されているためです。上位から1~9のレベルがあり、レベルが設定されていない文字列は本文の扱いになります❶。

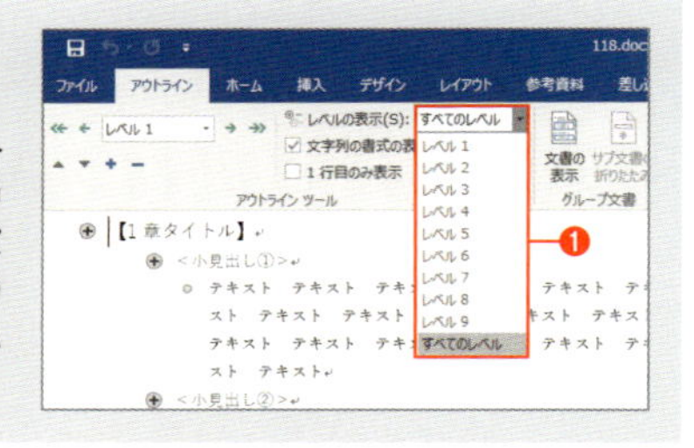
❶

No.119 アウトラインレベルを利用して全体の組み立てを固める

前ページのコラムでも触れましたが「アウトラインレベル」は階層の上下関係を示しており、「レベル1」が最上位になります。これが未設定の段落には［◎］が表示されますが、指定する方法を覚えておきましょう。

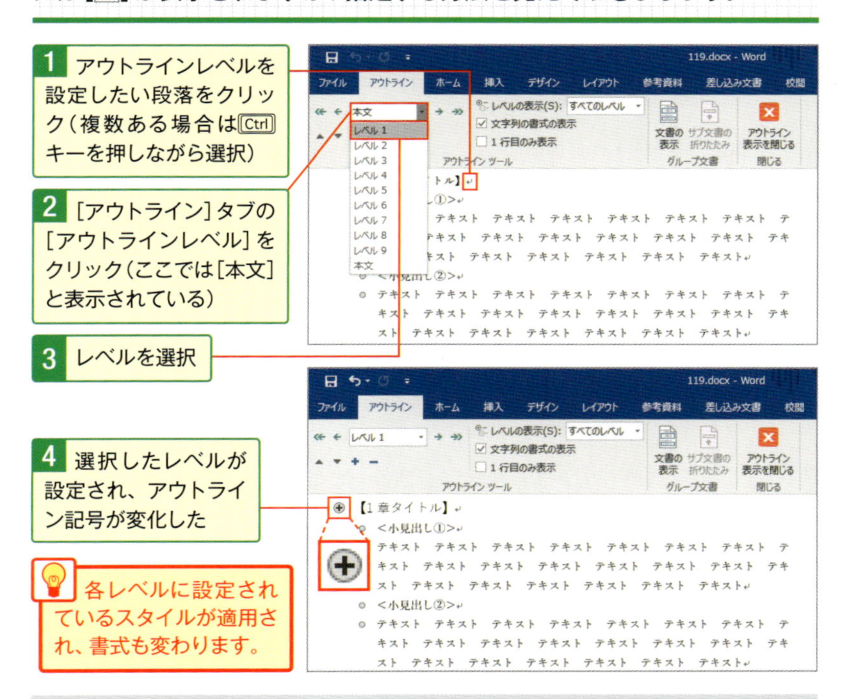
1 アウトラインレベルを設定したい段落をクリック（複数ある場合はCtrlキーを押しながら選択）
2 ［アウトライン］タブの［アウトラインレベル］をクリック（ここでは［本文］と表示されている）
3 レベルを選択
4 選択したレベルが設定され、アウトライン記号が変化した
各レベルに設定されているスタイルが適用され、書式も変わります。
119.docx - Word
ファイル
アウトライン
ホーム
挿入
デザイン
レイアウト
参考資料
差し込み文書
校閲
本文
レベル 1
レベル 2
レベル 3
レベル 4
レベル 5
レベル 6
レベル 7
レベル 8
レベル 9
レベルの表示(S):
すべてのレベル
文字列の書式の表示
1 行目のみ表示
アウトライン ツール
文書の表示
サブ文書の折りたたみ
グループ文書
アウトライン表示を閉じる
閉じる
【1 章タイトル】
＜小見出し①＞
＜小見出し②＞
テキスト テキスト テキスト テキスト テキスト テキスト テキスト

スキルアップ
表示するレベルを変更するには

アウトライン表示では、表示するレベルを変更できます。［アウトライン］タブで［レベルの表示］をクリックして❶、レベルを選択しましょう❷。選んだレベルに応じて表示範囲が切り替わります。

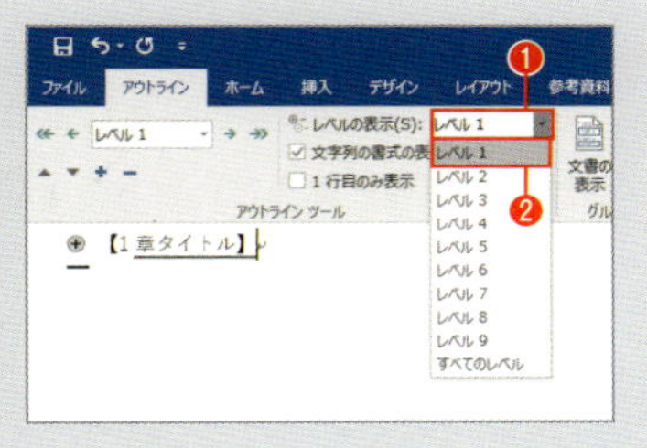
ファイル
アウトライン
ホーム
挿入
デザイン
レイアウト
参考資料
レベル 1
レベルの表示(S):
文字列の書式の表示
1 行目のみ表示
アウトライン ツール
レベル 2
レベル 3
レベル 4
レベル 5
レベル 6
レベル 7
レベル 8
レベル 9
すべてのレベル
【1 章タイトル】

No. 120 ときどき構成を振り返ろう! 気軽に段落の階層を上げ下げ

長文を作成していると、意外と全体の構成で迷うものです。見出しの扱いをもっと上にしようか下にしようか……。アウトラインレベルはボタンで素早く上げ下げできるので、ときどき構成を練り直すといいでしょう。

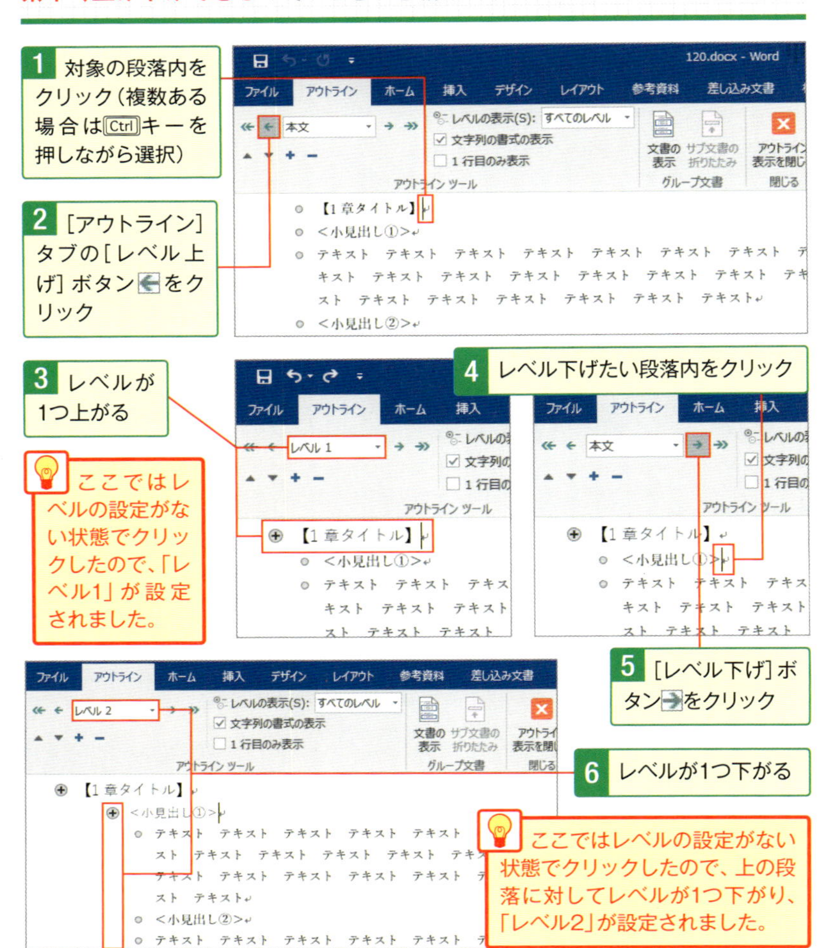
1 対象の段落内をクリック(複数ある場合はCtrlキーを押しながら選択)
2 [アウトライン]タブの[レベル上げ]ボタンをクリック
3 レベルが1つ上がる
ここではレベルの設定がない状態でクリックしたので、「レベル1」が設定されました。
4 レベル下げたい段落内をクリック
5 [レベル下げ]ボタンをクリック
6 レベルが1つ下がる
ここではレベルの設定がない状態でクリックしたので、上の段落に対してレベルが1つ下がり、「レベル2」が設定されました。
120.docx - Word
ファイル
アウトライン
ホーム
挿入
デザイン
レイアウト
参考資料
差し込み文書
本文
レベル 1
レベル 2
レベルの表示(S): すべてのレベル
文字列の書式の表示
1 行目のみ表示
アウトライン ツール
文書の表示
サブ文書の折りたたみ
グループ文書
アウトライン表示を閉じる
閉じる
【1 章タイトル】
<小見出し①>
<小見出し②>
テキスト テキスト テキスト テキスト テキスト

No.121 文章の適材適所を目指す！段落をまとめて移動するには

文書の構成は、必ずしも正解があるとは限りません。とはいえやはりベストを目指すべきで、いかに読み手に寄り添い、意図を伝えるか……時間の許す限り突き詰めましょう。ここでは**1章の前に2章を移動してみます**。

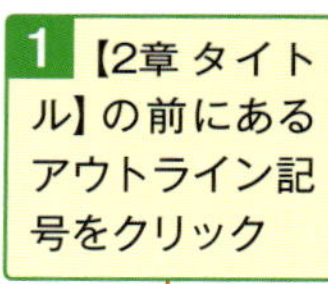
1 【2章 タイトル】の前にあるアウトライン記号をクリック

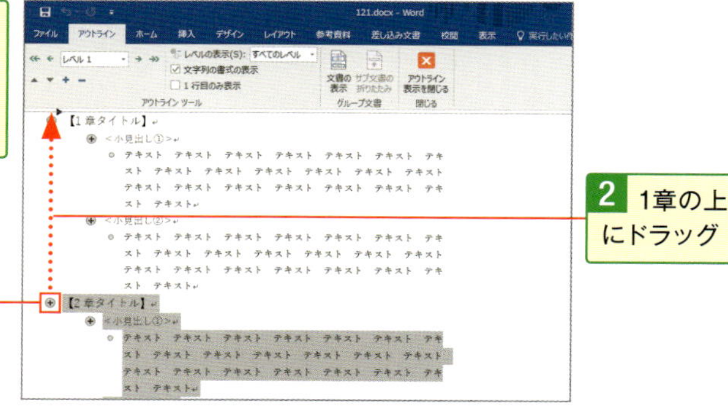
121.docx - Word
ファイル
アウトライン
ホーム
挿入
デザイン
レイアウト
参考資料
差し込み文書
校閲
表示
レベル 1
レベルの表示(S):
すべてのレベル
文字列の書式の表示
1 行目のみ表示
アウトライン ツール
文書の表示
サブ文書の折りたたみ
グループ文書
アウトライン表示を閉じる
閉じる
【1 章タイトル】
<小見出し①>
<小見出し②>
【2 章タイトル】
2 1章の上にドラッグ

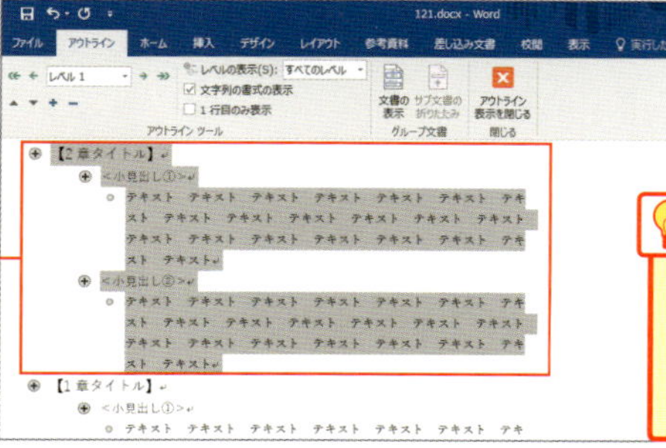
121.docx - Word
ファイル
アウトライン
ホーム
挿入
デザイン
レイアウト
参考資料
差し込み文書
校閲
表示
レベル 1
レベルの表示(S):
すべてのレベル
文字列の書式の表示
1 行目のみ表示
アウトライン ツール
文書の表示
サブ文書の折りたたみ
グループ文書
アウトライン表示を閉じる
閉じる
【2 章タイトル】
<小見出し①>
<小見出し②>
【1 章タイトル】
<小見出し①>

3 【2章タイトル】の下位にある段落がまとめて移動した

下位の段落を非表示にして操作しても同様に移動できます。

スキルアップ

ボタンを利用して1つずつレベルを上下する

対象の段落のアウトライン記号をクリックして選択し❶、[1つ上のレベルへ移動]ボタンか❷、[1つ下のレベルへ移動]ボタンをクリックして❸、下位レベルに含まれる段落ごと上下に移動可能です。

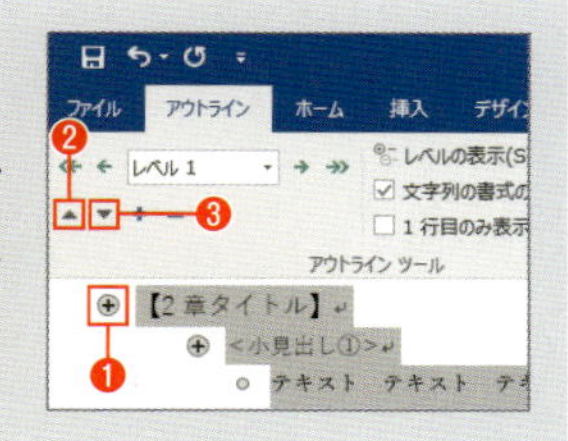
ファイル
アウトライン
ホーム
挿入
レベル 1
レベルの表示(S
文字列の書式の
1 行目のみ表示
アウトライン ツール
【2 章タイトル】
<小見出し①>
❶
❷
❸

No.122 時短が進む！ 見出しに章番号や節番号を自動で追加したい

手動で見出しに章番号や節番号を振ろうとすると、たいてい見落としや数え間違いが発生するものです。こうした作業は自動化した方が正確かつスピーディに行えるでしょう。それにはアウトラインの機能を使います。

1 ［ホーム］タブを選択

2 ［アウトライン］ボタンをクリック

3 ［リストライブラリ］から利用したいリストを選択

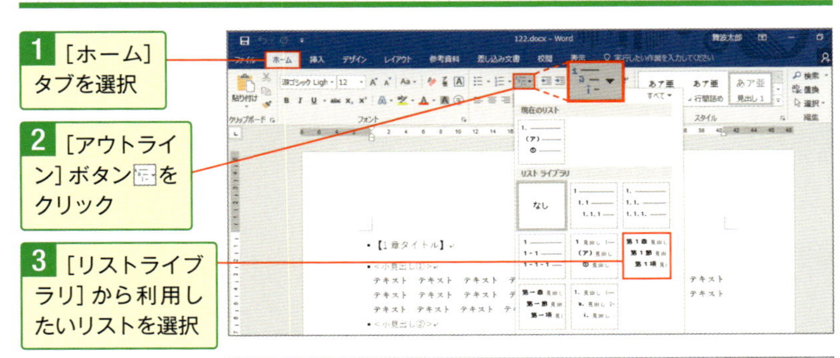

4 選択したリストの書式で章番号や節番号が挿入される

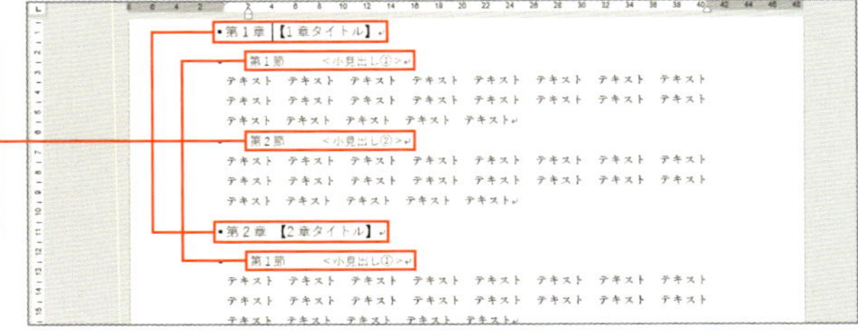

スキルアップ オリジナルの章番号や節番号を利用するには

［リストライブラリ］以外の形式で章番号や節番号を挿入するには［ホーム］タブの［アウトライン］ボタンから［新しいアウトラインの定義］を選択します。［新しいアウトラインの定義］ダイアログボックスで番号書式を設定したいレベルを選択し❶、［番号書式］や［配置］で条件を指定するとオリジナルの章番号や節番号を利用できます❷。［番号書式］欄には任意の文字列も入力可能です。

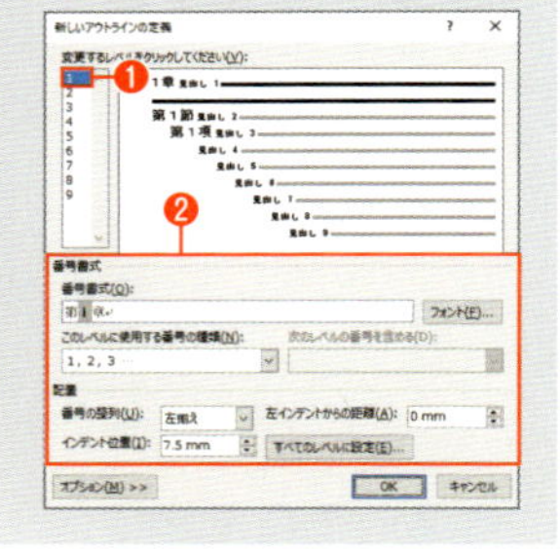

No.123 皆が参照しやすいように 図や表に通し番号を付加する

図や表に通し番号（図表番号）を付けておくと、参照するのがラクになります。長文の文書ほど求められる機能といえるでしょう。図表ひとつひとつに対して指定する必要がありますが、番号は自動で振ってくれます。

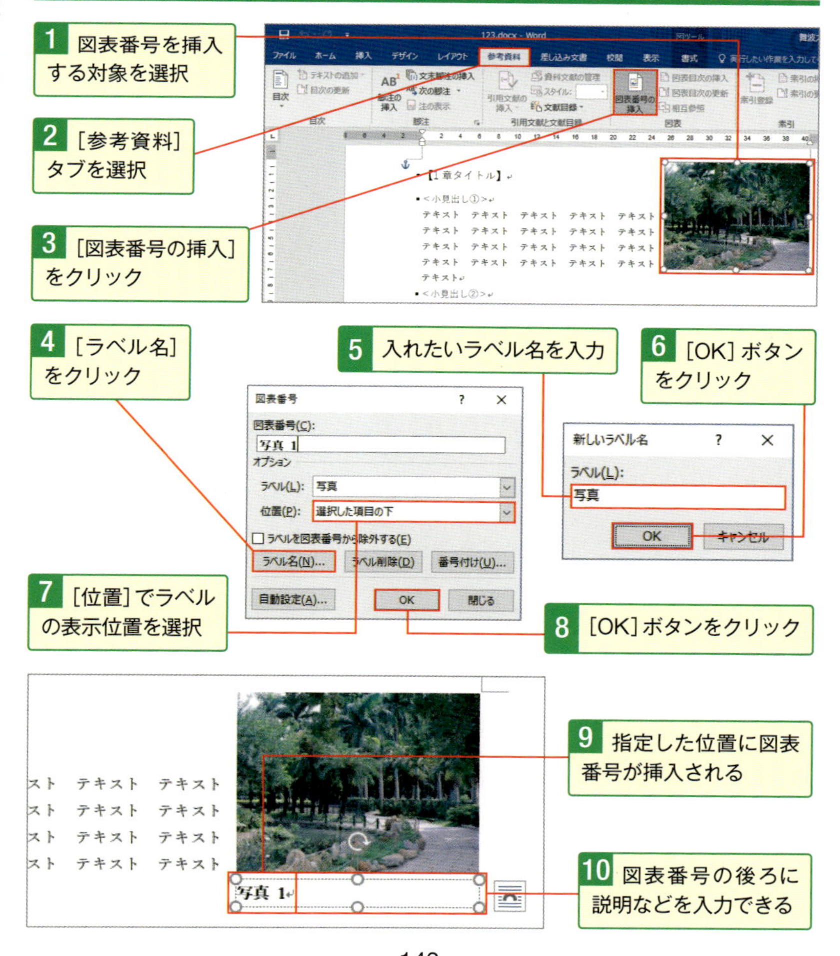
1 図表番号を挿入する対象を選択
2 ［参考資料］タブを選択
3 ［図表番号の挿入］をクリック
4 ［ラベル名］をクリック
5 入れたいラベル名を入力
6 ［OK］ボタンをクリック
7 ［位置］でラベルの表示位置を選択
8 ［OK］ボタンをクリック
9 指定した位置に図表番号が挿入される
10 図表番号の後ろに説明などを入力できる
図表番号
図表番号(C):
写真 1
オプション
ラベル(L): 写真
位置(P): 選択した項目の下
ラベルを図表番号から除外する(E)
ラベル名(N)...
ラベル削除(D)
番号付け(U)...
自動設定(A)...
OK
閉じる
新しいラベル名
ラベル(L):
写真
OK
キャンセル
写真 1

No.124 専門用語は説明が長引く……脚注で解説するのがスマート！

特に難解な専門用語を使う場合、脚注を利用して別途解説するのがスマートです。本文中で説明すると話が長くなってしまい、伝えたい趣旨がぼやけてしまうでしょう。脚注の挿入方法を解説していきます。

1 脚注を付けたい語句の後ろをクリック

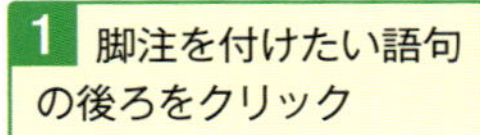

文書またはセクションの最後にまとめて脚注を挿入するには、[文末脚注の挿入]をクリックします。

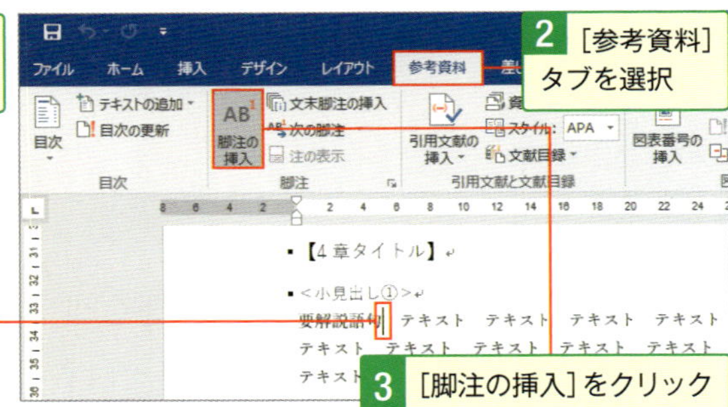

2 [参考資料]タブを選択

3 [脚注の挿入]をクリック

4 脚注番号が挿入される

5 ページ下部に脚注のスペースが作成されるので、説明文などを入力

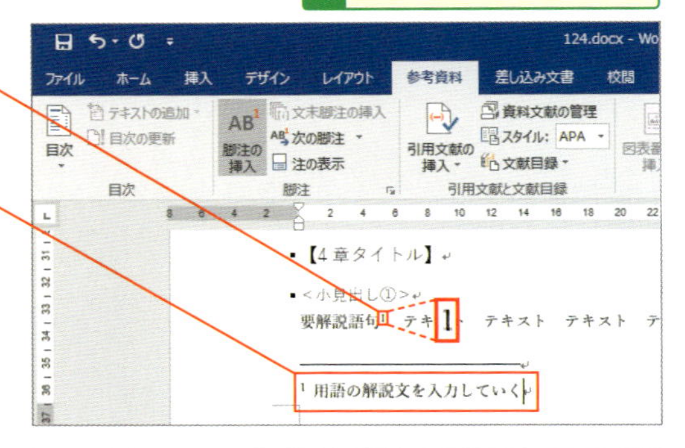
1 用語の解説文を入力していく

⚠ 挿入した脚注は脚注番号を選択し、Deleteキーを押すと削除できます。

スキルアップ

詳細な条件を指定して脚注を挿入するには

[参考資料]タブで[脚注]グループのダイアログボックス起動ツールをクリックすると、右のダイアログボックスが開き、詳細を設定して脚注や文末脚注を挿入できます。

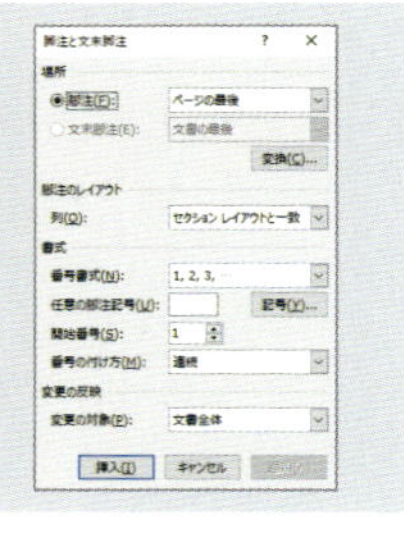

No.125 マジメに作ると手間がかかる！目次を自動で生成する方法

ボリュームの大きい文書は目次が必須ですが、手動だと意外と手間がかかります。ようやく文書が完成したというのに、目次作りで時間が取られるのは避けたいもの。見出しスタイルを元に自動で目次を作成しましょう。

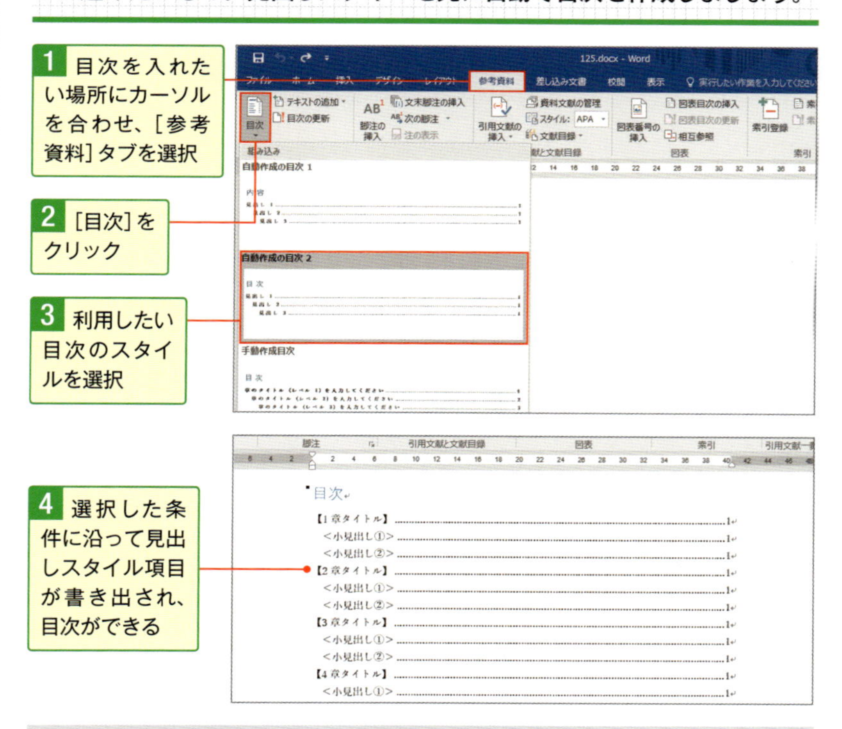
1 目次を入れたい場所にカーソルを合わせ、[参考資料] タブを選択
2 [目次] をクリック
3 利用したい目次のスタイルを選択
4 選択した条件に沿って見出しスタイル項目が書き出され、目次ができる
125.docx - Word
参考資料
目次
自動作成の目次 1
自動作成の目次 2
手動作成目次
目次
【1章タイトル】 1
<小見出し①> 1
<小見出し②> 1
【2章タイトル】 1
<小見出し①> 1
<小見出し②> 1
【3章タイトル】 1
<小見出し①> 1
<小見出し②> 1
【4章タイトル】 1
<小見出し①> 1

トラブル解決 文書に加えた変更を目次に反映させるには

目次を書き出したあとでページ数がずれるなどの訂正を加えても目次に反映されません。[参考資料] タブで [目次の更新] をクリックし、表示されるダイアログボックスで更新する対象を選択したら❶、[OK] ボタンをクリックしましょう❷。

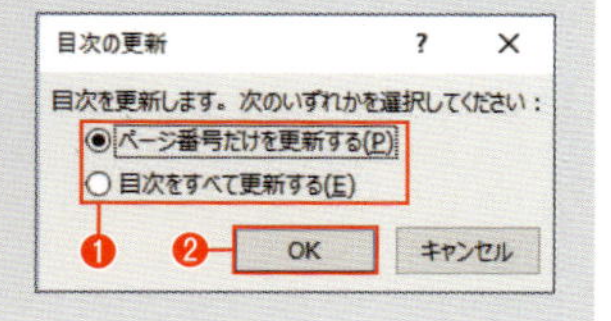
目次の更新
目次を更新します。次のいずれかを選択してください：
ページ番号だけを更新する(P)
目次をすべて更新する(E)
❶
❷
OK
キャンセル

No.126 索引作りから解放されたい！まずは対象の文字列を登録

文書が長いほど、索引の作成は時間がかかるもの。少しでも手間を減らす努力をしたいところです。ここでは索引にしたい文字列を登録する手順を解説。実際に索引を作る方法は次ページを参照してください。

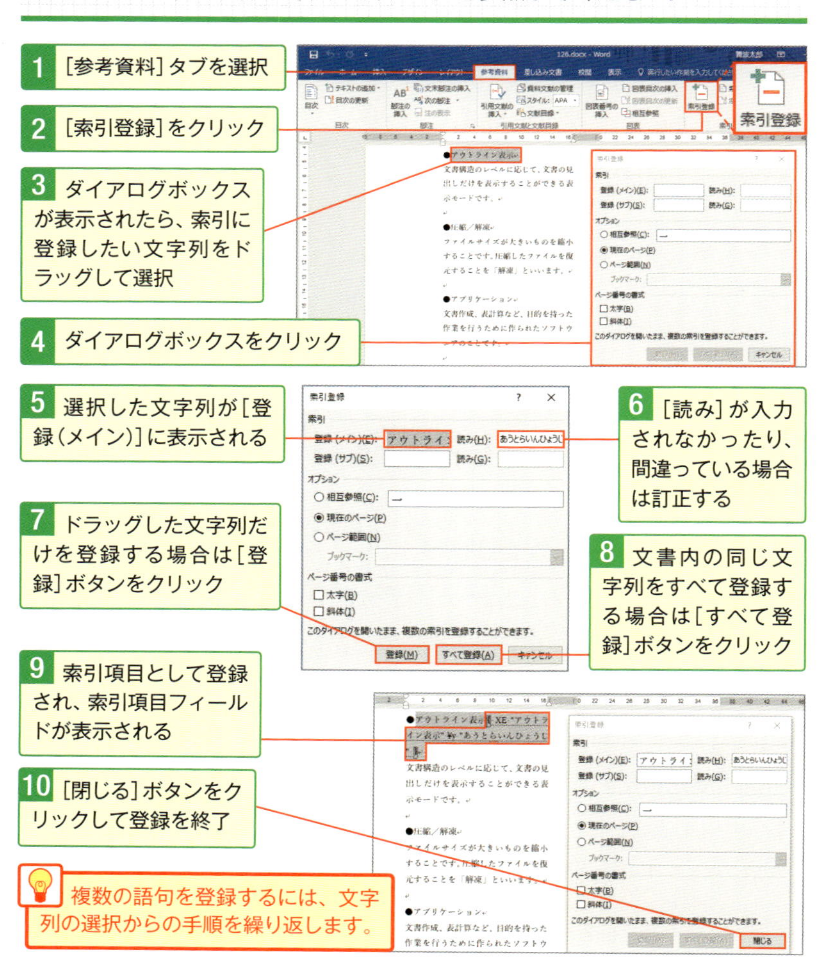
1 [参考資料] タブを選択
2 [索引登録] をクリック
索引登録
3 ダイアログボックスが表示されたら、索引に登録したい文字列をドラッグして選択
4 ダイアログボックスをクリック
5 選択した文字列が[登録(メイン)]に表示される
6 [読み] が入力されなかったり、間違っている場合は訂正する
7 ドラッグした文字列だけを登録する場合は[登録]ボタンをクリック
8 文書内の同じ文字列をすべて登録する場合は[すべて登録]ボタンをクリック
9 索引項目として登録され、索引項目フィールドが表示される
10 [閉じる]ボタンをクリックして登録を終了
複数の語句を登録するには、文字列の選択からの手順を繰り返します。

No.127 入力だと手間のかかる索引を自動で書き出せたらうれしい

前ページで登録した文字列を元に、索引を書き出せます。項目を抽出し、あいうえお順に並べ替え、ページ番号を指定するといった作業をまとめて行えるのがポイント。積極的に活用するといいでしょう。

1 索引を作成したい箇所にカーソルを合わせる（文書内に索引用のページを作成しておくとよい）

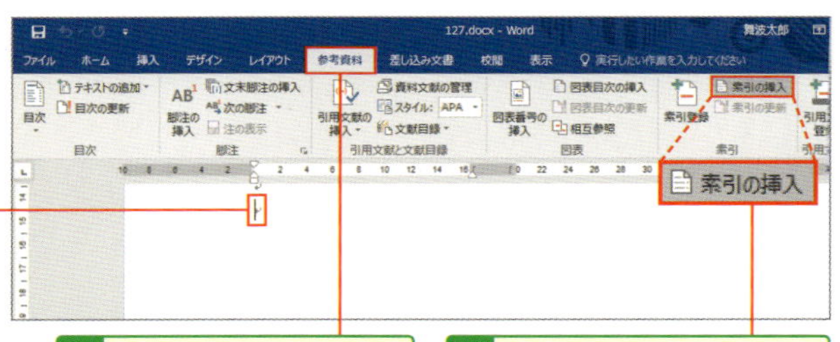
127.docx - Word
舞波太郎
ファイル
ホーム
挿入
デザイン
レイアウト
参考資料
差し込み文書
校閲
表示
実行したい作業を入力してください
目次
目次の更新
テキストの追加
脚注の挿入
文末脚注の挿入
次の脚注
注の表示
脚注
引用文献の挿入
資料文献の管理
スタイル: APA
文献目録
引用文献と文献目録
図表番号の挿入
図表目次の挿入
図表目次の更新
相互参照
図表
索引登録
索引の挿入
索引の更新
索引
索引の挿入

2 ［参考資料］タブを選択

3 ［索引の挿入］をクリック

4 ［索引］タブで索引の書式を選択

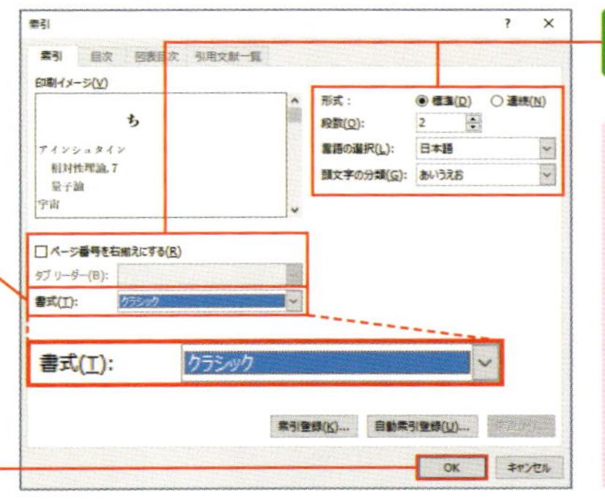
索引
索引
目次
図表目次
引用文献一覧
印刷イメージ(V)
ち
アインシュタイン
相対性理論, 7
量子論
宇宙
形式：
標準(D)
連続(N)
段数(O):
2
言語の選択(L):
日本語
頭文字の分類(G):
あいうえお
ページ番号を右揃えにする(R)
タブ リーダー(B):
書式(T):
クラシック
索引登録(K)...
自動索引登録(U)...
OK
キャンセル

5 詳細を指定

6 ［OK］ボタンをクリックすると、索引が書き出される

⚠選択する書式や索引の作成箇所によっては［頭文字の分類］が利用できない場合があります（［書式］を［クラシック］にすれば利用できます）。

トラブル解決 索引への登録を解除するには

索引に登録した文字列の後ろには、{ }で囲まれた「索引項目フィールド」が挿入されます。これを選択してDeleteキーを押すと、索引への登録が解除されます。「索引項目フィールド」は［ホーム］タブの［編集記号の表示／非表示］ボタンをクリックすると表示できます。なお、索引の書き出し後にページ数や索引登録語句に変更が生じた場合は索引上をクリックし、［参考資料］タブの［索引の更新］をクリックして更新しましょう。

No. 128 英語のスペルミスや表記のゆれを一気に解消する!

[スペルチェックと文章校正] を使えば、英語のスペルミスや「データー」「データ」といった表記のゆれをチェックできます。ただし日本語の誤りは確認できないので、あくまで校正の支援機能として活用しましょう。

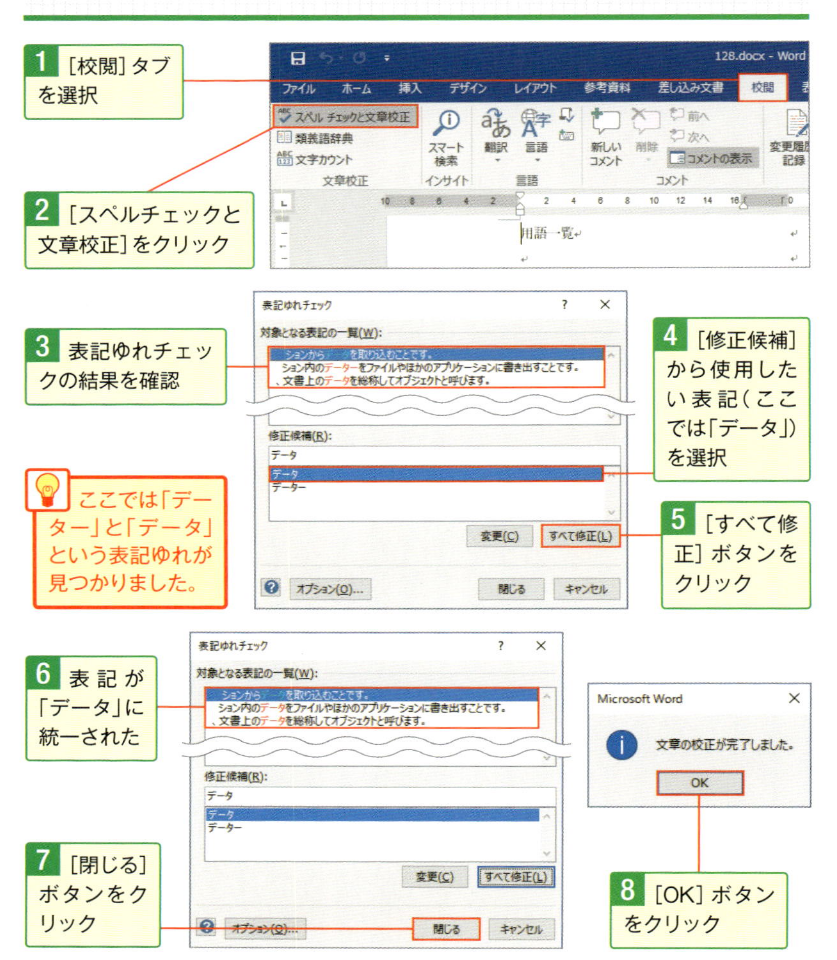
1 [校閲] タブを選択
2 [スペルチェックと文章校正] をクリック
128.docx - Word
ファイル
ホーム
挿入
デザイン
レイアウト
参考資料
差し込み文書
校閲
スペル チェックと文章校正
類義語辞典
文字カウント
文章校正
スマート検索
インサイト
翻訳
言語
新しいコメント
削除
前へ
次へ
コメントの表示
コメント
変更履歴記録
用語一覧
3 表記ゆれチェックの結果を確認
表記ゆれチェック
対象となる表記の一覧(W):
ションからデータを取り込むことです。
ション内のデーターをファイルやほかのアプリケーションに書き出すことです。
、文書上のデータを総称してオブジェクトと呼びます。
修正候補(R):
データ
データ
データー
変更(C)
すべて修正(L)
オプション(O)...
閉じる
キャンセル
4 [修正候補] から使用したい表記(ここでは「データ」)を選択
5 [すべて修正] ボタンをクリック
ここでは「データー」と「データ」という表記ゆれが見つかりました。
6 表記が「データ」に統一された
表記ゆれチェック
対象となる表記の一覧(W):
ションからデータを取り込むことです。
ション内のデータをファイルやほかのアプリケーションに書き出すことです。
、文書上のデータを総称してオブジェクトと呼びます。
修正候補(R):
データ
データ
データー
変更(C)
すべて修正(L)
オプション(O)...
閉じる
キャンセル
7 [閉じる] ボタンをクリック
Microsoft Word
文章の校正が完了しました。
OK
8 [OK] ボタンをクリック

No.129 渾身の文書が完成したら……格調高い表紙を用意しよう

それなりにボリュームのある文書ができたら、やはりほしいのは表紙です。Wordには表紙のテンプレートが用意されているので、力作に見合ったデザインを選択しましょう。あとは必要に応じて入力すれば完成します。

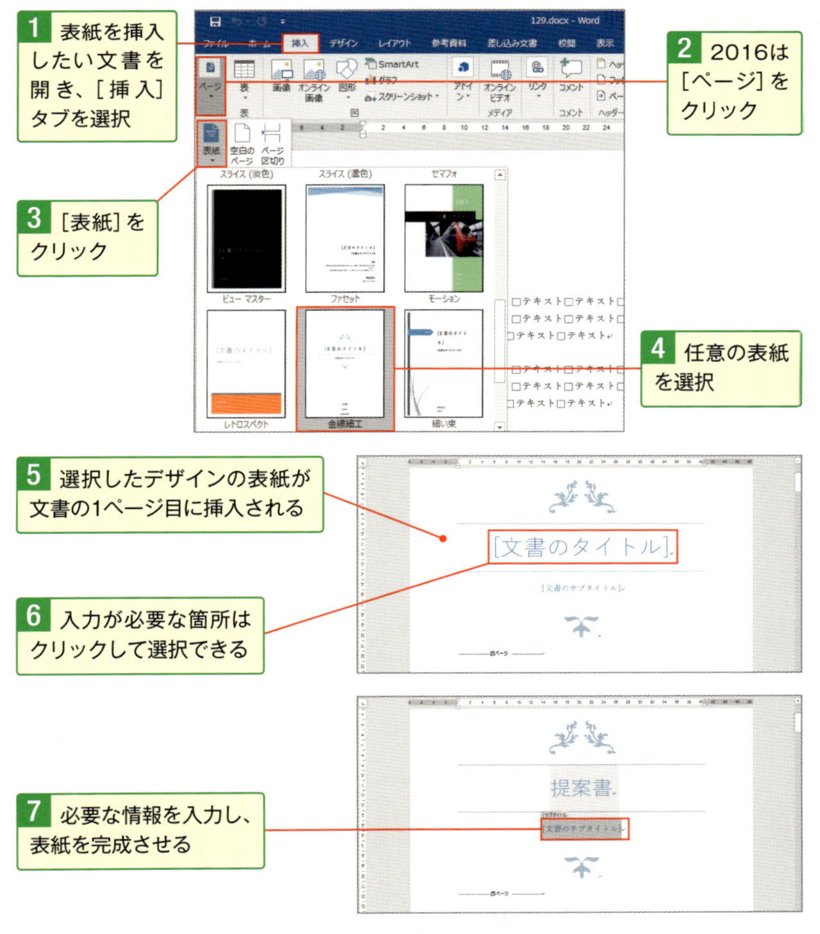
1 表紙を挿入したい文書を開き、[挿入]タブを選択
2 2016は[ページ]をクリック
3 [表紙]をクリック
4 任意の表紙を選択
5 選択したデザインの表紙が文書の1ページ目に挿入される
6 入力が必要な箇所はクリックして選択できる
7 必要な情報を入力し、表紙を完成させる
129.docx - Word
ファイル
ホーム
挿入
デザイン
レイアウト
参考資料
差し込み文書
校閲
表示
表紙
空白のページ
ページ区切り
スライス (淡色)
スライス (濃色)
セマフォ
ビュー マスター
ファセット
モーション
レトロスペクト
金線細工
細い束
[文書のタイトル]
[文書のサブタイトル]
提案書

第7章

便利な印刷ワザで文書をスムーズに配布

文書は印刷して配布するまで気が抜けません。実際に印刷すると、イメージと違うことがよくあります。印刷はキホンが大事なのでしっかりと押さえておきましょう。本章では差し込み印刷について多くページを割きました。宛名だけ変えた同じ内容の文書を一気に印刷できて便利です。

No. 130 用紙サイズの指定は忘れずに！文字量オーバーなら余白も調整

完成した文書を印刷して配布したい場合、用紙のサイズと余白の広さを必ずチェックしてください。文字量が多すぎてページから少しあふれてしまう場合は、余白のサイズを狭くしてページ内に収めるといいでしょう。

用紙サイズを設定する

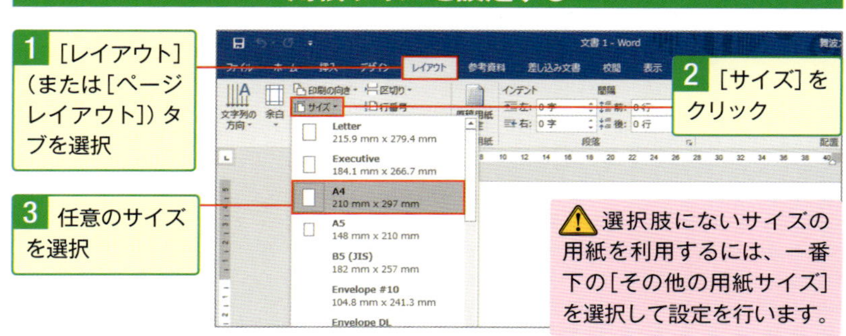
1 [レイアウト]（または[ページレイアウト]）タブを選択
2 [サイズ]をクリック
3 任意のサイズを選択
文書 1 - Word
ファイル
ホーム
挿入
デザイン
レイアウト
参考資料
差し込み文書
校閲
表示
印刷の向き
区切り
サイズ
行番号
文字列の方向
余白
インデント
間隔
段落
Letter
215.9 mm x 279.4 mm
Executive
184.1 mm x 266.7 mm
A4
210 mm x 297 mm
A5
148 mm x 210 mm
B5 (JIS)
182 mm x 257 mm
Envelope #10
104.8 mm x 241.3 mm
Envelope DL
選択肢にないサイズの用紙を利用するには、一番下の[その他の用紙サイズ]を選択して設定を行います。

余白を設定する

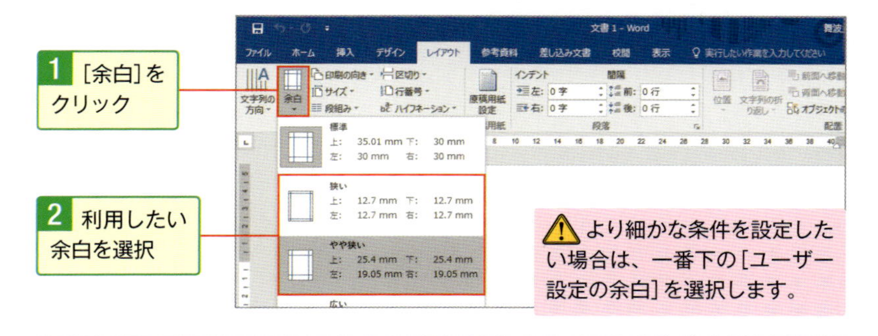
1 [余白]をクリック
2 利用したい余白を選択
文書 1 - Word
ファイル
ホーム
挿入
デザイン
レイアウト
参考資料
差し込み文書
校閲
表示
実行したい作業を入力してください
標準
上: 35.01 mm 下: 30 mm
左: 30 mm 右: 30 mm
狭い
上: 12.7 mm 下: 12.7 mm
左: 12.7 mm 右: 12.7 mm
やや狭い
上: 25.4 mm 下: 25.4 mm
左: 19.05 mm 右: 19.05 mm
広い
より細かな条件を設定したい場合は、一番下の[ユーザー設定の余白]を選択します。

スキルアップ ページ設定をより詳細に行うには

[レイアウト]（または[ページレイアウト]）タブで[ページ設定]グループのダイアログボックス起動ツールをクリックすると、より細かな設定が可能です。余白は[余白]タブ、用紙のサイズは[用紙]タブで設定します。

No. 131

微妙なさじ加減が大事！余白をもっと細かく調整したい

前ページではメニュー項目を選択することで余白の広さを決めましたが、より感覚的に指定できます。レイアウトを確認しながら余白を調整できるのがポイントで、人によってはこちらの方が使いやすいでしょう。

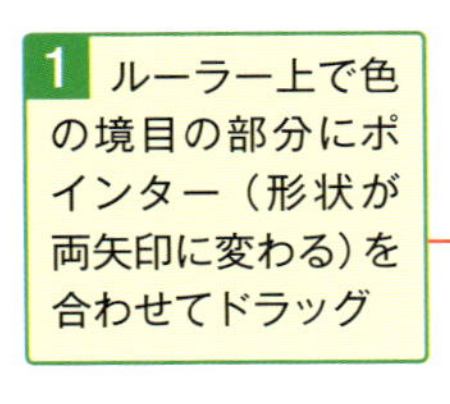
1 ルーラー上で色の境目の部分にポインター（形状が両矢印に変わる）を合わせてドラッグ

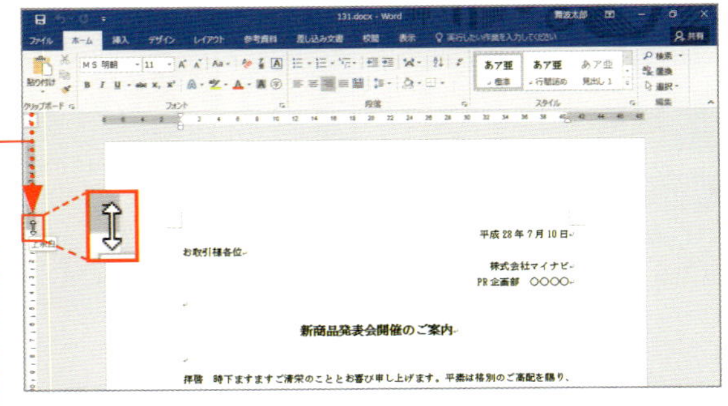
131.docx - Word
平成28年7月10日
お取引様各位
株式会社マイナビ
PR企画部 ○○○○
新商品発表会開催のご案内
拝啓 時下ますますご清栄のこととお喜び申し上げます。平素は格別のご高配を賜り、

同様の方法で下部や左右の余白も調整できます。特に左側はインデントマーカーが表示されていて調整しにくいですが、ポインターがうまく左右両矢印に変わったところでドラッグしましょう。

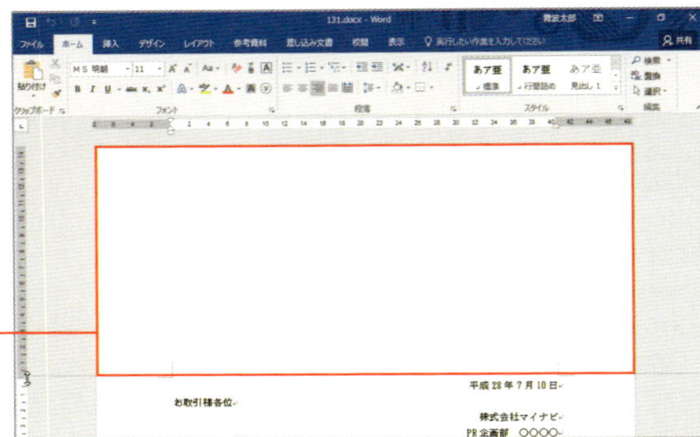
131.docx - Word
平成28年7月10日
お取引様各位
株式会社マイナビ
PR企画部 ○○○○

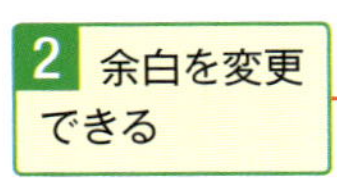
2 余白を変更できる

トラブル解決 ルーラーを表示するには

ルーラーが表示されていない場合は［表示］タブ❶の［ルーラー］（2007は［ルーラーの表示］）にチェックを付けて表示します❷。

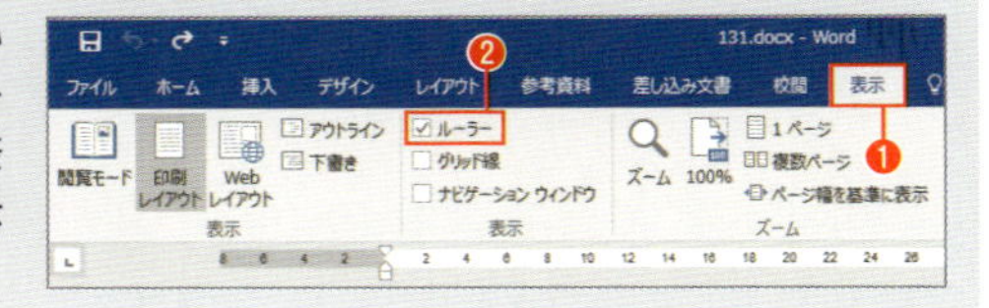
131.docx - Word
ファイル
ホーム
挿入
デザイン
レイアウト
参考資料
差し込み文書
校閲
表示
閲覧モード
印刷レイアウト
Web レイアウト
アウトライン
下書き
ルーラー
グリッド線
ナビゲーション ウィンドウ
ズーム
100%
1ページ
複数ページ
ページ幅を基準に表示
表示
ズーム

No.132 どのように印刷される？ 印刷プレビューは要チェック！

文書を画面で見たときと、実際に用紙に印刷したときでは、印象が意外と異なります。最終的には用紙に印刷してチェックしますが、その前に印刷プレビューを使い、印刷した際の文書のイメージを確認しましょう。

1 ［ファイル］タブを選択

2 ［印刷］をクリック

2007の場合

［Office］ボタンをクリックし、［印刷］から［印刷プレビュー］を選択します。

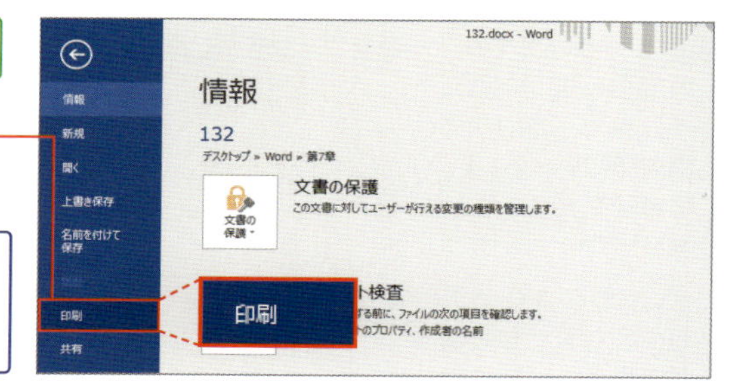
132.docx - Word
情報
新規
開く
上書き保存
名前を付けて保存
印刷
共有
情報
132
デスクトップ » Word » 第7章
文書の保護
この文書に対してユーザーが行える変更の種類を管理します。
文書の保護
印刷

3 印刷の設定画面で印刷プレビューが表示される

2007の場合

タブが［印刷プレビュー］に変わり、［印刷プレビューを閉じる］をクリックすると通常の画面に戻ります。

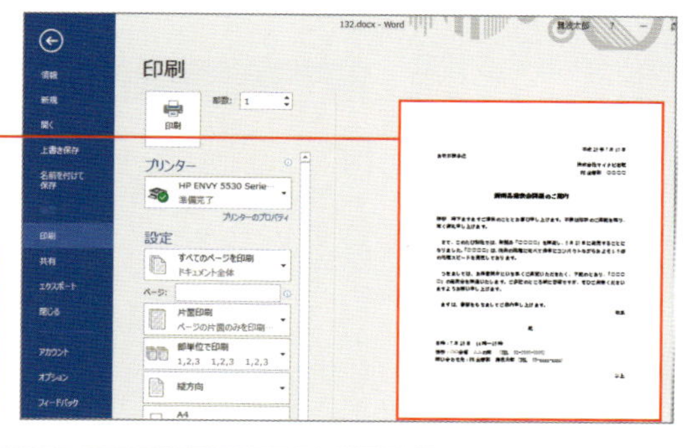
132.docx - Word
印刷
部数: 1
印刷
プリンター
HP ENVY 5530 Series
準備完了
プリンターのプロパティ
設定
すべてのページを印刷
ドキュメント全体
ページ:
片面印刷
ページの片面のみを印刷
部単位で印刷
1,2,3 1,2,3 1,2,3
縦方向
A4
情報
新規
開く
上書き保存
名前を付けて保存
印刷
共有
エクスポート
閉じる
アカウント
オプション
フィードバック

スキルアップ

拡大して細部を確認するには

印刷プレビュー右下のスライダーをドラッグすると、拡大・縮小表示できます❶。2007では印刷プレビューの文書上にポインターを合わせると虫眼鏡の形に変わり、クリックすると拡大・縮小を切り替えられます。

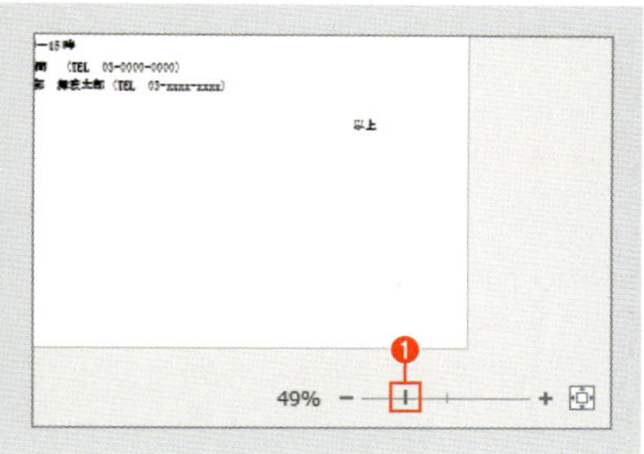
以上
49%
❶

No.133 違うサイズの用紙に合わせる! 拡大・縮小して印刷したい

文書を作成したあとで用紙サイズを変えたくなったとき、また作り直すのは大変です。指定した用紙に合わせて文書を拡大・縮小した方が早いでしょう。ここではA4サイズで作成した文書をB5用紙に印刷してみます。

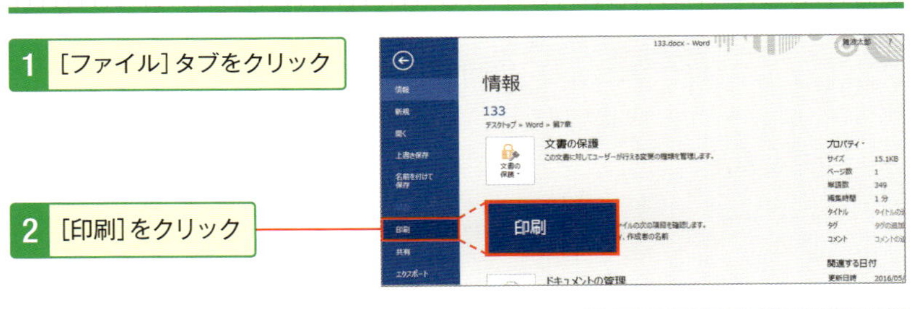

1 [ファイル] タブをクリック
2 [印刷] をクリック
情報
133
文書の保護
印刷

3 元の用紙サイズを確認(ここでは「A4」)

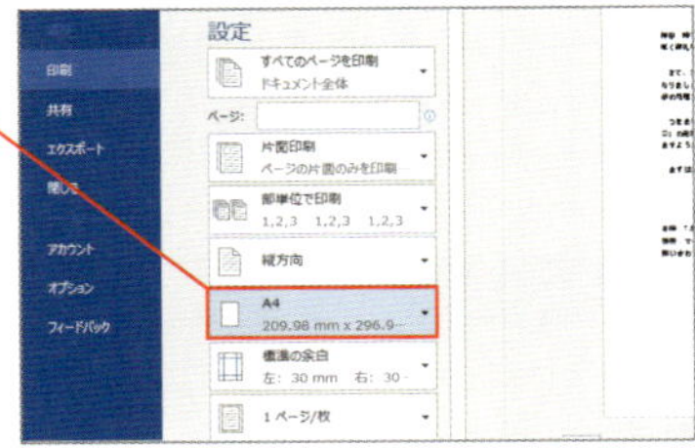

設定
すべてのページを印刷
片面印刷
部単位で印刷
縦方向
A4
209.98 mm x 296.9
標準の余白
1ページ/枚

2007の場合

2007は[ページレイアウト] タブで[ページ設定] グループのダイアログボックス起動ツールをクリックし、[用紙] タブの[用紙サイズ] で確認できます。

4 [1ページ/枚] をクリック
5 [用紙サイズの指定] をクリック

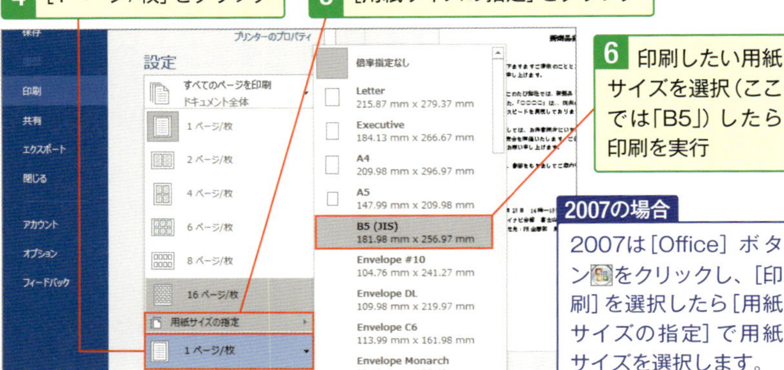

設定
印刷
1ページ/枚
16ページ/枚
用紙サイズの指定
倍率指定なし
Letter
215.87 mm x 279.37 mm
Executive
184.13 mm x 266.67 mm
A4
209.98 mm x 296.97 mm
A5
147.99 mm x 209.98 mm
B5 (JIS)
181.98 mm x 256.97 mm
Envelope #10
104.76 mm x 241.27 mm
Envelope DL
109.98 mm x 219.97 mm
Envelope C6
113.99 mm x 161.98 mm
Envelope Monarch
98.41 mm x 190.48 mm

6 印刷したい用紙サイズを選択(ここでは「B5」)したら印刷を実行

2007の場合

2007は[Office] ボタンをクリックし、[印刷] を選択したら[用紙サイズの指定] で用紙サイズを選択します。

No. 134 同じ文書内でページごとに用紙のサイズや向きを変えたい

同じ文書内でもページごとに用紙の向きやサイズを変えて印刷したいことはないでしょうか。レアケースかもしれませんが、それには文書をセクションで区切り、各セクション（ページ）ごとに印刷設定を行います。

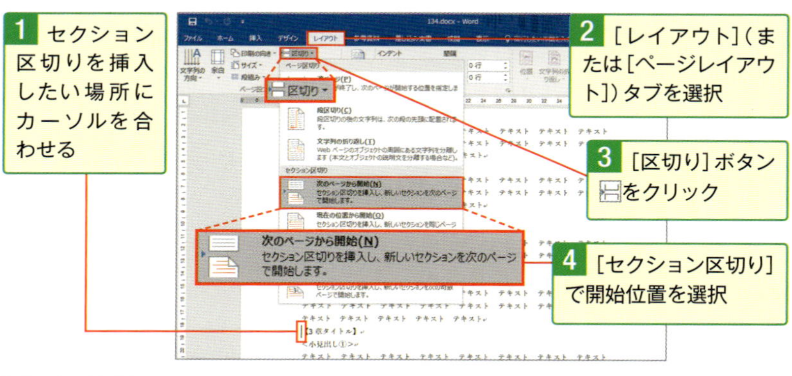
1 セクション区切りを挿入したい場所にカーソルを合わせる
2 ［レイアウト］（または［ページレイアウト］）タブを選択
3 ［区切り］ボタンをクリック
4 ［セクション区切り］で開始位置を選択
区切り
次のページから開始(N)
セクション区切りを挿入し、新しいセクションを次のページで開始します。

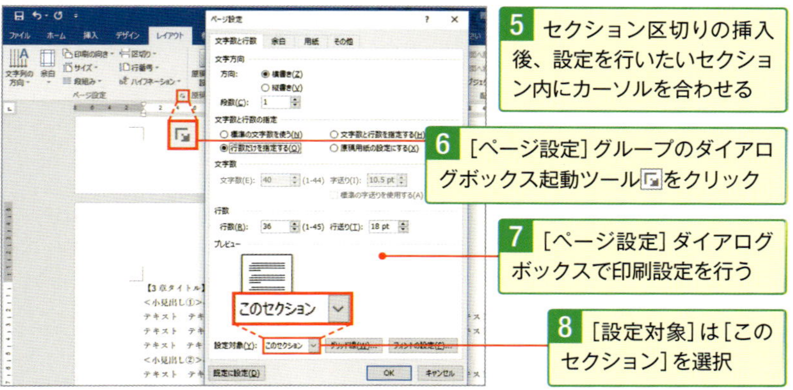
5 セクション区切りの挿入後、設定を行いたいセクション内にカーソルを合わせる
6 ［ページ設定］グループのダイアログボックス起動ツールをクリック
7 ［ページ設定］ダイアログボックスで印刷設定を行う
8 ［設定対象］は［このセクション］を選択
このセクション

トラブル解決 セクション区切りを削除するには

［ホーム］タブで［編集記号の表示/非表示］ボタンをクリックして編集記号を表示。セクション区切りの編集記号を選択し、Deleteキーを押すと削除できます。

No.135 プリンタが対応していなくても用紙の両面に印刷するには?

ページを両面に印刷をすると用紙を節約できますが、プリンタが対応していないことがあります。そのような場合は奇数ページをまとめて印刷し、用紙を裏返して偶数ページをまとめて印刷するという手があります。

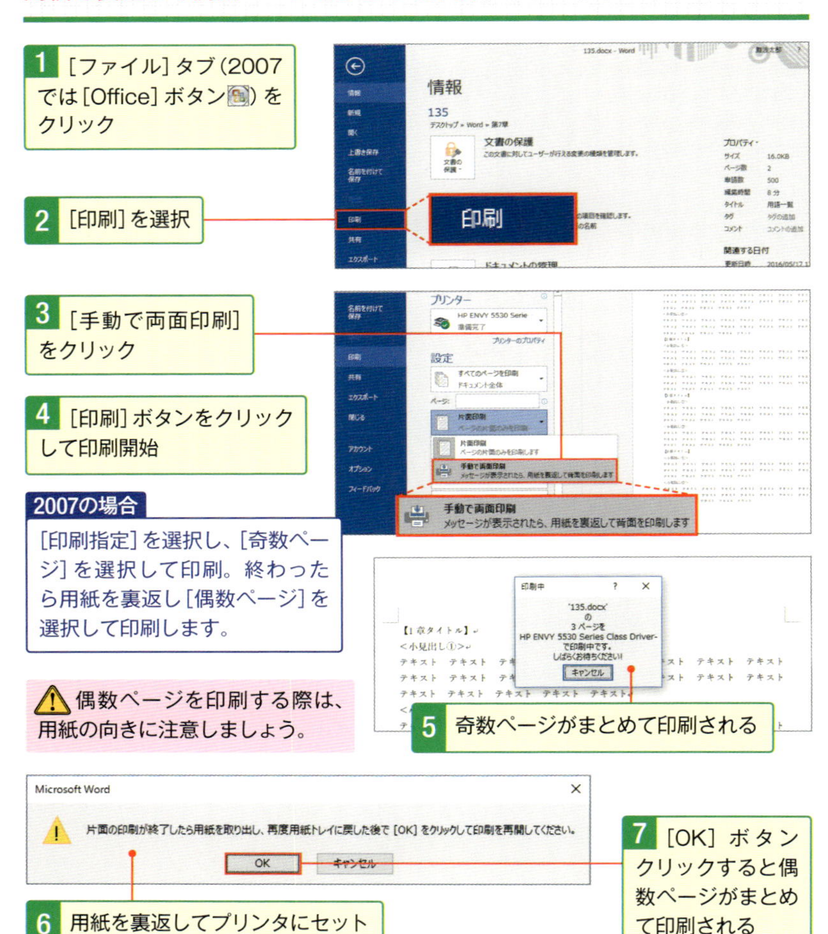
印刷
手動で両面印刷
メッセージが表示されたら、用紙を裏返して背面を印刷します
印刷中
'135.docx'
の
3 ページを
HP ENVY 5530 Series Class Driver-
で印刷中です。
しばらくお待ちください!
キャンセル
Microsoft Word
片面の印刷が終了したら用紙を取り出し、再度用紙トレイに戻した後で [OK] をクリックして印刷を再開してください。
OK
キャンセル

1 [ファイル] タブ(2007では[Office] ボタン)をクリック

2 [印刷] を選択

3 [手動で両面印刷] をクリック

4 [印刷] ボタンをクリックして印刷開始

2007の場合

[印刷指定] を選択し、[奇数ページ] を選択して印刷。終わったら用紙を裏返し [偶数ページ] を選択して印刷します。

⚠ 偶数ページを印刷する際は、用紙の向きに注意しましょう。

5 奇数ページがまとめて印刷される

6 用紙を裏返してプリンタにセット

7 [OK] ボタンクリックすると偶数ページがまとめて印刷される

No.136 複数のページを1枚に印刷して配付資料をコンパクトに!

社風にもよりますが、複数ページにわたる文書を配布する際、用紙1枚に1ページのペースで印刷すると、ムダに思われてしまいます。そのような状況では、複数のページを1枚の用紙にまとめて印刷するといいでしょう。

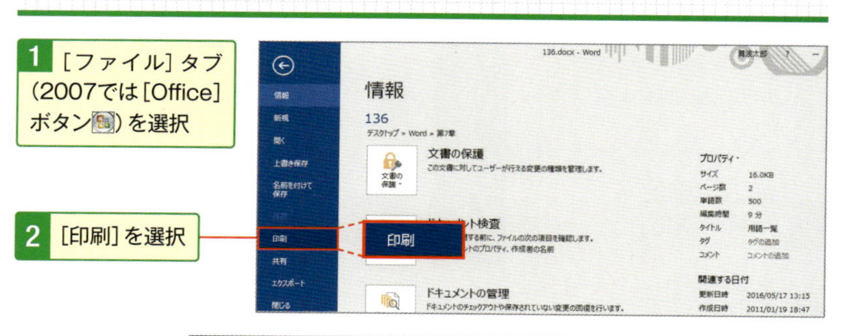
1 [ファイル] タブ(2007では[Office]ボタン)を選択
2 [印刷] を選択
情報
136
文書の保護
ドキュメント検査
ドキュメントの管理
印刷

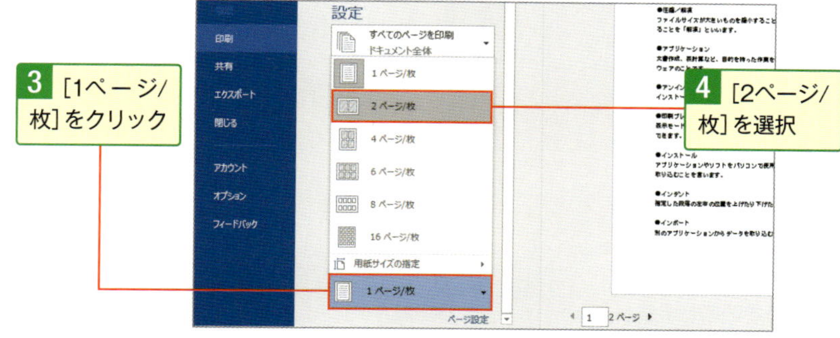
3 [1ページ/枚] をクリック
4 [2ページ/枚] を選択
設定
すべてのページを印刷
1 ページ/枚
2 ページ/枚
4 ページ/枚
6 ページ/枚
8 ページ/枚
16 ページ/枚
用紙サイズの指定

スキルアップ
Word 2007で1枚に印刷

Word 2007の場合は[拡大/縮小]の[1枚あたりのページ数]に印刷したいページ数を指定します❶。また[用紙サイズの指定]で実際に印刷する用紙の大きさを確認しておきましょう❷。

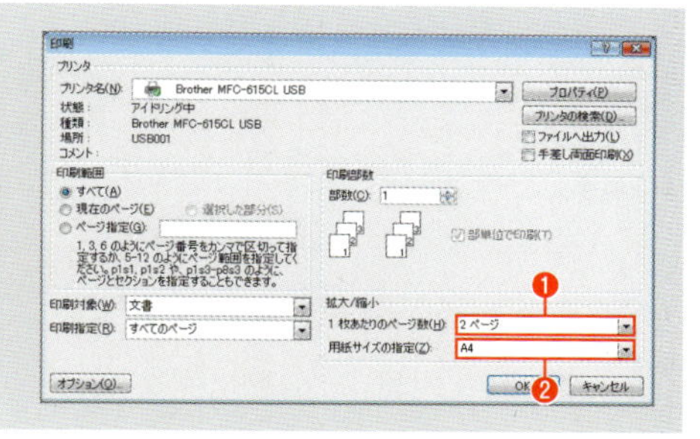
印刷
1 枚あたりのページ数(H): 2 ページ
用紙サイズの指定(Z): A4

No.137 同じ内容の文書を宛名だけ変えてまとめて印刷したい

宛名だけ変えた同じ文書をまとめて印刷するには、差し込み印刷を行います。手順は長いですが、①差し込み印刷の設定→②宛先のリストを作成→③リストから差し込みたいデータを選択→④印刷という流れになります。

①差し込み印刷の設定を行う

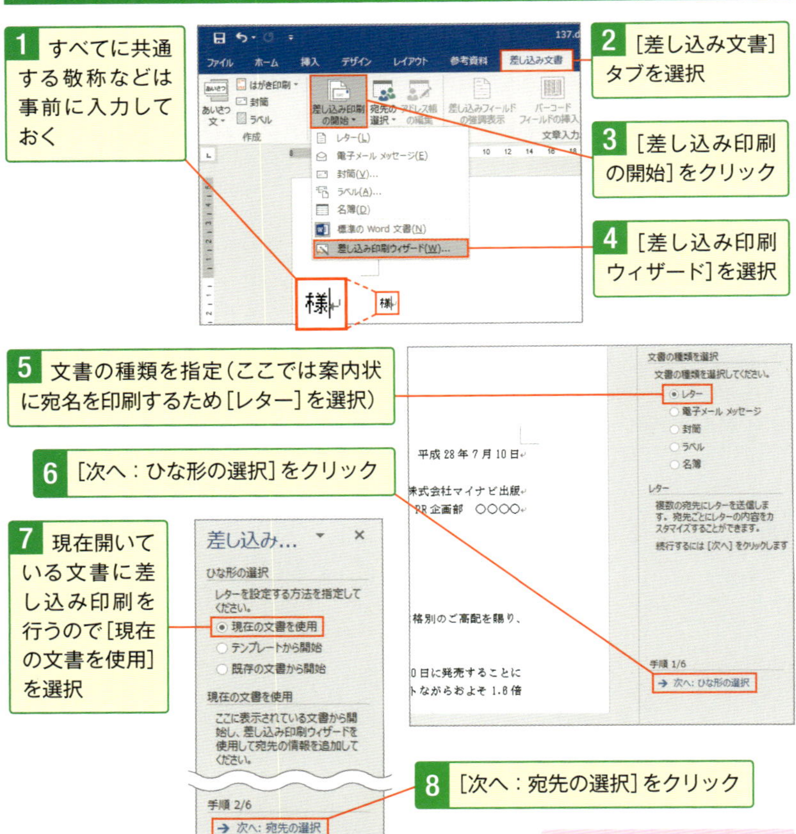
1 すべてに共通する敬称などは事前に入力しておく
2 [差し込み文書]タブを選択
3 [差し込み印刷の開始]をクリック
4 [差し込み印刷ウィザード]を選択
5 文書の種類を指定(ここでは案内状に宛名を印刷するため[レター]を選択)
6 [次へ:ひな形の選択]をクリック
7 現在開いている文書に差し込み印刷を行うので[現在の文書を使用]を選択
8 [次へ:宛先の選択]をクリック

次ページへ続きます。

②宛先のリストを作成する

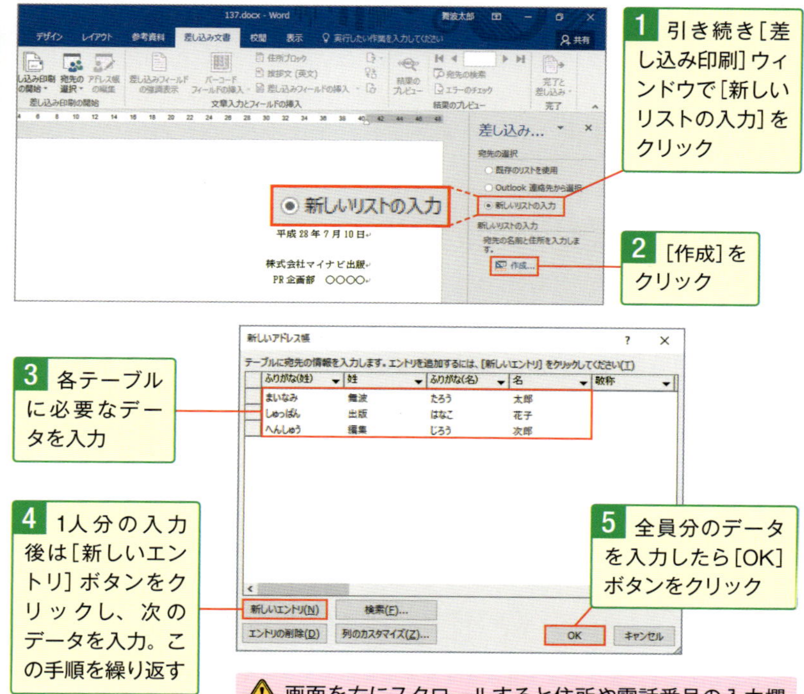
1 引き続き[差し込み印刷]ウィンドウで[新しいリストの入力]をクリック
2 [作成]をクリック
新しいリストの入力
平成28年7月10日
株式会社マイナビ出版
PR企画部 ○○○○
3 各テーブルに必要なデータを入力
4 1人分の入力後は[新しいエントリ]ボタンをクリックし、次のデータを入力。この手順を繰り返す
5 全員分のデータを入力したら[OK]ボタンをクリック
新しいアドレス帳
ふりがな(姓)
姓
ふりがな(名)
名
敬称
まいなみ
舞波
たろう
太郎
しゅっぱん
出版
はなこ
花子
へんしゅう
編集
じろう
次郎
新しいエントリ(N)
検索(F)...
エントリの削除(D)
列のカスタマイズ(Z)...
OK
キャンセル

⚠ 画面を右にスクロールすると住所や電話番号の入力欄もありますが、必要な情報のみ入力すれば問題ありません。

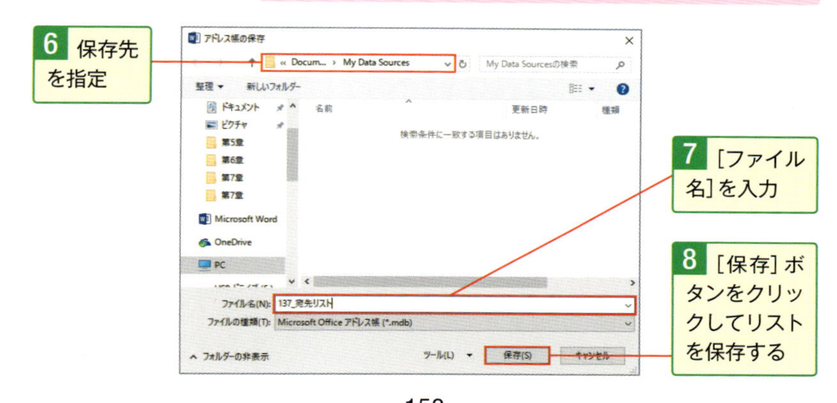
6 保存先を指定
7 [ファイル名]を入力
8 [保存]ボタンをクリックしてリストを保存する
アドレス帳の保存
Docum... › My Data Sources
ファイル名(N): 137_宛先リスト
ファイルの種類(T): Microsoft Office アドレス帳 (*.mdb)
保存(S)
キャンセル

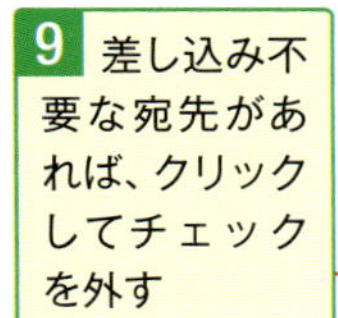
9

差し込み不要な宛先があれば、クリックしてチェックを外す

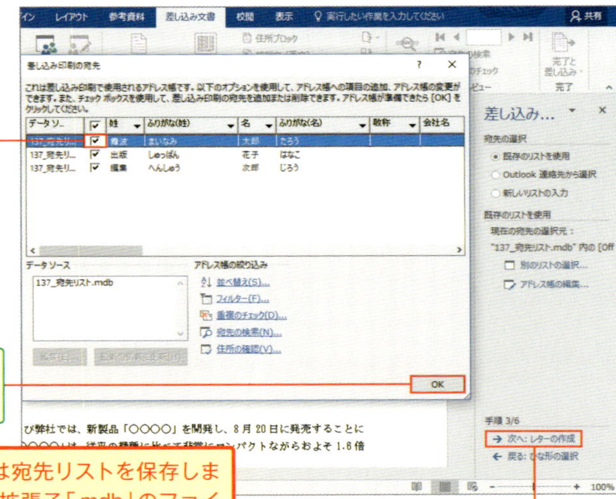
差し込み印刷の宛先
これは差し込み印刷で使用されるアドレス帳です。以下のオプションを使用して、アドレス帳への項目の追加、アドレス帳の変更ができます。また、チェック ボックスを使用して、差し込み印刷の宛先を追加または削除できます。アドレス帳が準備できたら [OK] をクリックしてください。
データ ソース
137_宛先リスト.mdb
アドレス帳の絞り込み
並べ替え(S)...
フィルター(F)...
重複のチェック(D)...
宛先の検索(N)...
住所の確認(V)...
OK
差し込み...
宛先の選択
既存のリストを使用
Outlook 連絡先から選択
新しいリストの入力
手順 3/6
次へ: レターの作成
戻る: ひな形の選択

10 [OK] ボタンをクリック

前ページでは宛先リストを保存しましたが、これは拡張子「.mdb」のファイルになります。本書はサンプルファイルとして「137_宛先リスト.mdb」「138_宛先リスト.mdb」を用意しています（ダウンロード方法は3ページを参照）。

11 [次へ：レターの作成] をクリック

次ページへ続きます。

スキルアップ　既存の宛先リストを利用

既に宛先リストがある場合は、前ページで [既存のリストを使用] を選択し❶、[参照] をクリックします❷。あとは作成済みの宛先リストを選択し❸、[開く] ボタンをクリックしましょう❹。なお、はがきの宛名印刷への差し込み印刷にも利用できます（162ページ参照）。

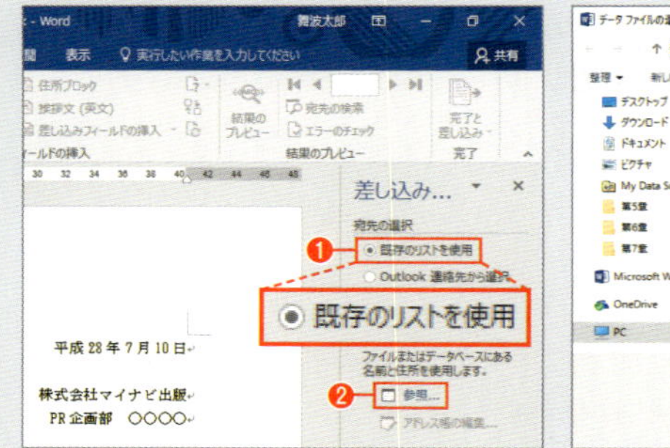
差し込み...
宛先の選択
既存のリストを使用
Outlook 連絡先から選択
既存のリストを使用
ファイルまたはデータベースにある名前と住所を使用します。
参照...
平成 28 年 7 月 10 日
株式会社マイナビ出版
PR 企画部　○○○○

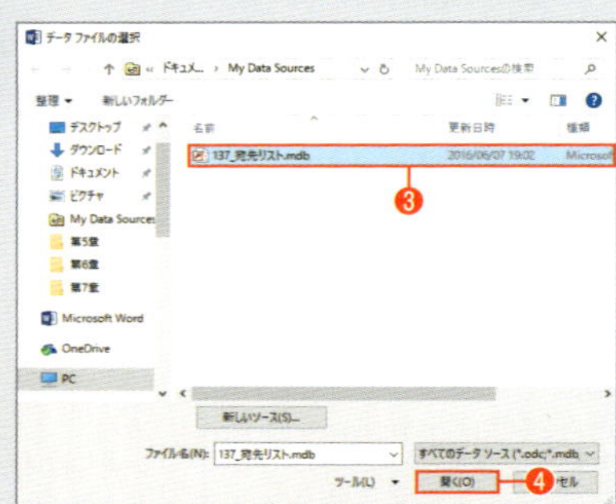
データ ファイルの選択
137_宛先リスト.mdb
ファイル名(N): 137_宛先リスト.mdb
開く(O)

③リストから差し込みたいデータを選択

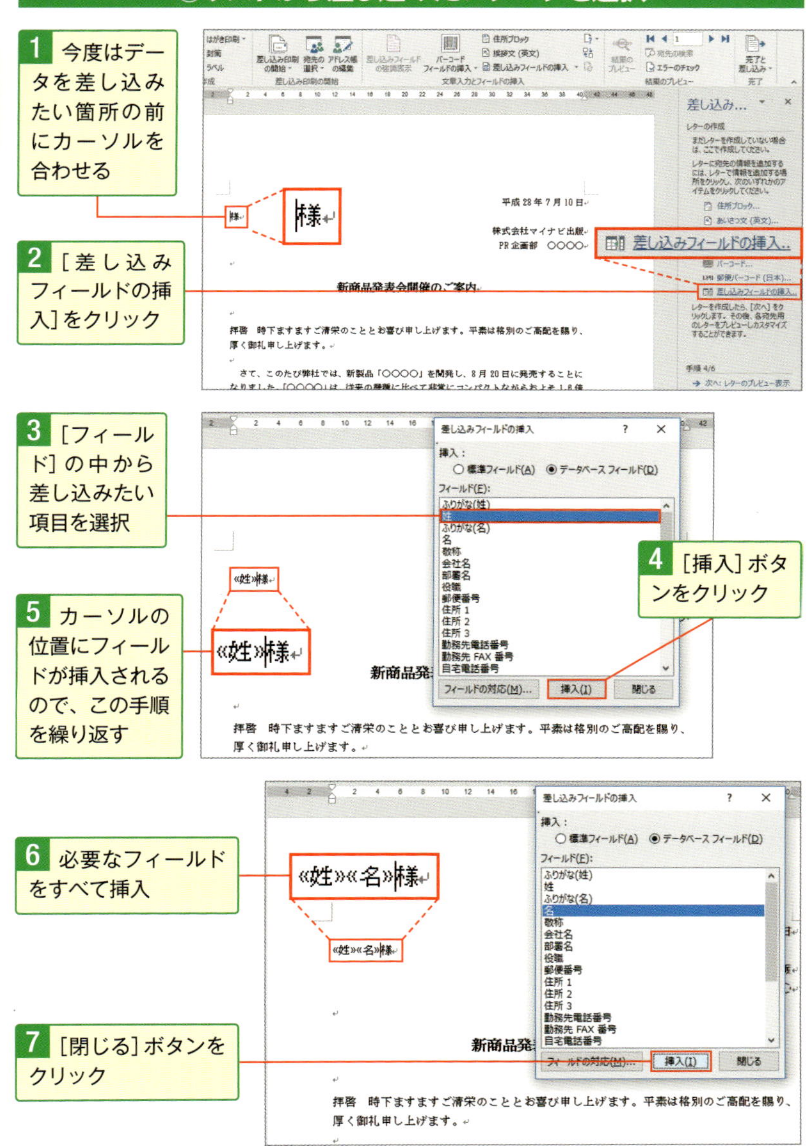
1 今度はデータを差し込みたい箇所の前にカーソルを合わせる
2 [差し込みフィールドの挿入]をクリック
3 [フィールド]の中から差し込みたい項目を選択
4 [挿入]ボタンをクリック
5 カーソルの位置にフィールドが挿入されるので、この手順を繰り返す
6 必要なフィールドをすべて挿入
7 [閉じる]ボタンをクリック
平成 28 年 7 月 10 日
株式会社マイナビ出版
PR 企画部 ○○○○
差し込みフィールドの挿入...
新商品発表会開催のご案内
拝啓 時下ますますご清栄のこととお喜び申し上げます。平素は格別のご高配を賜り、厚く御礼申し上げます。
さて、このたび弊社では、新製品「○○○○」を開発し、8 月 20 日に発売することになりました。
差し込みフィールドの挿入
挿入：
標準フィールド(A)
データベース フィールド(D)
フィールド(F):
ふりがな(姓)
姓
ふりがな(名)
名
敬称
会社名
部署名
役職
郵便番号
住所 1
住所 2
住所 3
勤務先電話番号
勤務先 FAX 番号
自宅電話番号
フィールドの対応(M)...
挿入(I)
閉じる
«姓»様
«姓»«名»様

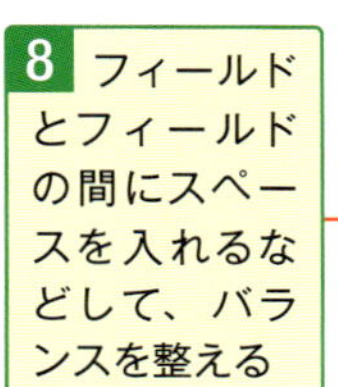
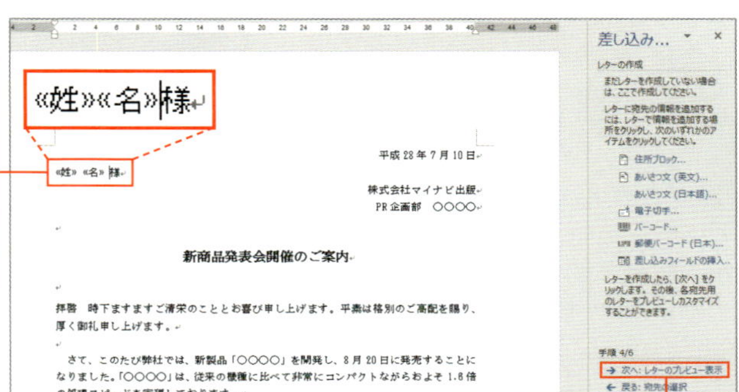

8 フィールドとフィールドの間にスペースを入れるなどして、バランスを整える

9 [次へ：レターのプレビュー表示] をクリック

④実際に印刷を行う

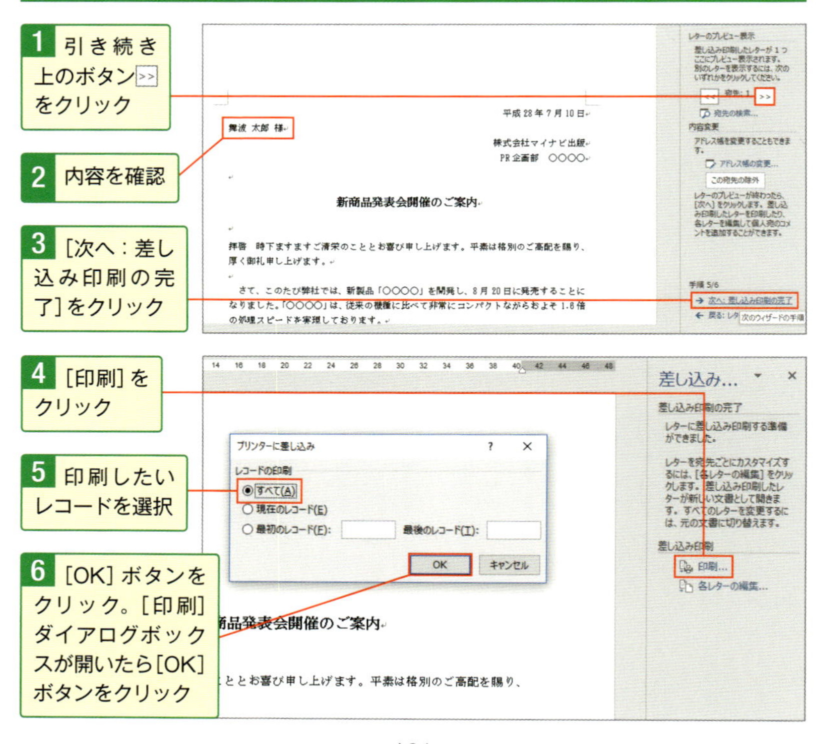

1 引き続き上のボタン>>をクリック

2 内容を確認

3 [次へ：差し込み印刷の完了]をクリック

4 [印刷] をクリック

5 印刷したいレコードを選択

6 [OK] ボタンをクリック。[印刷] ダイアログボックスが開いたら[OK] ボタンをクリック

No.138 はがきの宛名でも差し込み印刷を利用するには

「はがき宛名面印刷ウィザード」を使うとはがきの宛名面を作れます。ここでは既存の住所録ファイルを使って差し込み印刷を行ってみましょう。操作手順をダイジェストで紹介します（181ページも参照してください）。

1 ［差し込み文書］タブを選択

2 ［はがき印刷］をクリック

3 ［宛名面の作成］を選択

4 画面の指示に従い、右図で［既存の住所録ファイル］（2007では［他の住所録ファイルを差し込む］）を選択

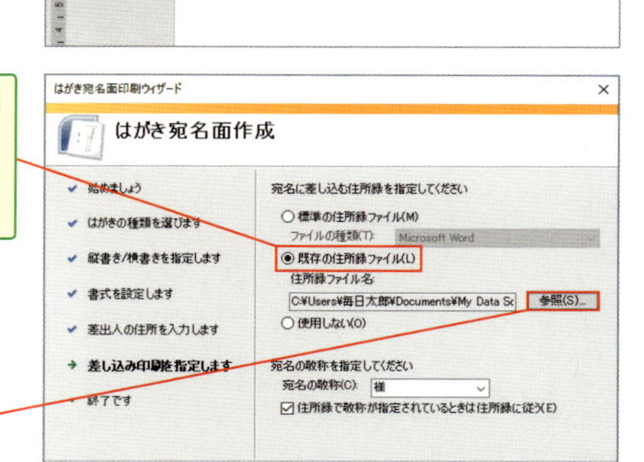
はがき宛名面印刷ウィザード
はがき宛名面作成
始めましょう
はがきの種類を選びます
縦書き/横書きを指定します
書式を設定します
差出人の住所を入力します
差し込み印刷を指定します
終了です
宛名に差し込む住所録を指定してください
標準の住所録ファイル(M)
ファイルの種類(T):
Microsoft Word
既存の住所録ファイル(L)
住所録ファイル名:
C:¥Users¥毎日太郎¥Documents¥My Data Sc
参照(S)...
使用しない(O)
宛名の敬称を指定してください
宛名の敬称(C):
様
住所録で敬称が指定されているときは住所録に従う(E)
< 戻る(P)
次へ(N) >
完了(F)
キャンセル

5 ［参照］ボタンをクリックして宛先リストのファイルを選択

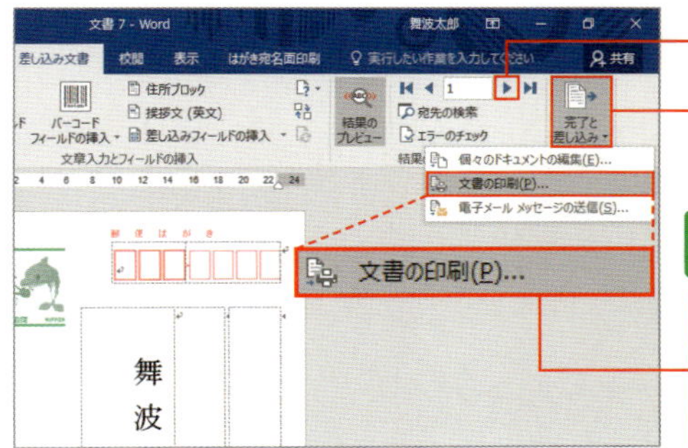
文書 7 - Word
舞波太郎
差し込み文書
校閲
表示
はがき宛名面印刷
実行したい作業を入力してください
共有
住所ブロック
挨拶文 (英文)
差し込みフィールドの挿入
バーコードフィールドの挿入
文章入力とフィールドの挿入
結果のプレビュー
宛先の検索
エラーのチェック
完了と差し込み
個々のドキュメントの編集(E)...
文書の印刷(P)...
電子メール メッセージの送信(S)...
文書の印刷(P)...
舞
波

6 はがきの宛名面が表示される。［次のレコード］ボタン▶をクリックすると、2件目以降のレコードが確認できる

7 ［完了と差し込み］をクリック

8 ［文書の印刷］を選択すると、差し込んだデータの数だけ宛名の異なるはがきが印刷される

第8章
こだわりの文書作成に役立つ支援ワザ

ビジネスでは取引先や上司から意外な対応を求められるものです。先方のWordのバージョンが古かったり、変更履歴を残したがったり、PDFを要求されたり……。そうした相手のこだわりにはきっちり応えていきましょう。Wordを自分の使用スタイルに合わせる方法も紹介します。

No.139 ネット上に文書を保存してほかのパソコンから参照したい

ネット上に文書を保存しておくと、ほかのパソコンで表示したり、別の人に見せたりできます。ここではOneDriveというマイクロソフトのクラウドサービスを使い、Word 2016での手軽な利用法を紹介しましょう。

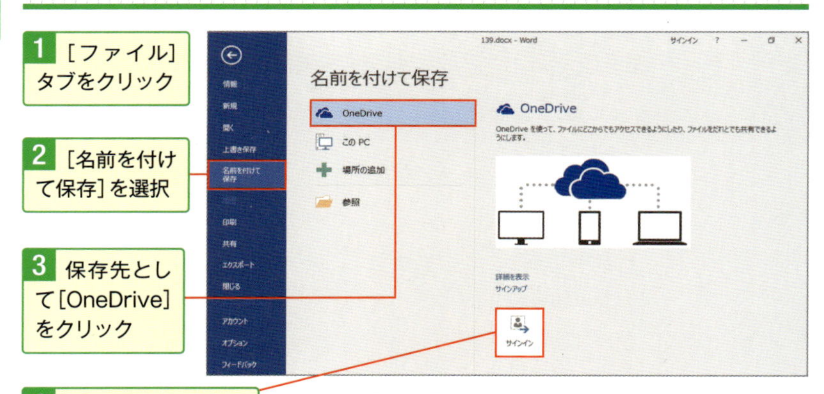
139.docx - Word
サインイン
情報
新規
開く
上書き保存
名前を付けて保存
印刷
共有
エクスポート
閉じる
アカウント
オプション
フィードバック
名前を付けて保存
OneDrive
この PC
場所の追加
参照
OneDrive
詳細を表示
サインアップ
サインイン

1 [ファイル]タブをクリック

2 [名前を付けて保存]を選択

3 保存先として[OneDrive]をクリック

4 [サインイン]ボタンをクリックしてサインインを済ませる

⚠ OneDriveの利用にはアカウントが必要です。持っていない場合はここから作成しましょう

5 保存したいフォルダーを選択

6 必要に応じてファイル名を変更

7 [保存]ボタンをクリックするとOneDrive内に文書が保存される

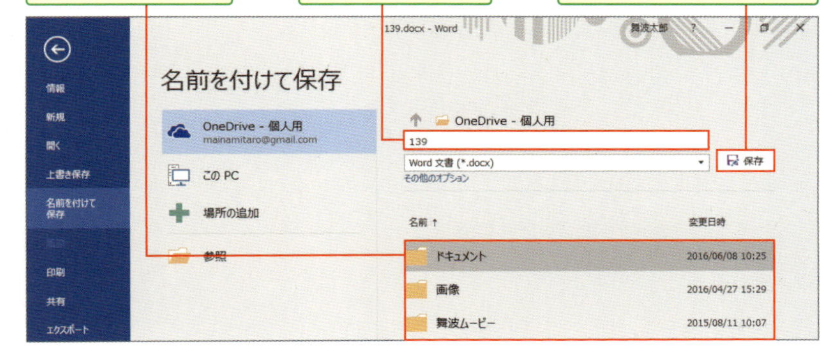
139.docx - Word
舞波太郎
情報
新規
開く
上書き保存
名前を付けて保存
印刷
共有
エクスポート
名前を付けて保存
OneDrive - 個人用
mainamitaro@gmail.com
この PC
場所の追加
参照
OneDrive - 個人用
139
Word 文書 (*.docx)
その他のオプション
保存
名前 ↑
変更日時
ドキュメント
2016/06/08 10:25
画像
2016/04/27 15:29
舞波ムービー
2015/08/11 10:07

No.140

いますぐ相手に届けたい！ OneDrive内の文書を共有

前ページでは文書をOneDriveに保存しましたが、こうしたファイルは簡単な操作でほかの人と共有できます。Word 2016はOneDriveとの連携機能が強化されているので、その使い勝手を見ておきましょう。

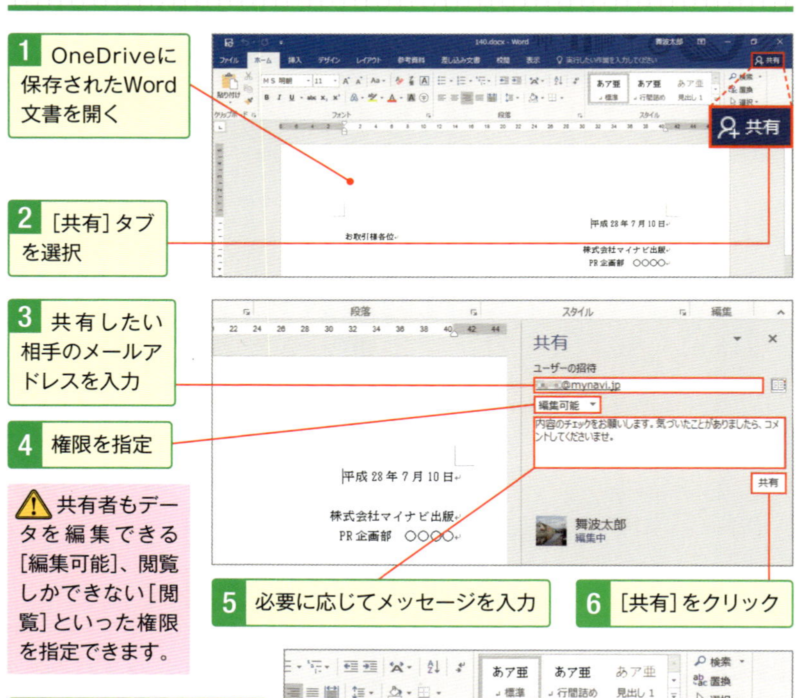
1 OneDriveに保存されたWord文書を開く
2 [共有] タブを選択
3 共有したい相手のメールアドレスを入力
4 権限を指定
共有者もデータを編集できる[編集可能]、閲覧しかできない[閲覧]といった権限を指定できます。
5 必要に応じてメッセージを入力
6 [共有] をクリック
共有
ユーザーの招待
@mynavi.jp
編集可能
内容のチェックをお願いします。気づいたことがありましたら、コメントしてくださいませ。
舞波太郎
編集中
平成 28 年 7 月 10 日
お取引様各位
株式会社マイナビ出版
PR 企画部 ○○○○

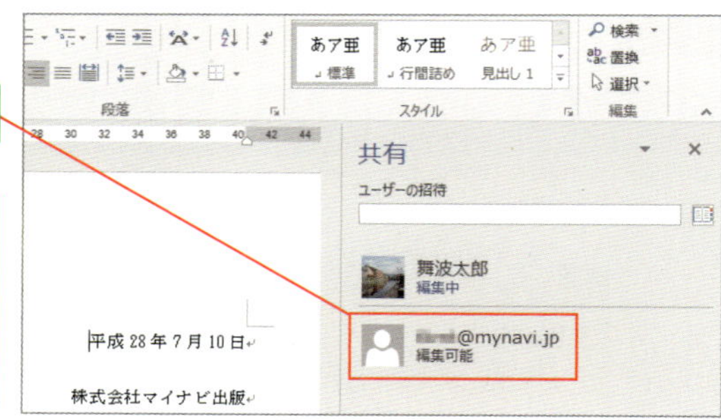
7 共有相手が追加された
共有相手には招待メールが届き、メール本文に含まれたリンクをクリックすると、共有できるようになります。
共有
ユーザーの招待
舞波太郎
編集中
@mynavi.jp
編集可能
平成 28 年 7 月 10 日
株式会社マイナビ出版

No.141 安全性が不確かな文書……そのまま開いても大丈夫!?

Word 2016/2013/2010は「保護ビュー」という機能を備え、編集機能が使えない読み取り専用の状態でファイルを開けます。これによりウイルスなどのリスクを抑えながら文書の内容をチェックできます。

1 [ファイル]タブをクリック

2 [開く]をクリック(2010は手順5へ)

3 保存場所をクリック

4 [参照]をクリック

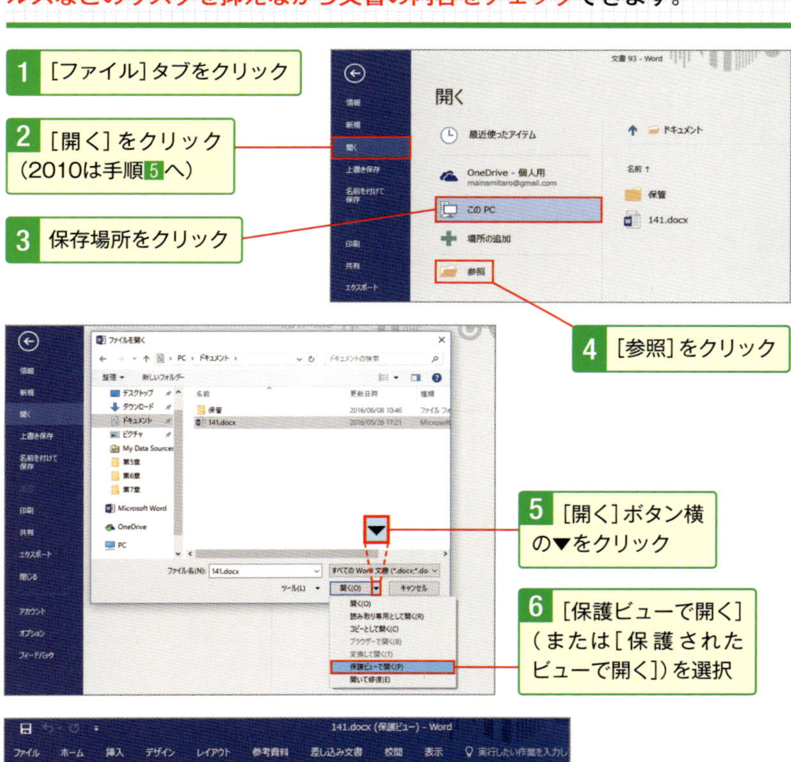

5 [開く]ボタン横の▼をクリック

6 [保護ビューで開く](または[保護されたビューで開く])を選択

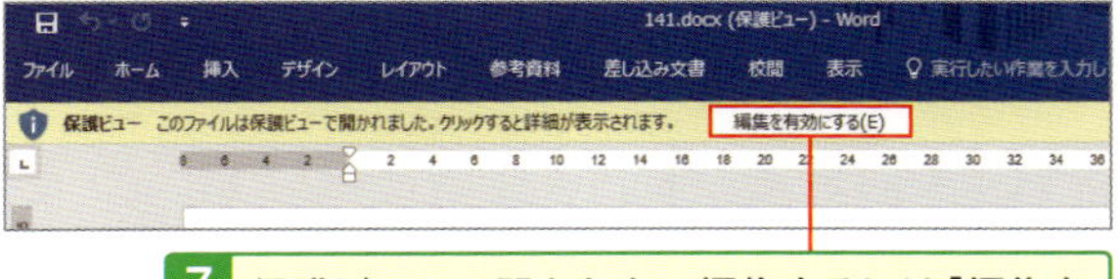

7 保護ビューで開かれた。編集するには[編集を有効にする]をクリック(環境によっては[ファイル]→[情報]→[編集を有効にする]とクリック)

⚠ Wordが安全でないと判断したファイルに対して自動で「保護ビュー」が働くこともあります。

No. 142

文書を保存し忘れたら自動保存されている可能性にかける！

Word 2016/2013/2010で編集中の文書は、初期状態だと10分おきに自動で保存されます。何らかの理由で保存せずに終了してしまった場合は、文書を復元できるかどうか試してみるといいでしょう。

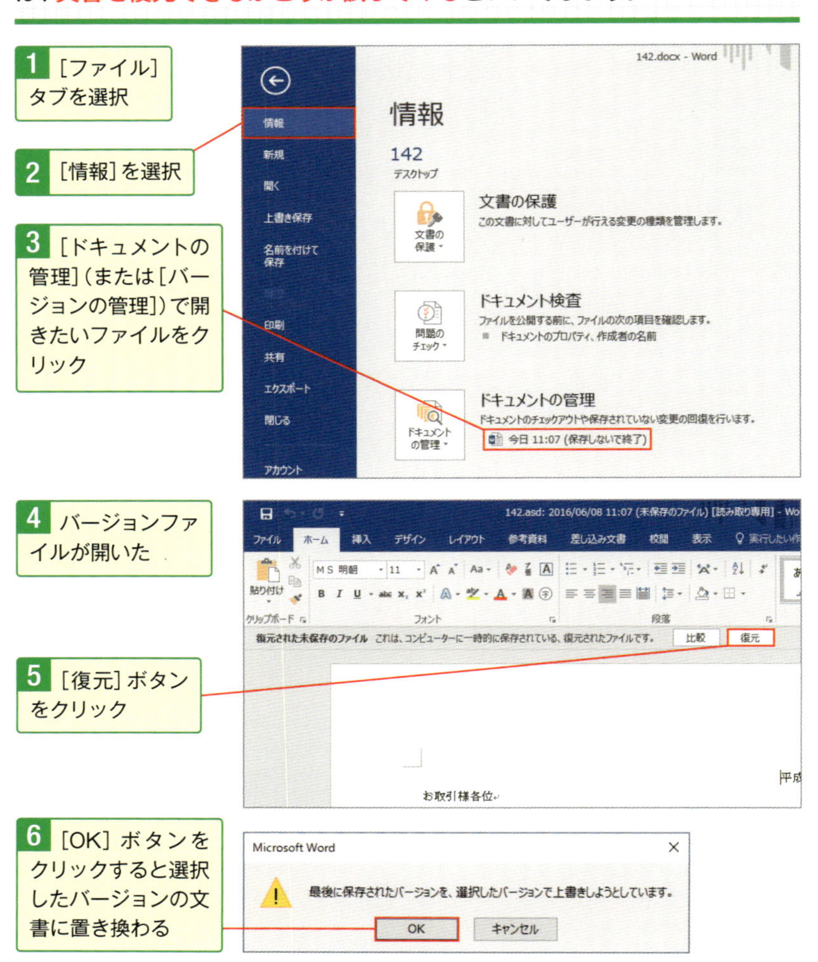

1 ［ファイル］タブを選択
2 ［情報］を選択
3 ［ドキュメントの管理］（または［バージョンの管理］）で開きたいファイルをクリック
4 バージョンファイルが開いた
5 ［復元］ボタンをクリック
6 ［OK］ボタンをクリックすると選択したバージョンの文書に置き換わる
142.docx - Word
情報
新規
開く
上書き保存
名前を付けて保存
印刷
共有
エクスポート
閉じる
アカウント
142
デスクトップ
文書の保護
この文書に対してユーザーが行える変更の種類を管理します。
ドキュメント検査
ファイルを公開する前に、ファイルの次の項目を確認します。
ドキュメントのプロパティ、作成者の名前
問題のチェック
ドキュメントの管理
ドキュメントのチェックアウトや保存されていない変更の回復を行います。
今日 11:07 (保存しないで終了)
142.asd: 2016/06/08 11:07 (未保存のファイル) [読み取り専用]
ファイル
ホーム
挿入
デザイン
レイアウト
参考資料
差し込み文書
校閲
表示
復元された未保存のファイル これは、コンピューターに一時的に保存されている、復元されたファイルです。
比較
復元
お取引様各位
Microsoft Word
最後に保存されたバージョンを、選択したバージョンで上書きしようとしています。
OK
キャンセル

No. 143 意見や疑問などちょっとしたメモ書きを文書中に残す

送られたWordファイルを閲覧していて、意見や疑問があった場合、文書中にメモ書きを残せると便利です。また、文書を先方に送る際に相談したい箇所もあるでしょう。このようなときはコメントを使います。

1 コメントを付けたい文字列を選択

2 ［校閲］タブを選択

3 ［新しいコメント］（または［コメントの挿入］）をクリック

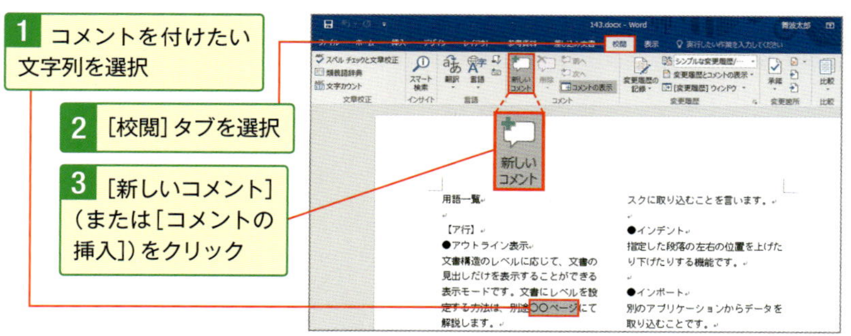
143.docx - Word
校閲
新しい
コメント
用語一覧
【ア行】
●アウトライン表示
文書構造のレベルに応じて、文書の見出しだけを表示することができる表示モードです。文書にレベルを設定する方法は、別途〇〇ページにて解説します。
スクに取り込むことを言います。
●インデント
指定した段落の左右の位置を上げたり下げたりする機能です。
●インポート
別のアプリケーションからデータを取り込むことです。

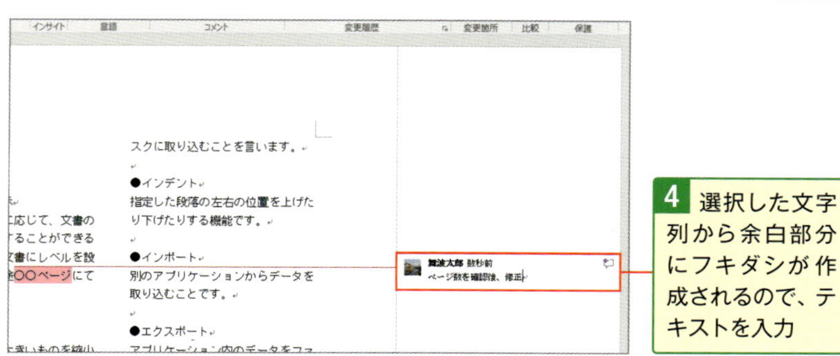
スクに取り込むことを言います。
●インデント
指定した段落の左右の位置を上げたり下げたりする機能です。
●インポート
別のアプリケーションからデータを取り込むことです。
●エクスポート
舞波太郎 数秒前
ページ数を確認後、修正

4 選択した文字列から余白部分にフキダシが作成されるので、テキストを入力

トラブル解決 コメントを非表示にしたい

作業中はコメントが邪魔になることがあります。表示・非表示を切り替えるには［校閲］タブの［コメントの表示］（2010/2007は［変更履歴とコメントの表示］をクリックして［コメント］）を選択します❶。

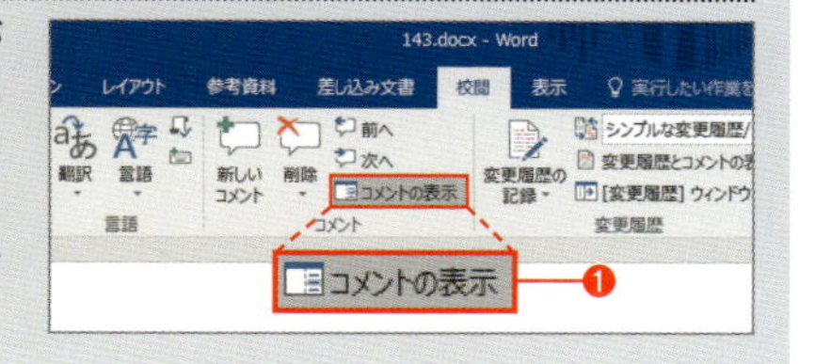
143.docx - Word
レイアウト
参考資料
差し込み文書
校閲
表示
翻訳
言語
新しい
コメント
削除
前へ
次へ
コメントの表示
変更履歴の
記録
シンプルな変更履歴/
変更履歴
コメントの表示
❶

No. 144 しっかりとした言い訳がある! コメントに対して返信したい

前ページではコメントの入力方法を解説しましたが、先方からもらったコメントに対して返信したいと思うことはないでしょうか。**意見や疑問にしっかり応えることで、互いのビジネスも進展していくはず**です。

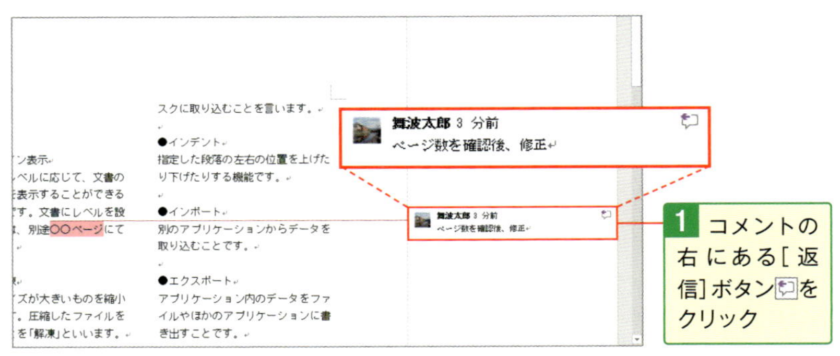

舞波太郎 3 分前
ページ数を確認後、修正

1 コメントの右にある[返信]ボタンをクリック

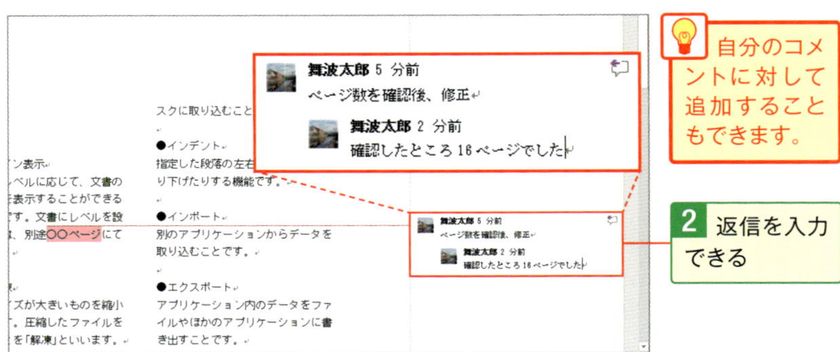

舞波太郎 5 分前
ページ数を確認後、修正
舞波太郎 2 分前
確認したところ16ページでした

自分のコメントに対して追加することもできます。

2 返信を入力できる

トラブル解決
コメントを削除したい!

コメントを削除するには、コメントのフキダシ内をクリックし❶、[校閲] タブの[削除] ボタンをクリックしましょう❷。

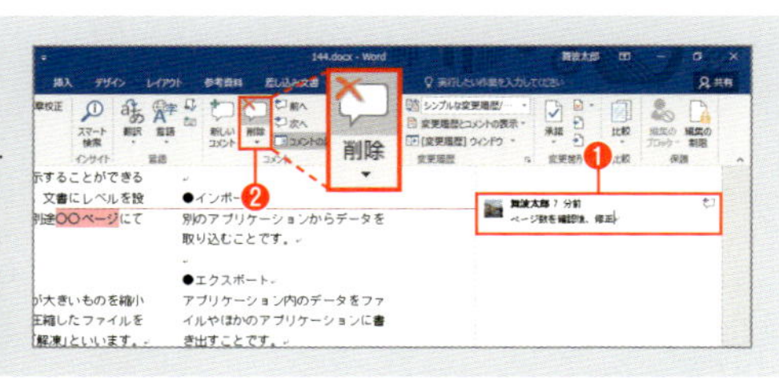

削除

No.145 文書の修正を確実に行うなら変更箇所を記録しておこう

文書の修正指示を受けた場合、「変更履歴」として記録しながら直すといいでしょう。変更点は「承諾」という作業を行わないと反映されないので、確認してから修正を反映するという手続きが容易になります。

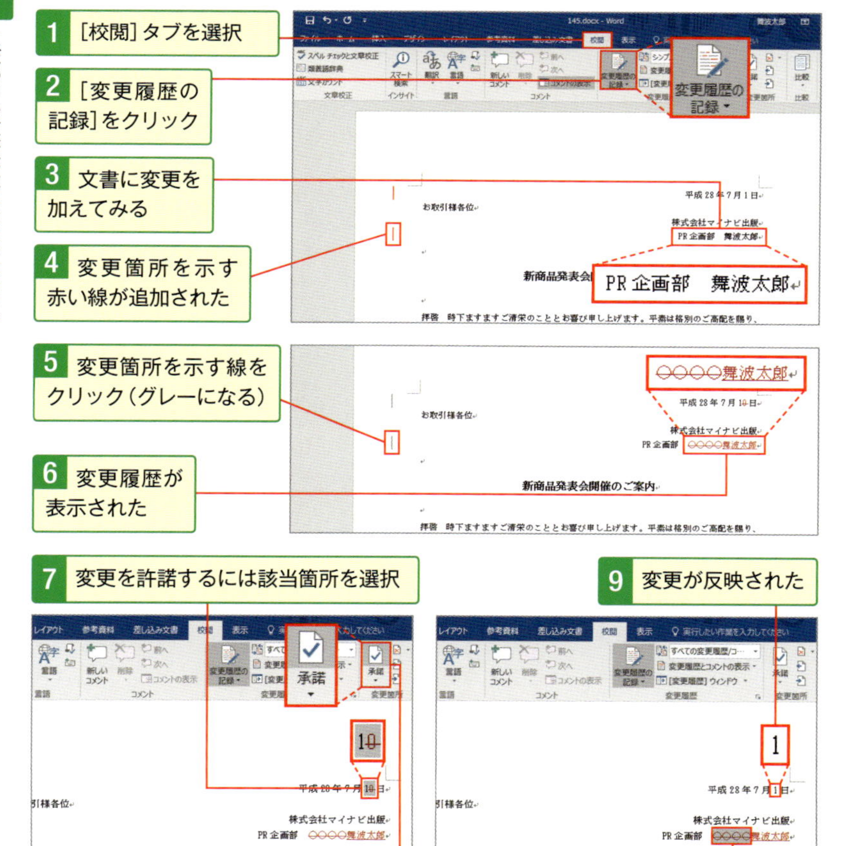
1 [校閲]タブを選択
2 [変更履歴の記録]をクリック
3 文書に変更を加えてみる
4 変更箇所を示す赤い線が追加された
5 変更箇所を示す線をクリック(グレーになる)
6 変更履歴が表示された
7 変更を許諾するには該当箇所を選択
8 [校閲]タブの[許諾]をクリック
9 変更が反映された
10 次の変更箇所が選択される
変更履歴の記録
PR 企画部　舞波太郎
承諾
お取引様各位
平成 28 年 7 月 1 日
株式会社マイナビ出版
新商品発表会開催のご案内

No. 146 2つの文書の違いはどこ？ 変更前後の内容を細かく比較

確認のため修正前と後の文書を渡されたものの、どこを直したかわからない……。そんなときは、変更した前後の文書を比較し、どこに修正が加えられたかチェックする機能を使いましょう。いざというときに便利です。

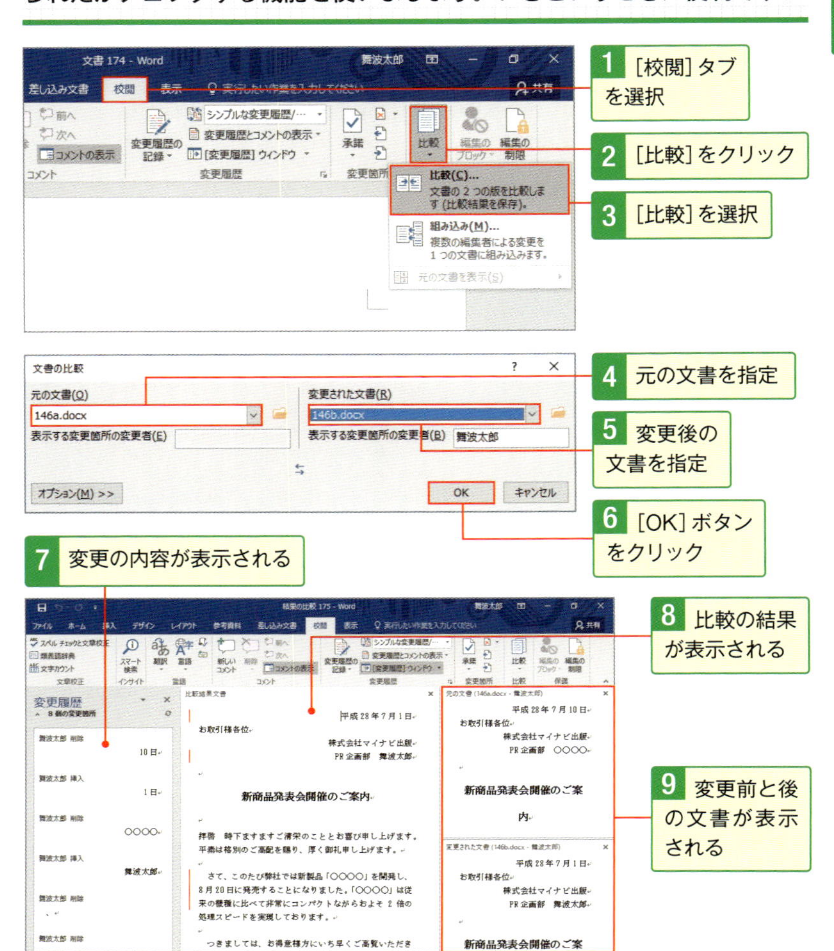

1 [校閲] タブを選択
2 [比較] をクリック
3 [比較] を選択
4 元の文書を指定
5 変更後の文書を指定
6 [OK] ボタンをクリック
7 変更の内容が表示される
8 比較の結果が表示される
9 変更前と後の文書が表示される
文書の比較
元の文書(O)
146a.docx
変更された文書(R)
146b.docx
表示する変更箇所の変更者(E)
表示する変更箇所の変更者(B)
舞波太郎
オプション(M) >>
OK
キャンセル
比較(C)...
文書の 2 つの版を比較します (比較結果を保存)。
組み込み(M)...
複数の編集者による変更を 1 つの文書に組み込みます。

No.147 自分がよく使う機能をまとめた唯一無二のリボンを作るには

画面上部に配置されている「リボン」ですが、ここには自分好みのボタンで構成されたオリジナルのタブを追加できます。グループごとにボタンを登録できるので、きっと使い勝手がアップすることでしょう。

1 [ファイル]タブ(2007では[Office]ボタン)を選択し、[オプション](2007では[Wordのオプション])をクリックしておく

2 [リボンのユーザー設定]をクリック

3 [メインタブ]を選択

4 タブの挿入位置を選択

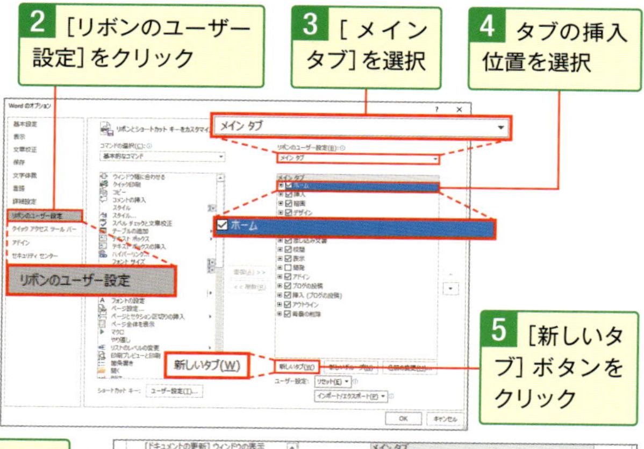
リボンのユーザー設定
メイン タブ
ホーム
新しいタブ(W)

5 [新しいタブ]ボタンをクリック

6 新しいタブやグループが挿入される

7 グループ名を選択

8 追加したいコマンドをクリック

9 [追加]ボタンをクリック

10 コマンドが追加される

11 [OK]ボタンをクリック

12 新しいタブとグループにコマンドが追加された

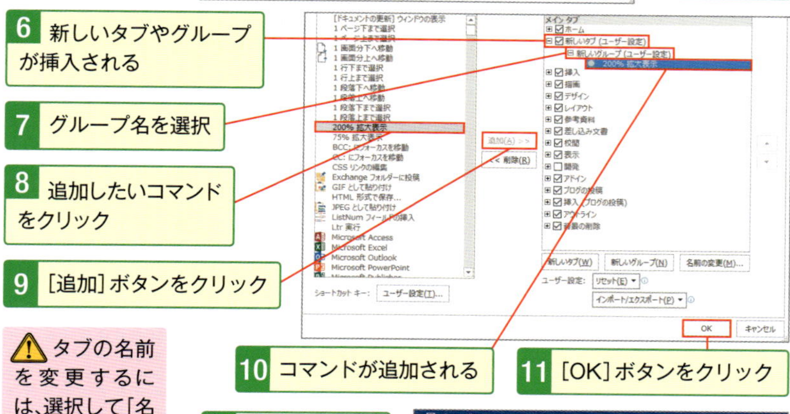
新しいタブ (ユーザー設定)
新しいグループ (ユーザー設定)
200% 拡大表示
追加(A) >>
<< 削除(R)
OK
キャンセル
ファイル
ホーム
新しいタブ
挿入
デザイン
レイアウト
参考資料
差し込み文書
校閲
200%
拡大表示
新しいグループ

⚠ タブの名前を変更するには、選択して[名前の変更]ボタンをクリックしましょう。

No.148 リボンが閲覧の妨げになるなら一時的に非表示にする手もあり

リボンはさまざまなボタンにアクセスできる機能ですが、画面のスペースを取るため、文書の内容を閲覧したいときは非表示にした方が見安いでしょう。表示と非表示はカンタンに切り替えられます。

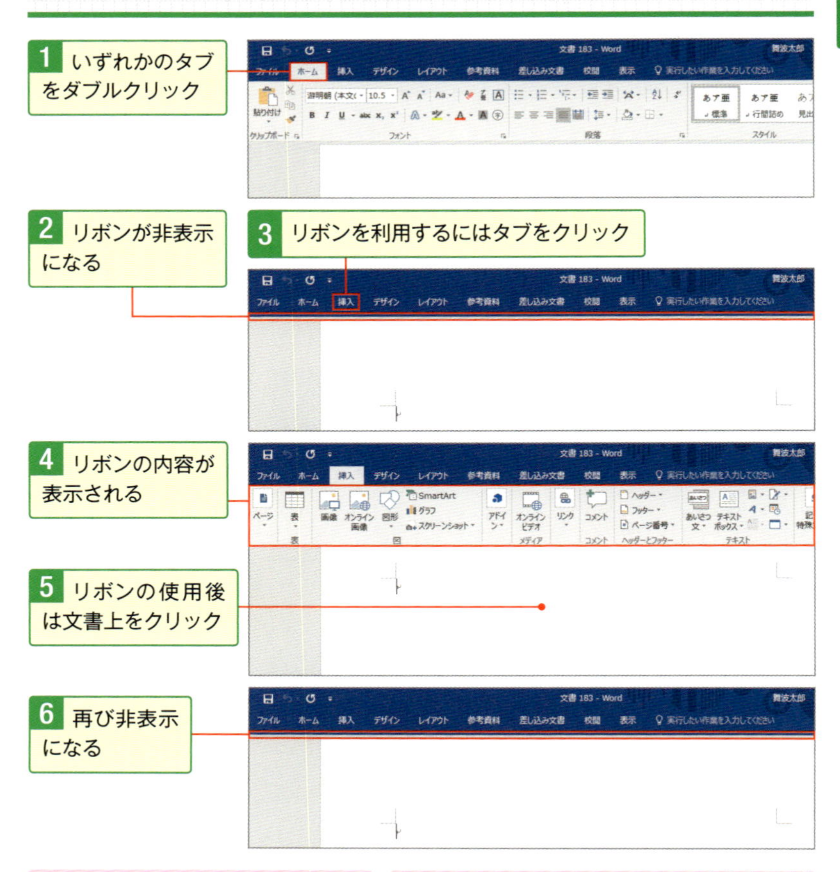
1 いずれかのタブをダブルクリック
2 リボンが非表示になる
3 リボンを利用するにはタブをクリック
4 リボンの内容が表示される
5 リボンの使用後は文書上をクリック
6 再び非表示になる
文書 183 - Word
ファイル
ホーム
挿入
デザイン
レイアウト
参考資料
差し込み文書
校閲
表示

⚠ 文字の選択や入力といった操作を行うことで、非表示に戻ります。

⚠ リボンが常に表示される状態に戻すには、いずれかのタブをダブルクリックします。

No.149 特に使用頻度の高いボタンはいつも表示しておくのが効率的

画面左上にあるクイックアクセスツールバーには、よく使うボタンを登録できます。選択中のリボンに関係なく常に表示できるので、仕事の効率もアップするでしょう。ビジネスはやはり環境から整えたいところです。

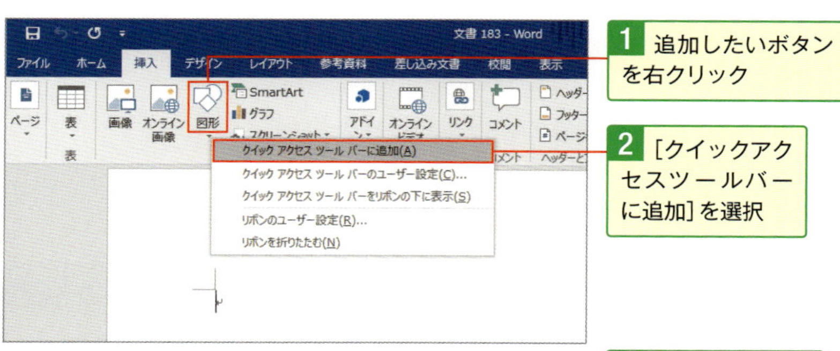
文書 183 - Word
ファイル
ホーム
挿入
デザイン
レイアウト
参考資料
差し込み文書
校閲
表示
SmartArt
グラフ
ページ
表
画像
オンライン画像
図形
アドイン
オンラインビデオ
リンク
コメント
クイック アクセス ツール バーに追加(A)
クイック アクセス ツール バーのユーザー設定(C)...
クイック アクセス ツール バーをリボンの下に表示(S)
リボンのユーザー設定(R)...
リボンを折りたたむ(N)

1 追加したいボタンを右クリック

2 ［クイックアクセスツールバーに追加］を選択

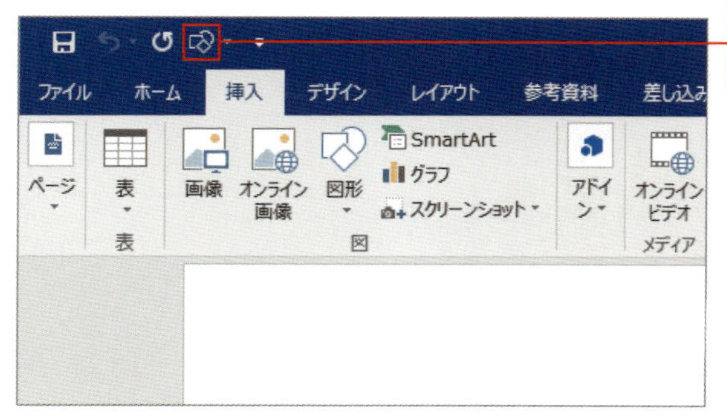
ファイル
ホーム
挿入
デザイン
レイアウト
参考資料
SmartArt
グラフ
スクリーンショット
ページ
表
画像
オンライン画像
図形
アドイン
オンラインビデオ
図
メディア

3 指定したボタンが追加された

⚠ クイックアクセスツールバー上のボタンを削除するには、ボタンを右クリックし、［クイックアクセスツールバーから削除］を選択します。

スキルアップ グループごと追加できる

クイックアクセスツールバーにはグループごと追加できます。グループ名を右クリックし❶、［クイックアクセスツールバーに追加］を選択しましょう❷。

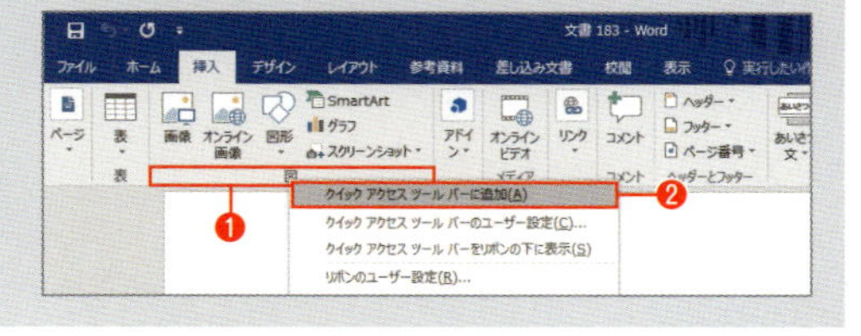
文書 183 - Word
クイック アクセス ツール バーに追加(A)
クイック アクセス ツール バーのユーザー設定(C)...
クイック アクセス ツール バーをリボンの下に表示(S)
リボンのユーザー設定(R)...

No.150

ページ間にある余白は不要!? つなげた方が集中できる

通常の[印刷レイアウト]表示の場合、人によっては用紙の余白がページの境目を編集する際にジャマに思えることがあります。そのようなときは余白を非表示にして作業の効率アップを図りましょう。

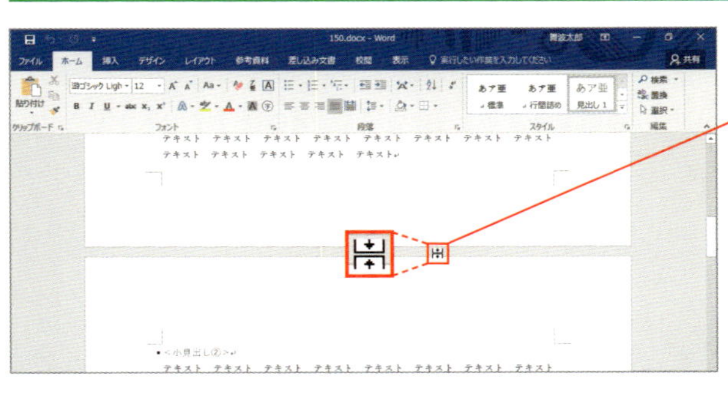

1 ページとページの間にポインターを合わせ、形が変わったらダブルクリック

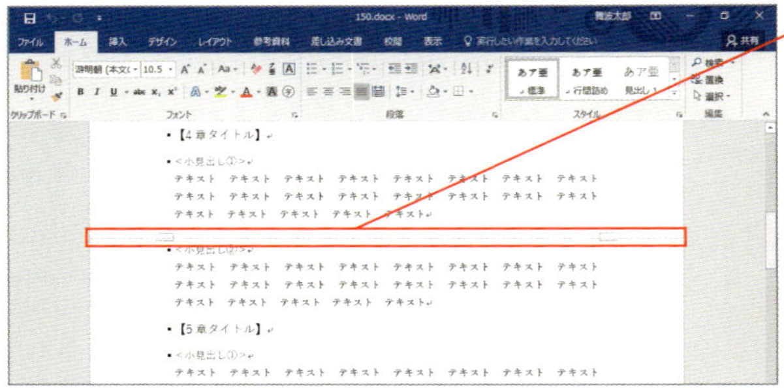

2 余白が消え、上下のページを続けて編集しやすくなる

⚠ 再度余白を表示するには、ページの境界線上にポインターを合わせてダブルクリックします。

スキルアップ

あらかじめ余白を非表示にしておく

172ページを参考に[Wordのオプション]ダイアログボックスを表示します。左側の[表示]を選択し❶、[印刷レイアウト表示でページ間の余白を表示する]のチェックを外しておくと、あらかじめ余白を非表示にできます❷。

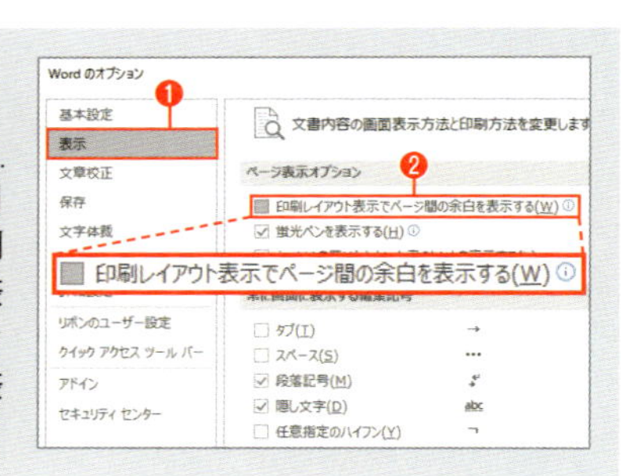
Word のオプション
基本設定
表示
文章校正
保存
文字体裁
リボンのユーザー設定
クイック アクセス ツール バー
アドイン
セキュリティ センター
文書内容の画面表示方法と印刷方法を変更します
ページ表示オプション
印刷レイアウト表示でページ間の余白を表示する(W)
蛍光ペンを表示する(H)
タブ(T)
スペース(S)
段落記号(M)
隠し文字(D)
任意指定のハイフン(Y)

No.151 離れた箇所を同時に表示して スクロール疲れに終止符

同じ文書内を参照するため、スクロールを繰り返して表示を往復するのに疲れたことはないでしょうか。どうせならもっと意義のある作業で心地よく疲労したいもの。ウィンドウの「分割」を覚えておきましょう。

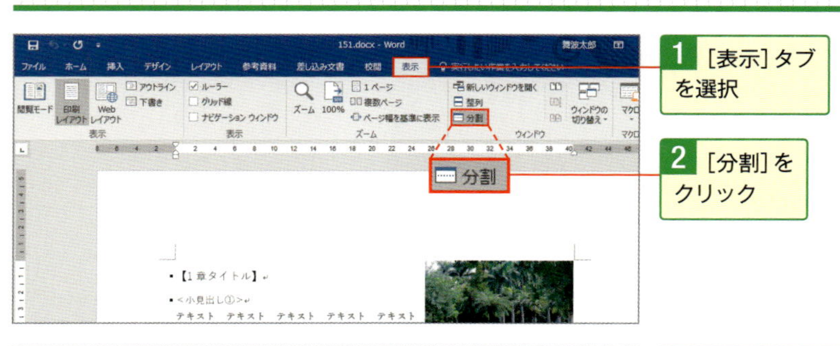
151.docx - Word
ファイル
ホーム
挿入
デザイン
レイアウト
参考資料
差し込み文書
校閲
表示
閲覧モード
印刷レイアウト
Web レイアウト
アウトライン
下書き
ルーラー
グリッド線
ナビゲーション ウィンドウ
ズーム
100%
1ページ
複数ページ
ページ幅を基準に表示
新しいウィンドウを開く
整列
分割
ウィンドウの切り替え
マクロ
【1章タイトル】
<小見出し①>
テキスト テキスト テキスト テキスト テキスト

1 [表示]タブを選択

2 [分割]をクリック

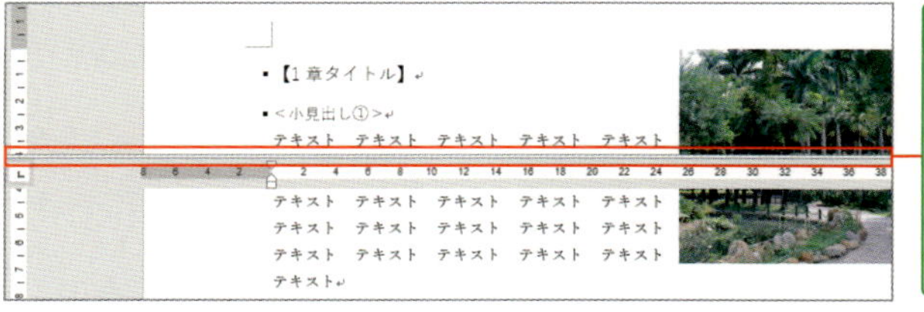
【1章タイトル】
<小見出し①>
テキスト テキスト テキスト テキスト テキスト
テキスト

3 表示されるグレーの線をドラッグで上下し、ウィンドウを分割したい位置でクリック

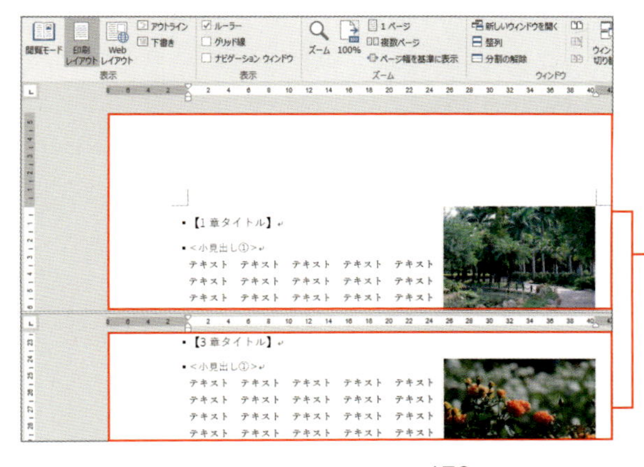
閲覧モード
印刷レイアウト
Web レイアウト
アウトライン
下書き
ルーラー
グリッド線
ナビゲーション ウィンドウ
ズーム
100%
1ページ
複数ページ
ページ幅を基準に表示
新しいウィンドウを開く
整列
分割の解除
【1章タイトル】
<小見出し①>
【3章タイトル】
<小見出し①>
テキスト テキスト テキスト テキスト テキスト

4 ウィンドウが分割され、それぞれスクロールが可能になる

⚠ 分割を解除するには[分割の解除]をクリックします。

No.152 取引先が使っているWordのバージョンがかなり昔らしい!

いまだに先方がWord 97~2003を使っている場合、基本的に拡張子「.doc」のファイルしか扱えません。Word 2007以降に対応した拡張子「.docx」の文書を配布する際は「Word 97-2003文書」に変換しましょう。

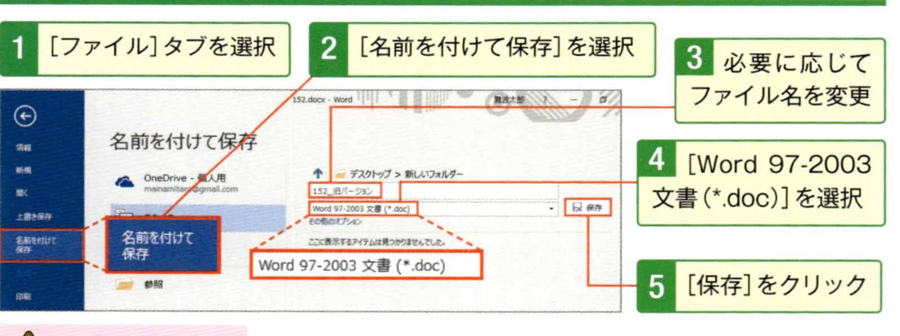
1 [ファイル]タブを選択
2 [名前を付けて保存]を選択
3 必要に応じてファイル名を変更
4 [Word 97-2003 文書(*.doc)]を選択
5 [保存]をクリック
名前を付けて保存
名前を付けて保存
Word 97-2003 文書 (*.doc)
152_旧バージョン

ファイルによっては[互換性チェック]ダイアログボックスが表示されるので、確認して[続行]ボタンをクリックします。

Word97-2003形式の文書は、拡張子が「.doc」になります。

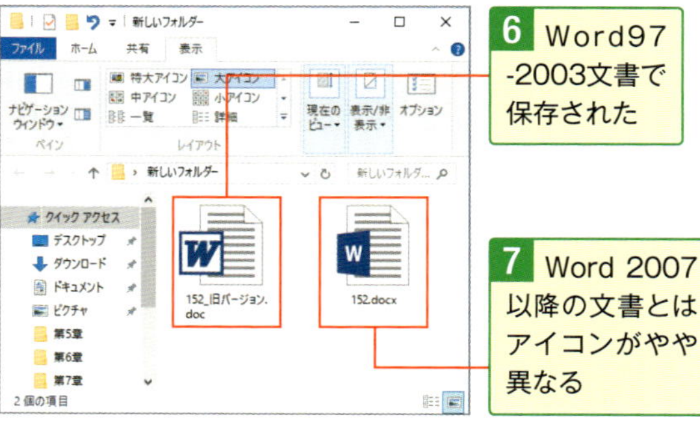
6 Word97-2003文書で保存された
7 Word 2007以降の文書とはアイコンがやや異なる
新しいフォルダー
152_旧バージョン.doc
152.docx
2 個の項目

スキルアップ

2013以前のWordでは?

Word 2013/2010/2007では次ページを参考に[名前を付けて保存](2007はさらにサブメニューから[Word 97-2003文書])を選択します。あとは[ファイルの種類]が[Word 97-2003文書]になっていることを確認し❶、保存しましょう❷。

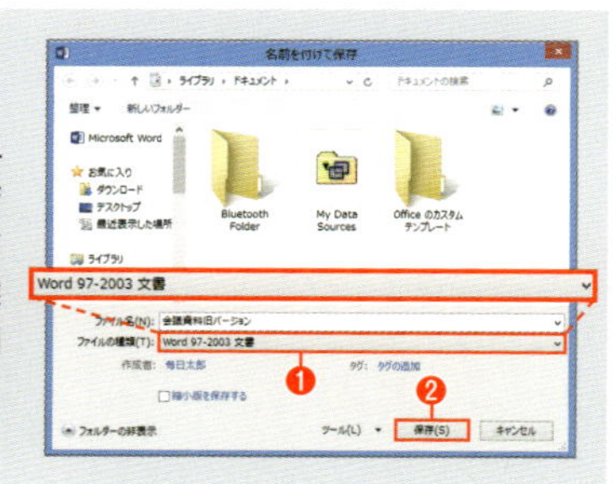
名前を付けて保存
Word 97-2003 文書
保存(S)
キャンセル

No.153 安易に流用されないようPDFファイルとして配布したい

Word文書をそのまま配布すると、カンタンに改変できてしまいます。そのような場合は**PDF形式**にしましょう。完全な形で流用されるリスクが減り、**Wordがない環境でも閲覧できる**ので、配布するのに適しています。

Word 2016の場合

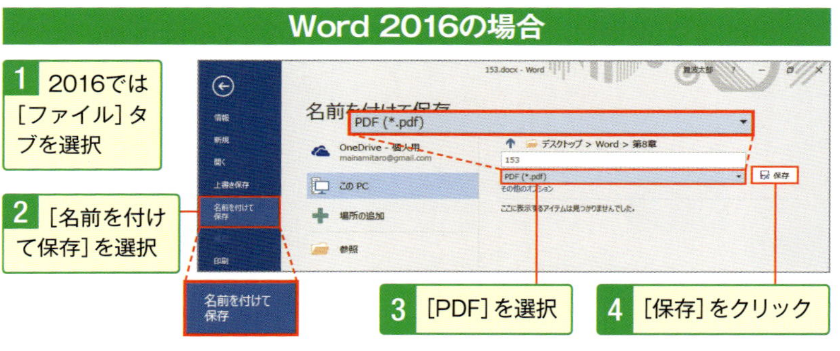
名前を付けて保存
PDF (*.pdf)
OneDrive - 個人用
この PC
場所の追加
参照
デスクトップ > Word > 第8章
153
保存
名前を付けて保存

1 2016では[ファイル]タブを選択

2 [名前を付けて保存]を選択

3 [PDF]を選択

4 [保存]をクリック

Word 2013/2010/2007の場合

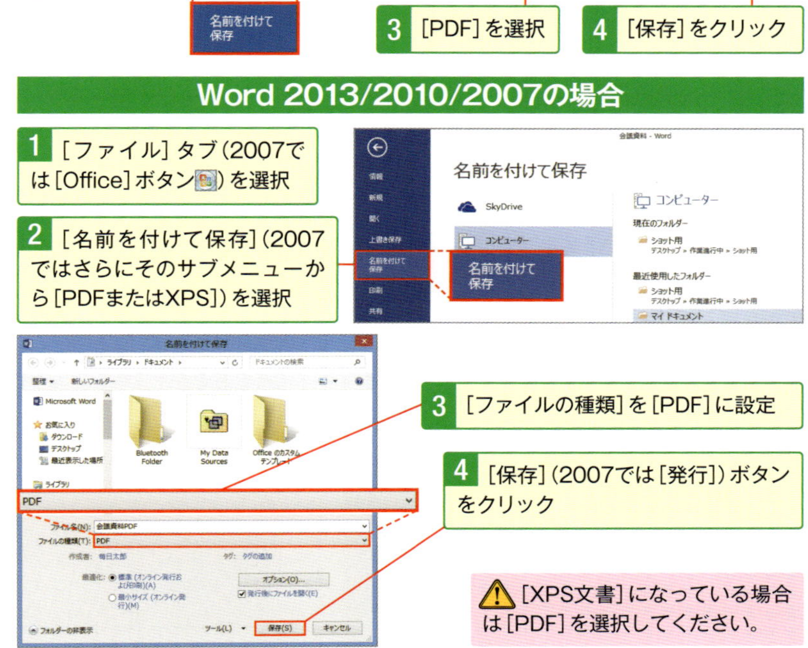
名前を付けて保存
SkyDrive
コンピューター
現在のフォルダー
最近使用したフォルダー
マイ ドキュメント
PDF
ファイル名(N): 会議資料PDF
ファイルの種類(T): PDF
保存(S)
キャンセル

1 [ファイル]タブ(2007では[Office]ボタン)を選択

2 [名前を付けて保存](2007ではさらにそのサブメニューから[PDFまたはXPS])を選択

3 [ファイルの種類]を[PDF]に設定

4 [保存](2007では[発行])ボタンをクリック

⚠ [XPS文書]になっている場合は[PDF]を選択してください。

No.154 やむを得ずPDFファイルを修正したいときはWordで開く

Word 2016/2013では、PDFファイルをWord文書に変換して編集できます。表示が実際と異なったりして完全には再現できませんが、試してみましょう。特に文字列で構成されたPDF文書に向いています。

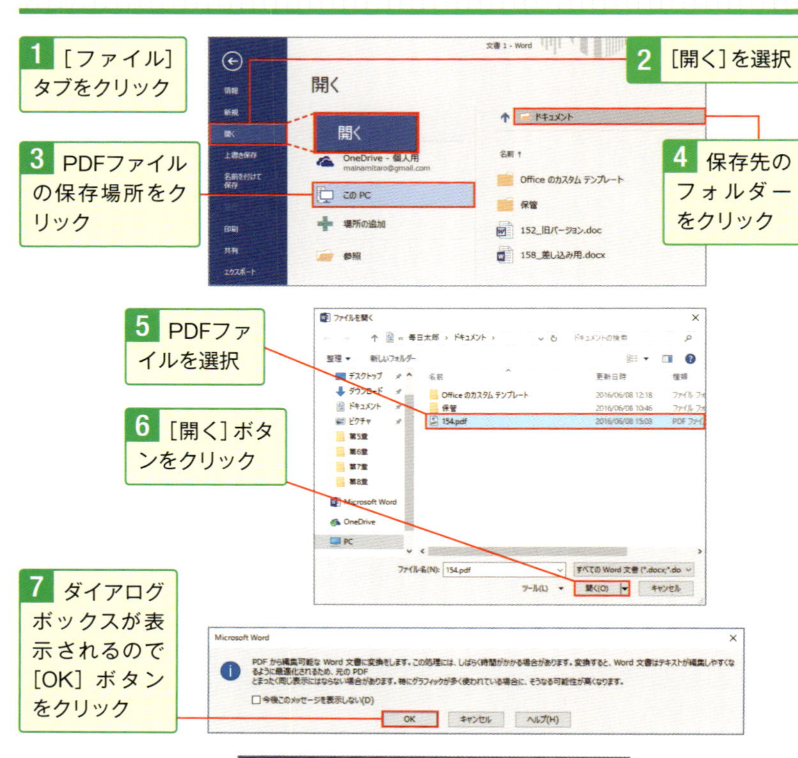
1 [ファイル]タブをクリック
2 [開く]を選択
3 PDFファイルの保存場所をクリック
4 保存先のフォルダーをクリック
5 PDFファイルを選択
6 [開く]ボタンをクリック
7 ダイアログボックスが表示されるので[OK]ボタンをクリック
開く
OneDrive - 個人用
この PC
場所の追加
参照
ドキュメント
Office のカスタム テンプレート
保管
152_旧バージョン.doc
158_差し込み用.docx
ファイルを開く
154.pdf
Microsoft Word
OK
キャンセル
ヘルプ(H)

8 PDFがWord文書として開かれ(実際の表示と異なる場合がある)、編集できる

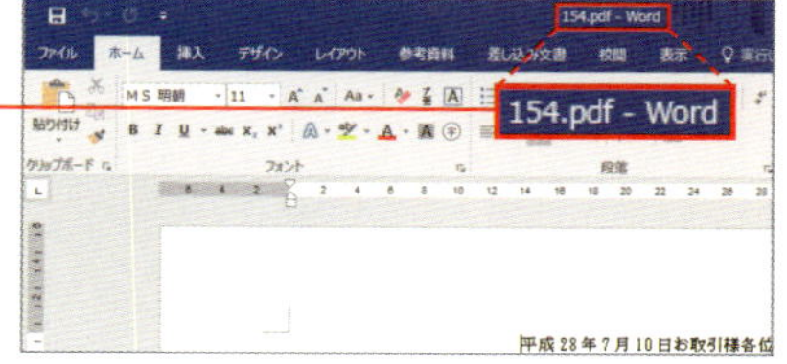
154.pdf - Word

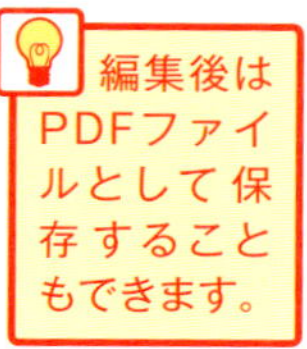
編集後はPDFファイルとして保存することもできます。

No.155 文書にパスワードを設定して許可した人にしか読ませない

会社や個人にとって重要な内容の文書には、パスワードを設定しておくといいでしょう。文書を開こうとするとパスワードを要求されるようになるので、パスワードを知らない人は閲覧することができません。

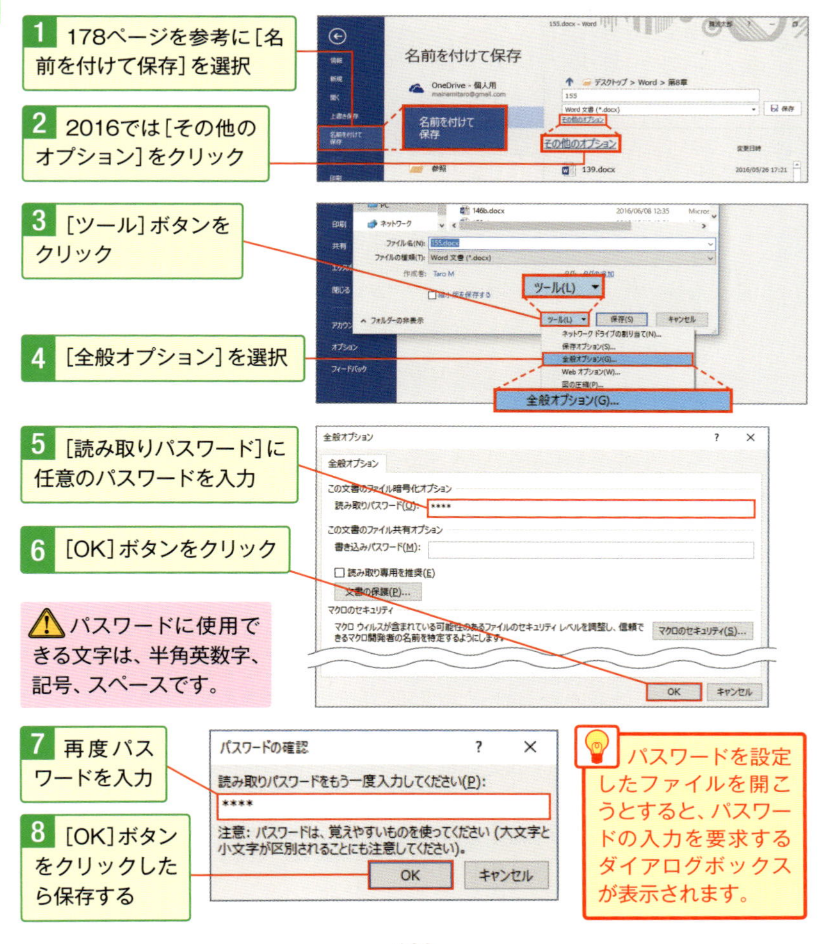
1 178ページを参考に[名前を付けて保存]を選択
2 2016では[その他のオプション]をクリック
名前を付けて保存
名前を付けて保存
その他のオプション
3 [ツール]ボタンをクリック
ツール(L)
4 [全般オプション]を選択
全般オプション(G)...
5 [読み取りパスワード]に任意のパスワードを入力
6 [OK]ボタンをクリック
全般オプション
この文書のファイル暗号化オプション
読み取りパスワード(O):
この文書のファイル共有オプション
書き込みパスワード(M):
読み取り専用を推奨(E)
文書の保護(P)...
マクロのセキュリティ
マクロのセキュリティ(S)...
OK
キャンセル
パスワードに使用できる文字は、半角英数字、記号、スペースです。
7 再度パスワードを入力
8 [OK]ボタンをクリックしたら保存する
パスワードの確認
読み取りパスワードをもう一度入力してください(P):
注意: パスワードは、覚えやすいものを使ってください (大文字と小文字が区別されることにも注意してください)。
OK
キャンセル
パスワードを設定したファイルを開こうとすると、パスワードの入力を要求するダイアログボックスが表示されます。

No.156

Word上からはがきの宛名面を効率よく作成できる!

Wordの「はがき宛名印刷ウィザード」という機能を使うと、はがきの宛名面を作成できます。162ページでは差し込み印刷による作成方法を紹介しましたが、そちらも参考にしつつ本機能を利用するといいでしょう。

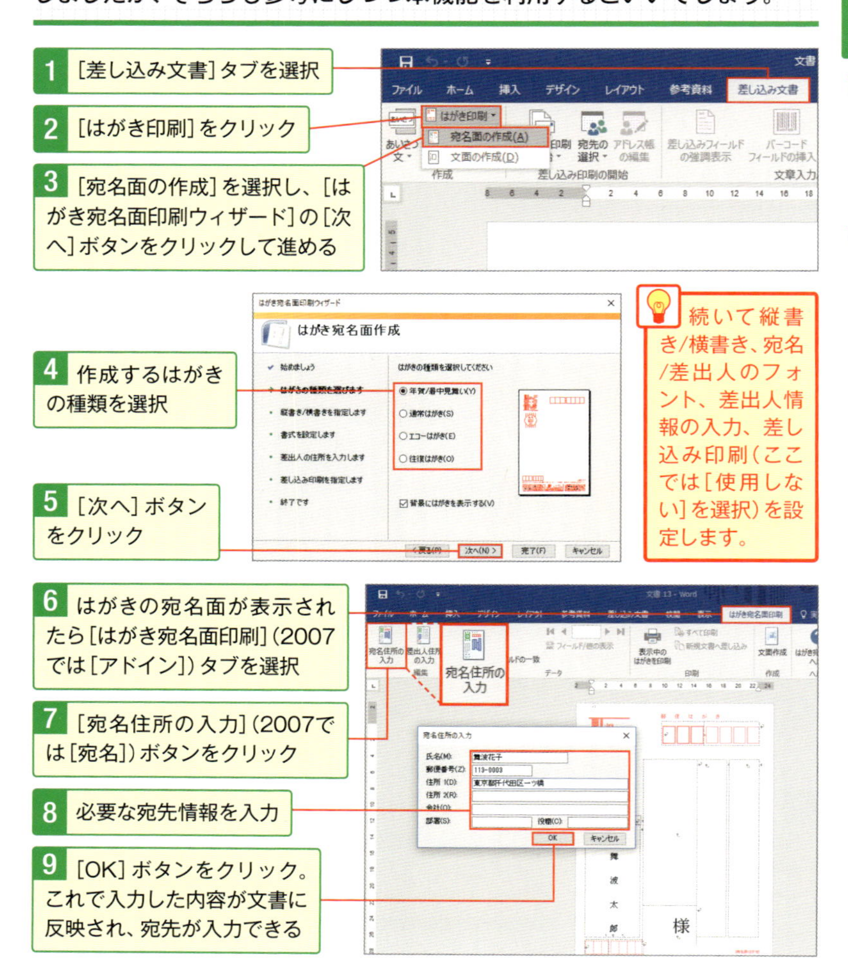

1 [差し込み文書]タブを選択

2 [はがき印刷]をクリック

3 [宛名面の作成]を選択し、[はがき宛名面印刷ウィザード]の[次へ]ボタンをクリックして進める

4 作成するはがきの種類を選択

5 [次へ]ボタンをクリック

続いて縦書き/横書き、宛名/差出人のフォント、差出人情報の入力、差し込み印刷(ここでは[使用しない]を選択)を設定します。

6 はがきの宛名面が表示されたら[はがき宛名面印刷](2007では[アドイン])タブを選択

7 [宛名住所の入力](2007では[宛名])ボタンをクリック

8 必要な宛先情報を入力

9 [OK]ボタンをクリック。これで入力した内容が文書に反映され、宛先が入力できる

No. 157 ネット上に用意された多彩なテンプレートを利用するには?

送信状や告知など、ネット上にさまざまなWord専用テンプレートが用意されており、便利に活用できます。これらを取得する際は、Word 2016/2013とWord 2010/2007で方法が異なります。

Word 2016/2013でテンプレートを取得

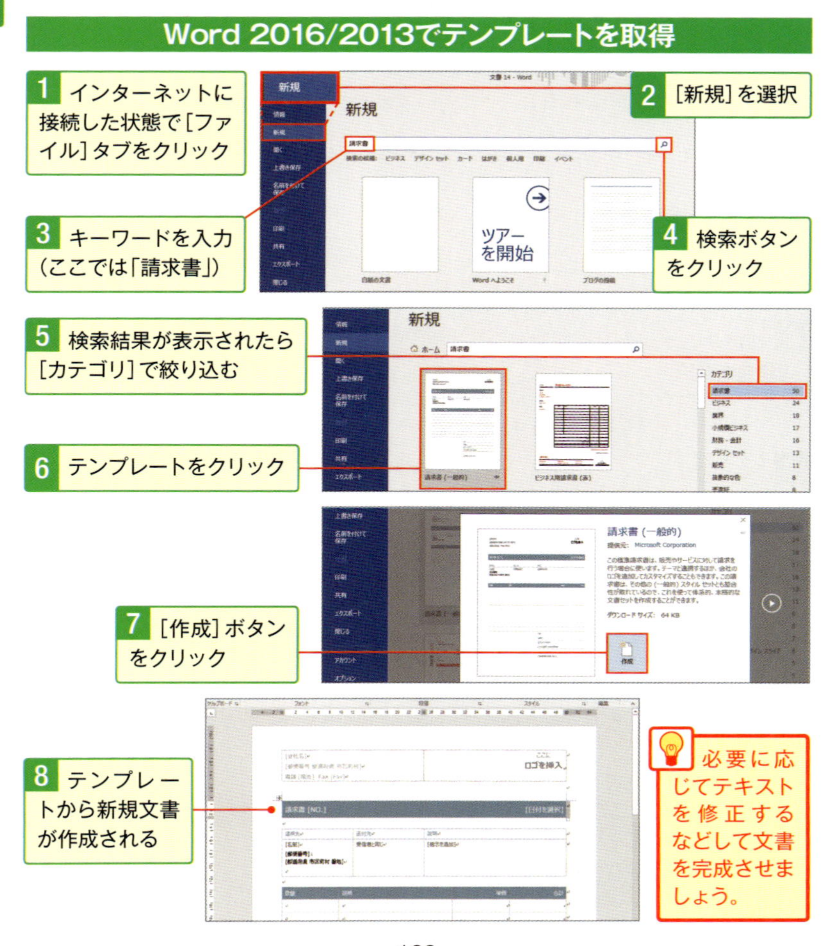
1 インターネットに接続した状態で[ファイル]タブをクリック
2 [新規]を選択
3 キーワードを入力(ここでは「請求書」)
4 検索ボタンをクリック
5 検索結果が表示されたら[カテゴリ]で絞り込む
6 テンプレートをクリック
7 [作成]ボタンをクリック
8 テンプレートから新規文書が作成される
必要に応じてテキストを修正するなどして文書を完成させましょう。
新規
請求書
ツアーを開始
請求書 (一般的)
提供元: Microsoft Corporation
カテゴリ
ロゴを挿入

Word 2010/2007でテンプレートを取得

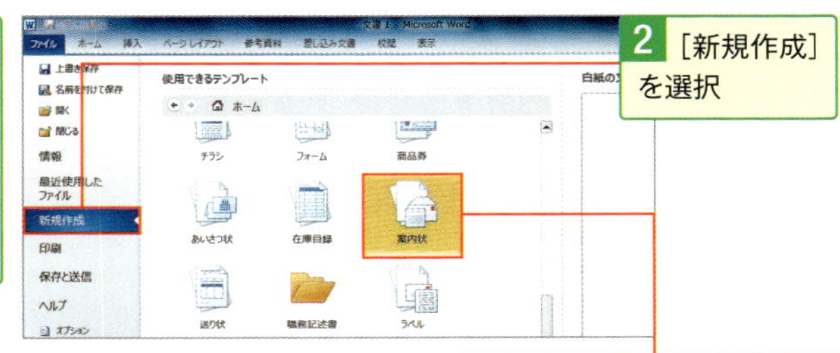

1 インターネットに接続した状態で[ファイル]タブ(2007では[Office]ボタン)を選択

2 [新規作成]を選択

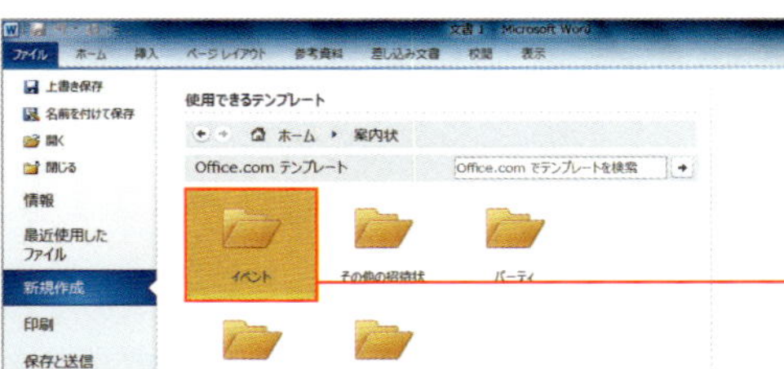

3 [Office.comテンプレート](2007では[Microsoft Office Online])の中からテンプレートの種類を選択

4 さらに細かな用途を選択

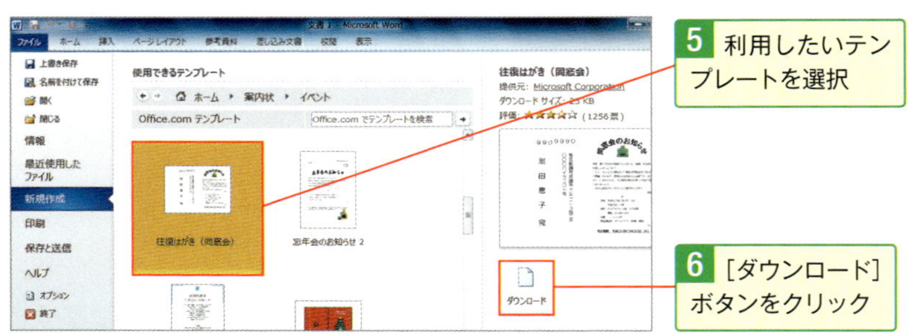

5 利用したいテンプレートを選択

6 [ダウンロード]ボタンをクリック

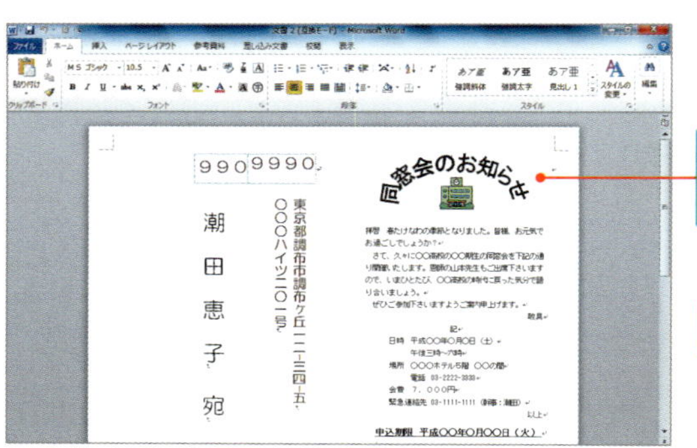

7 テンプレートから新規文書が作成される

必要に応じてテキストを修正するなどして文書を完成させましょう。

No.158 以前作ったWord文書の内容をそのまま挿入したい

既にある文書の内容をそのまま使いたいとき、ファイルを開いてデータをコピー&ペーストする方法が一般的ではないでしょうか。ファイルを開くことなく、スマートに挿入する方法を紹介しましょう。

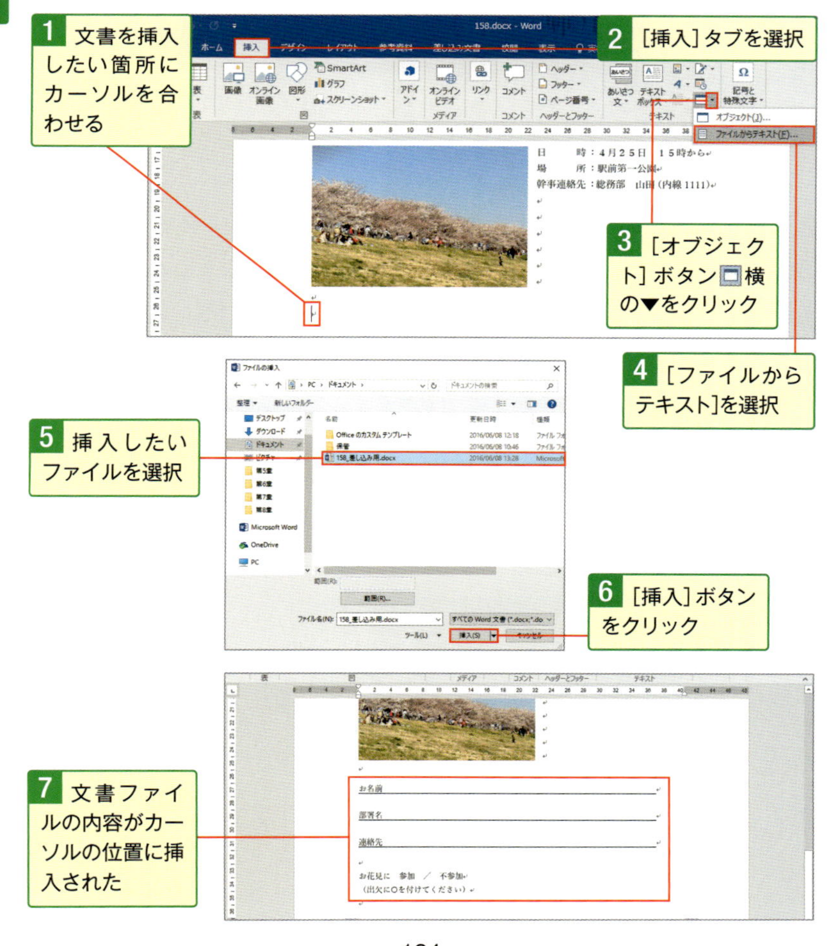
1 文書を挿入したい箇所にカーソルを合わせる
2 [挿入]タブを選択
3 [オブジェクト]ボタン横の▼をクリック
4 [ファイルからテキスト]を選択
5 挿入したいファイルを選択
6 [挿入]ボタンをクリック
7 文書ファイルの内容がカーソルの位置に挿入された
158.docx - Word
ホーム
挿入
デザイン
レイアウト
参考資料
差し込み文書
校閲
表示
オブジェクト(J)...
ファイルからテキスト(F)...
日　時：4月25日　15時から
場　所：駅前第一公園
幹事連絡先：総務部　山田（内線1111）
ファイルの挿入
Office のカスタム テンプレート
保管
158_差し込み用.docx
ファイル名(N): 158_差し込み用.docx
挿入(S)
キャンセル
お名前
部署名
連絡先
お花見に　参加　／　不参加
（出欠に○を付けてください）

No. 159 コメントや変更履歴は削除！配布する前にチェックしよう

編集中に活用したコメント（168ページ参照）や変更履歴（170ページ参照）ですが、文書を配布する際は削除しましょう。あとから確認したくなった場合に備え、ファイルを事前にバックアップしておくと安心です。

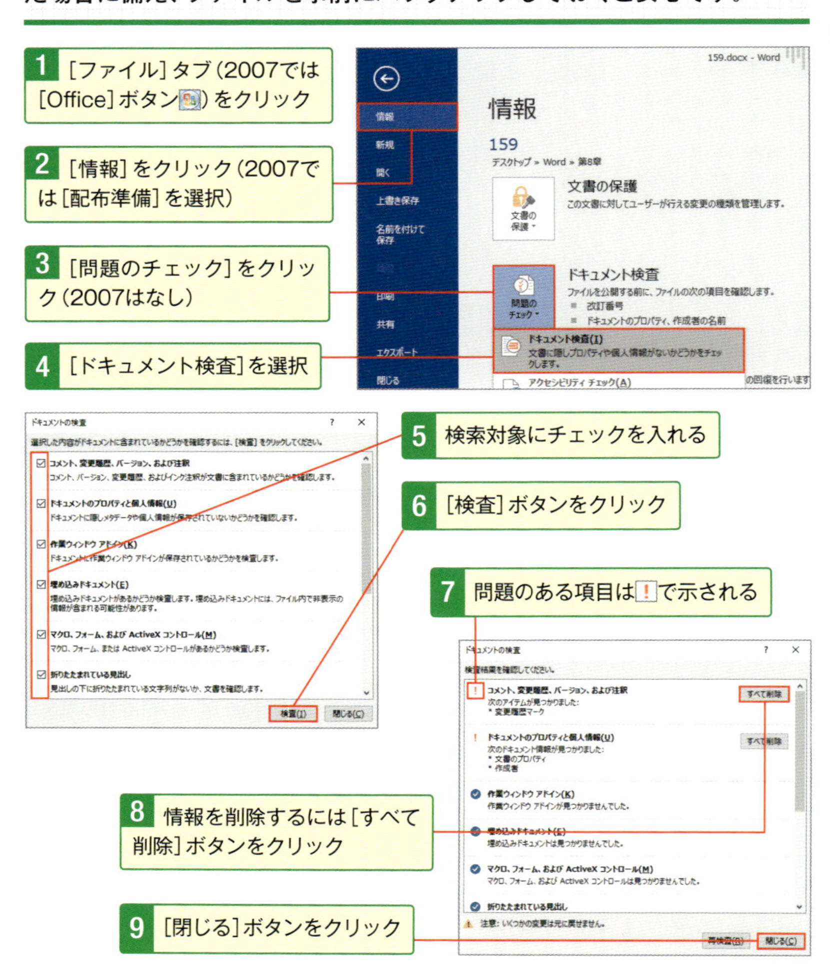

1 ［ファイル］タブ（2007では［Office］ボタン）をクリック
2 ［情報］をクリック（2007では［配布準備］を選択）
3 ［問題のチェック］をクリック（2007はなし）
4 ［ドキュメント検査］を選択
159.docx - Word
情報
新規
開く
上書き保存
名前を付けて保存
印刷
共有
エクスポート
閉じる
159
デスクトップ » Word » 第8章
文書の保護
この文書に対してユーザーが行える変更の種類を管理します。
ドキュメント検査
ファイルを公開する前に、ファイルの次の項目を確認します。
改訂番号
ドキュメントのプロパティ、作成者の名前
問題のチェック
ドキュメント検査(I)
文書に隠しプロパティや個人情報がないかどうかをチェックします。
アクセシビリティ チェック(A)
5 検索対象にチェックを入れる
6 ［検査］ボタンをクリック
ドキュメントの検査
選択した内容がドキュメントに含まれているかどうかを確認するには、[検査] をクリックしてください。
コメント、変更履歴、バージョン、および注釈
ドキュメントのプロパティと個人情報(U)
作業ウィンドウ アドイン(K)
埋め込みドキュメント(E)
マクロ、フォーム、および ActiveX コントロール(M)
折りたたまれている見出し
検査(I)
閉じる(C)
7 問題のある項目は ! で示される
検査結果を確認してください。
次のアイテムが見つかりました:
変更履歴マーク
すべて削除
作業ウィンドウ アドインが見つかりませんでした。
埋め込みドキュメントは見つかりませんでした。
マクロ、フォーム、および ActiveX コントロールは見つかりませんでした。
注意: いくつかの変更は元に戻せません。
再検査(R)
8 情報を削除するには［すべて削除］ボタンをクリック
9 ［閉じる］ボタンをクリック

No. 160 文書の作成中に関連情報をそのまま調べられて便利！

文書を作成していると、いろいろと調べたいことが出てきます。Word 2016は「スマート検索」という機能を搭載。文書に入力された文字列を元に、Bingの検索エンジンを使って関連情報を検索できます。

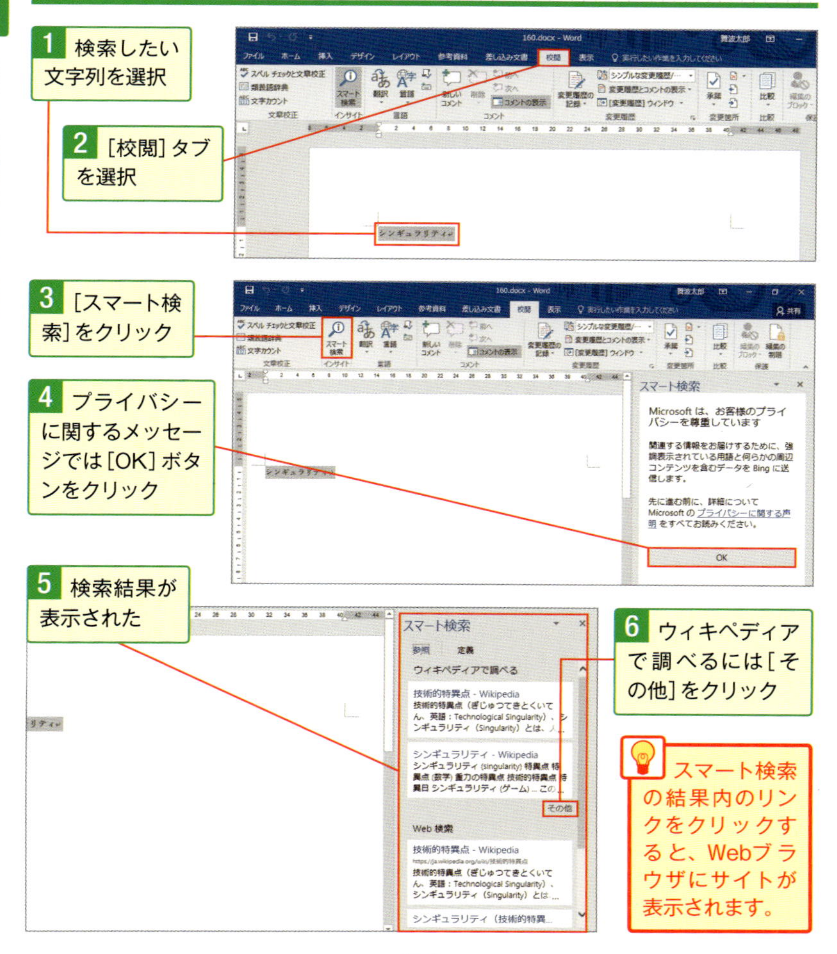

1 検索したい文字列を選択
2 ［校閲］タブを選択
3 ［スマート検索］をクリック
4 プライバシーに関するメッセージでは［OK］ボタンをクリック
5 検索結果が表示された
6 ウィキペディアで調べるには［その他］をクリック
スマート検索
Microsoft は、お客様のプライバシーを尊重しています
OK
ウィキペディアで調べる
技術的特異点 - Wikipedia
シンギュラリティ - Wikipedia
その他
Web 検索

スマート検索の結果内のリンクをクリックすると、Webブラウザにサイトが表示されます。

No.161 英語ではどう書けばいい!? 単語を素早く翻訳するには

Word 2016/2013/2010には[ミニ翻訳ツール]が用意され、ポインターを合わせた(ドラッグして選択した)日本語をほかの言語に翻訳できます。逆に日本語へ翻訳することもできるので、有効に活用しましょう。

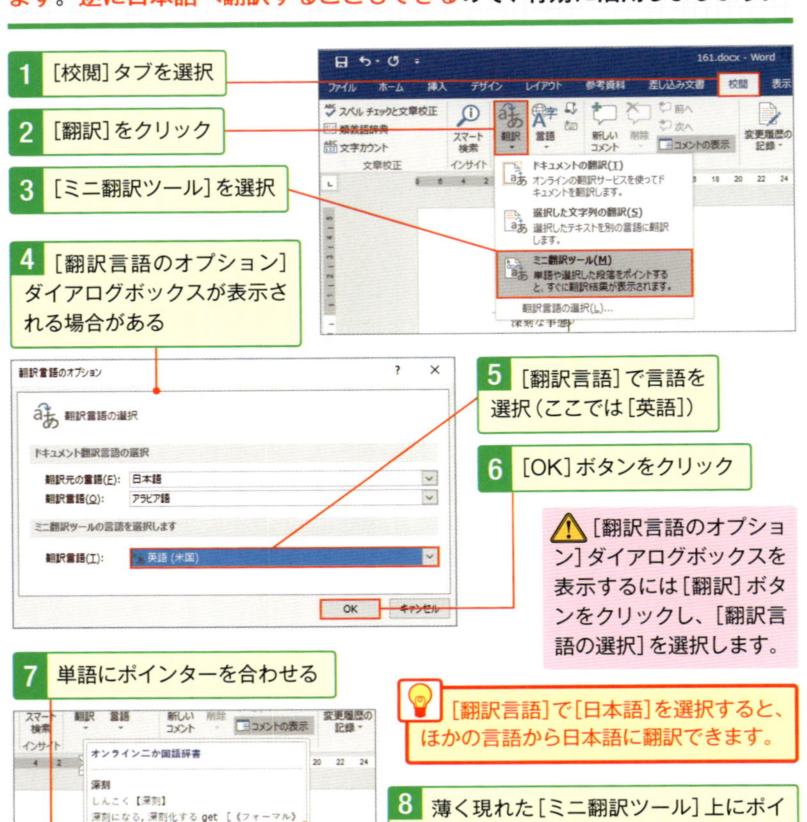
1 [校閲]タブを選択
2 [翻訳]をクリック
3 [ミニ翻訳ツール]を選択
4 [翻訳言語のオプション]ダイアログボックスが表示される場合がある
5 [翻訳言語]で言語を選択(ここでは[英語])
6 [OK]ボタンをクリック
7 単語にポインターを合わせる
8 薄く現れた[ミニ翻訳ツール]上にポインターを動かすと、英語の翻訳結果が表示
161.docx - Word
ファイル
ホーム
挿入
デザイン
レイアウト
参考資料
差し込み文書
校閲
表示
スペル チェックと文章校正
類義語辞典
文字カウント
文章校正
スマート検索
インサイト
翻訳
言語
新しいコメント
削除
前へ
次へ
コメントの表示
変更履歴の記録
ドキュメントの翻訳(T)
オンラインの翻訳サービスを使ってドキュメントを翻訳します。
選択した文字列の翻訳(S)
選択したテキストを別の言語に翻訳します。
ミニ翻訳ツール(M)
単語や選択した段落をポイントすると、すぐに翻訳結果が表示されます。
翻訳言語の選択(L)...
翻訳言語のオプション
翻訳言語の選択
ドキュメント翻訳言語の選択
翻訳元の言語(F): 日本語
翻訳言語(O): アラビア語
ミニ翻訳ツールの言語を選択します
翻訳言語(T): 英語 (米国)
OK
キャンセル
オンライン二か国語辞書
深刻
しんこく【深刻】
深刻になる, 深刻化する get [《フォーマル》 become] worse; get [《フォーマル》 become] more acute [strained]; be aggravated; 《フォーマル》 assume serious
深刻な事態

⚠ [翻訳言語のオプション]ダイアログボックスを表示するには[翻訳]ボタンをクリックし、[翻訳言語の選択]を選択します。

💡 [翻訳言語]で[日本語]を選択すると、ほかの言語から日本語に翻訳できます。

⚠ 翻訳機能をオフにするには、再度[翻訳]から[ミニ翻訳ツール]を選択します。

INDEX ◎索引

【英字】

Bingイメージ検索 ………… No.062、No.094
Excel ……………… No.011、No.109、No.110、No.113、No.114
OneDrive …………………… No.139、No.140
PDF ………………………… No.153、No.154
PowerPoint ……………………… No.011
SmartArt …………………… No.092、No.095
Webレイアウト ……………………… No.001
Word 97-2003形式 ………………… No.152

【あ行】

アート効果 ……………………………… No.071
あいさつ文 ……………………………… No.006
アウトライン表示 ………………………… No.118
アウトラインレベル ………… No.118、No.119
宛先リスト …………………… No.137、No.138
印刷プレビュー ………………………… No.132
印刷レイアウト ……………… No.001、No.118
インデント ……………………………… No.043
ウィンドウの分割 ………………………… No.151
上付き文字 ……………………………… No.008
英語 ………………… No.003、No.128、No.161
閲覧モード ……………………………… No.001
オートコレクト ……………… No.007、No.031
オンライン画像 …………………………… No.062

【か行】

カーソル ………………………………… No.001
開始番号 ………………………………… No.056
改ページ ……………………… No.045、No.106
拡大 ……………………………………… No.132
囲い文字 ………………………………… No.015
箇条書き ………………………………… No.026
画像 ……………… No.059、No.061、No.094
画像の明るさ・コントラスト ………… No.064
画像の圧縮 ……………………………… No.075
画像の色 ………………………………… No.063
画像の影やぼかし ……………………… No.070
画像の形 ………………………………… No.069
画像の切り抜き ………………………… No.072
画像の背景の色 ………………………… No.073
画面表示ボタン ………………………… No.001
漢字 ……………………………………… No.002
記号 ………………………… No.004、No.023
脚注 ……………………………………… No.124
行頭文字 ……………………… No.027、No.028
行の移動 ………………………………… No.098
行の挿入 ………………………………… No.099
行の高さ ………………………………… No.097
共有 ……………………………………… No.140

禁則処理……No.025
均等割り付け……No.034
クイックアクセスツールバー No.001、No.149
クイックスタイル… No.074、No.079、No.084
クイックパーツ…… No.019、No.020
クイック表作成……No.104
クイックレイアウト……No.112
組み文字……No.016
グラフ…… No.111、No.112、No.114
グリッド線……No.087
クリップボード……No.011
グループ……No.001
グループ化……No.088
蛍光ペン……No.032
計算式……No.108
罫線……No.102
検索…… No.117、No.160
校正……No.128
コメント…… No.143、No.144、No.159
コラム……No.049

【さ行】

索引…… No.126、No.127
差し込み印刷…… No.137、No.138
字下げ……No.043
下付き文字……No.008
自動保存……No.142
住所…… No.009、No.019
縮小……No.132
章番号……No.122
書式…… No.010、No.012、No.036、No.114
書式のクリア……No.039
新規文書…… No.029、No.038
数式……No.023
ズームスライダー……No.001
透かし文字・画像……No.077
スクリーンショット……No.076
図形……No.091
図形の重なり順……No.081
図形の効果……No.086
図形の作成……No.082
図形の線……No.083
図形の配置……No.087
図形の向き……No.085
スタイル…… No.036、No.038、No.095、No.115
ステータスバー……No.001
図の効果……No.070
図表番号……No.123
スペルミス……No.128
スマート検索……No.160
セクション区切り……No.134
節番号……No.122
セルの網掛け・色……No.101
セルの結合・分割……No.100
線……No.042
組織図…… No.092、No.095

【た行】

タイトル行の繰り返し……………………No.106
タイトルバー………………………………No.001
縦書き………………　No.024、No.053、No.090
縦中横………………………………………No.024
タブ…………………　No.001、No.041、No.042
段組み………………………………………No.047
段落の移動…………………………………No.121
段落の階層…………………………………No.120
段落の間隔…………………………………No.040
段落番号……………………………………No.044
テーマ………………………………………No.054
手書き………………………………………No.005
テキストボックス……………　No.049、No.050
No.052、No.091
テキストボックスの形……………………No.053
テンプレート………………………………No.157
透過性………………………………………No.081
ドキュメント検査…………………………No.159
ドキュメントの管理………………………No.142
トリミング……………………　No.068、No.069
ドロップキャップ…………………………No.035

【な行】

ナビゲーションウィンドウ…　No.116、No.117
二重取り消し線……………………………No.014
塗りつぶし…………　No.032、No.073、No.101

【は行】

バージョン……………………　No.142、No.152
背景の削除…………………………………No.072
ハイパーリンク……………………………No.031
はがき宛名面印刷ウィザード　No.138、No.156
パスワード…………………………………No.155
貼り付けのオプション　No.012、No.110、No.114
比較…………………………………………No.146
表……………………………………………No.096
描画キャンバス……………………………No.082
表記のゆれ…………………………………No.128
表紙…………………………………………No.129
表の移動……………………………………No.105
表の解除……………………………………No.103
表のコピー…………………………………No.110
表の削除……………………………………No.102
表の分割……………………………………No.107
ファイル……………………………………No.139
ファイルサイズ……………………………No.075
ファイルタブ………………………………No.001
フォント……………………………………No.029
フキダシ………………………　No.089、No.090
復元…………………………………………No.142
複数ページの印刷…………………………No.136
フッター……………　No.057、No.058、No.059
ふりがな……………………………………No.017
分割……………………………　No.107、No.151
文書の挿入…………………………………No.158
文書のプロパティ……………　No.021、No.022

ページ罫線……No.046
ページ番号……No.055、No.056、No.058
ヘッダー……No.057、No.059
ヘッダーギャラリー……No.060
変換　No.002、No.003、No.009、No.021、No.096
変更履歴……No.145、No.159
ポインター……No.001
傍点……No.013
保護ビュー……No.141
翻訳……No.161

【ま行】

回り込み……No.066
見出し……No.115、No.117
見開きページ……No.048
目次……No.125
文字間隔……No.033
文字サイズ……No.029
文字の影や反射……No.030
文字の効果……No.030
文字列……No.022、No.058、No.089、No.091
文字列と画像の間隔……No.067
文字列の折り返し……No.065
文字列の間隔……No.051
文字列のコピー……No.011
文字列の選択……No.010
文字列の背景……No.032

【や行】

郵便番号……No.009
用紙サイズ……No.130、No.133、No.134
余白……No.130、No.131、No.150

【ら行】

リーダー……No.042
リボン……No.001、No.147、No.148
両面印刷……No.135
リンクの作成……No.052
累乗……No.008
ルーラー……No.041、No.131
ルビ……No.017
列の移動……No.098
列の挿入……No.099
列の幅……No.097

【わ行】

ワークシート……No.109
ワードアート……No.078、No.080
枠線……No.051
枠線の色や太さ……No.051
割注……No.018

【問い合わせ】
本書の内容に関する質問は、下記のメールアドレスおよびファクス番号まで、書籍名を明記のうえ書面にてお送りください。電話によるご質問には一切お答えできません。また、本書の内容以外についてのご質問についてもお答えすることができませんので、あらかじめご了承ください。

メールアドレス：book_mook@mynavi.jp
ファクス：03-3556-2742

【ダウンロード】
本書のサンプルデータを弊社サイトからダウンロードできます。下記のサイトより、本書のサポートページにアクセスしてください。また、ダウンロードに関する注意点は、本書3ページおよびサイトをご覧ください。

https://book.mynavi.jp/supportsite/detail/9784839960209.html

ご注意：上記URLはブラウザのアドレスバーに入れてください。GoogleやYahoo!では検索できませんのでご注意ください。サンプルデータは本書の学習用として提供しているものです。それ以外の目的で使用すること、特に個人使用・営利目的に関らず二次配布は固く禁じます。また、著作権等の都合により提供を行っていないデータもございます。

速効! ポケットマニュアル
Word（ワード） 基本ワザ&仕事ワザ
2016&2013&2010&2007

2016年6月29日　初版第1刷発行　　2018年10月31日　初版第3刷発行

著者 …………………… 速効！ポケットマニュアル編集部
発行者 ………………… 滝口直樹
発行所 ………………… 株式会社マイナビ出版
〒101-0003　東京都千代田区一ツ橋2-6-3　一ツ橋ビル2F
TEL 0480-38-6872（注文専用ダイヤル）
TEL 03-3556-2731（販売部）
TEL 03-3556-2736（編集部）
URL：http://book.mynavi.jp

装丁・本文デザイン … 納谷祐史
イラスト ……………… ショーン＝ショーノ
DTP …………………… 納谷祐史、川嶋章浩
印刷・製本 …………… 図書印刷株式会社

ISBN978-4-8399-6020-9
定価はカバーに記載してあります。
乱丁・落丁本はお取り替えいたします。
乱丁・落丁についてのお問い合わせは「TEL0480-38-6872（注文専用ダイヤル）、電子メール：sas@mynavi.jp」までお願いいたします。